高职高专“十四五”规划教材

电路基础

主　编　谢　扬　吉志敏　李伟欣
副主编　李建平

北　京
冶 金 工 业 出 版 社
2021

内 容 简 介

本书共分为8个项目，内容主要包括电路的基本概念与基本定律、直流电路的分析与计算、线性动态电路的时域分析、正弦交流电路、三相电路分析、互感电路及磁路、线性动态电路的复频域分析、非正弦周期电流电路的稳态分析等。

本书可作为高职高专物联网、电子信息、通信以及电气类专业的教学用书，也可作为工程技术人员的参考书。

图书在版编目(CIP)数据

电路基础/谢扬，吉志敏，李伟欣主编. —北京：冶金工业出版社，2021.3

高职高专“十四五”规划教材

ISBN 978-7-5024-8693-8

Ⅰ.①电… Ⅱ.①谢… ②吉… ③李… Ⅲ.①电路理论—高等职业教育—教材 Ⅳ.①TM13

中国版本图书馆CIP数据核字（2021）第016103号

出 版 人 苏长永
地　　址 北京市东城区嵩祝院北巷39号 邮编 100009 电话 (010)64027926
网　　址 www.cnmip.com.cn 电子信箱 yjcbs@cnmip.com.cn
责任编辑 俞跃春 刘林烨 美术编辑 彭子赫 版式设计 禹 蕊
责任校对 王永欣 责任印制 李玉山
ISBN 978-7-5024-8693-8
冶金工业出版社出版发行；各地新华书店经销；三河市双峰印刷装订有限公司印刷
2021年3月第1版，2021年3月第1次印刷
787mm×1092mm 1/16；13.25印张；318千字；199页
49.00元

冶金工业出版社 投稿电话 (010)64027932 投稿信箱 tougao@cnmip.com.cn
冶金工业出版社营销中心 电话 (010)64044283 传真 (010)64027893
冶金工业出版社天猫旗舰店 yjgycbs.tmall.com
（本书如有印装质量问题，本社营销中心负责退换）

前　言

为使学生能学到必备的电路基本理论知识与基本技能，向着高素质技能型人才的目标发展，本书遵循“以应用为目的，理论与工程实践相结合”的原则，力求实践内容与理论教学科学配套，形成符合教学要求的完整体系。

本书在内容安排上，以实践为主，理论知识以实用、够用为度，贴近岗位技能需要，同时也注重新方法、新工具的应用。本书共包括8个项目：项目1重点讲解了电路的基本概念与基本定律；项目2主要介绍直流电路的多种分析方法；项目3重点分析了线性动态电路的时域方法；项目4讲解了正弦交流电路；项目5基于正弦交流电路的分析方法讨论了三相交流电路的电压、电流及功率的计算；项目6主要介绍了互感电路及磁路的特点和分析方法；项目7介绍了线性动态电路的复频域分析方法；项目8介绍了非正弦周期电流电路的稳态分析。此外，在实践任务中，介绍了如何利用Multisim软件进行电路仿真分析，这部分既涵盖计算机仿真的方法，又包括实际的操作内容。

本书在编写过程中，主要突出了以下特点：

(1) 以就业为导向。本书以培养学生适应职业岗位的综合能力为核心，以培养学生的应用能力为主线，采用一体化规范的格式设计，每一个项目都穿插具有代表性的案例计算，以便读者理解、掌握，同时提高实际应用的操作能力。

(2) 理论与实践相结合。本书内容循序渐进，理论和应用结合，教师易教，学生易学。同时加大了应用实例的篇幅，重点介绍了结论的实际意义和应用方法，使读者能有一个更清晰直观的理解。

(3) 本书含丰富的例题和习题，以及配套相应的网络资源，以供读者参考。

本书由重庆航天职业技术学院谢扬、吉志敏和山东商务职业学院李伟欣担任主编，四川航天职业技术学院李建平担任副主编。全书由谢扬、吉志敏、李伟欣统编定稿。具体编写分工如下：项目4～项目6由谢扬编写；项目1和项目3由吉志敏编写；项目2和项目7由李伟欣编写；项目8由李建平编写。

本书在编写过程中，参考了大量的相关书籍和资料，得到了许多同仁的关心和支持，在此一并表示感谢。

由于编者水平所限，书中不妥之处，希望读者批评指正。

编　者

2020年9月

目 录

项目1　电路的基本概念与基本定律

项目要点

(1) 了解电路的组成和电路元器件的符号；
(2) 理解电流、电压、参考方向和电功率的意义；
(3) 掌握电位和电功率的计算；
(4) 熟悉电压源、电流源以及基尔霍夫定律。

任务1.1　电路与电路模型

1.1.1　电路

电作为一种优越的能量形式和信息载体已经成为当今社会不可或缺的重要组成部分，而电的产生、传输和应用又必须通过电路来实现。由各种电气元器件按一定方式连接，并可提供电量传输路径的总体，称为电路或电网络。电路的作用主要是实现能量的传输和转换、信号的传递和处理。

1.1.1.1　电路的组成

尽管实际电路的形式多种多样，但在本质上都是由电源(或信号源)、负载、中间环节这3个部分组成的。以手电筒电路为例，手电筒电路图如图1-1所示。图1-1中左侧是电池，右侧小灯泡是负载，导线及开关为中间环节。

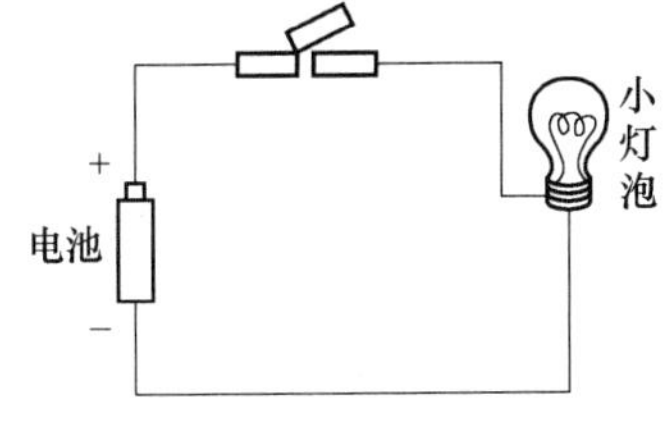

图1-1　手电筒电路图

各个组成部分的功能如下：

(1) 电源（信号源）。电源可以将其他形式的能量（如热能、机械能、化学能等）转换成电能，如各类发电机、干电池、蓄电池及各种传感器等。

(2) 负载。负载可以将电能转换成其他形式的能量，如小灯泡、荧光灯、电动机、电炉等。

(3) 中间环节。中间环节起连接、控制及分配等作用，包括连接导线、控制器件等。连接导线的作用是连接电源和负载，以形成回路，让电流流通；控制器件的作用是控制电路的状态，例如开关用以接通或断开电流流通的路径，控制小灯泡的亮暗。

在图1-1所示的手电筒电路中，电池将化学能转换成电能，小灯泡将电能转换成光能和热能，导线实现能量的传输。

1.1.1.2　电路的状态

电路状态可以分为3种，其分别为通路、开路和短路。在图1-1所示的电路中，若开关合上，则电路被接通，小灯泡亮，为通路；若开关断开，则电流不通，小灯泡灭，为开路（或称为断路）。当电源不经负载直接闭合形成回路时，为短路，此时电流很大，常会损坏电气元器件。

1.1.2　电路模型

为便于电路理论研究，通常将实际电路器件理想化而得到只具有某种单一电磁性质的元件，称为理想电路元器件（简称电路元器件）。由理想电路元器件相互连接而成的电路就称为理想电路模型（简称电路模型）。每一种电路元器件都体现某种基本现象，具有某种确定的电磁性质和精确的数学定义。常用的有表示将电能转换为热能的电阻元器件、表示电场性质的电容元器件、表示磁场性质的电感元器件及电压源元器件和电流源元器件等，部分电气元器件的图形符号见表1-1。

表1-1　部分电气元器件图形符号（根据国标GB/T 4728）

符号	名称	符号	名称	符号	名称
	电阻器		双向二极管		电压源
	可调电阻器		PNP晶体管		半导体二极管
	电容器		绝缘栅场效应晶体管（IGFET）N型沟道、增强型		隧道二极管
	电铃		双绕阻变压器		单向击穿二极管
	灯		天线	&	与门
	正脉冲		电感、线圈	M	直流电动机
	两电极压电晶体		电流源	▷∞ − + +	运算放大器

1.1.3　电路图

电路图是人们为了研究和工程的需要，用国家标准化的图形符号绘制的一种表示各元器件组成的图形。利用导线将电源、开关（电键）、用电器、电流表及电压表等连接起来组成电路，再按照统一的符号将它们表示出来，这样绘制出的图称为电路图。通过电路图可以清楚地知道电路的工作原理，因此，电路图是分析电路性能、安装电子产品的主要设计文件。在设计电路时，也可以从容地在纸上或计算机上进行，确认完善后再进行实际安装，通过调试、改进，直至成功。随着计算机发展和技术进步，人们可以应用计算机进行电路的辅助设计和虚拟的电路实验，从而大大提高工作效率。

1.1.3.1　常用的电路图

常用的电子电路图由以下部分组成：

（1）原理图。原理图又被称作电路原理图，由于它直接体现了电子电路的结构和工作原理，故一般用在设计、分析电路中。当分析电路时，通过识别图样上所画的各种电路元器件符号以及它们之间的连接方式，就可以了解电路的实际工作情况。

（2）框图。框图是一种用方框和连线来表示电路工作原理和构成概况的电路图，从根本上说，这也是一种原理图。不过在这种图样中，除了方框和连线，几乎就没有别的符号。它和原理图主要的区别在于，原理图上详细地绘制了电路的全部元器件和它们的连接方式，而框图只是简单地将电路按照功能划分为几个部分，将每一个部分描绘成一个方框，在方框中加上简单的文字说明，并在方框间用连线（有时用带箭头的连线）说明各个方框之间的关系。因此，框图只能用来体现电路的大致工作原理，而原理图除了详细地表明电路的工作原理之外，还可以用来作为采购元器件、制作电路的依据。

（3）装配图。装配图是为了进行电路装配而采用的一种图样，图上的符号往往是电路元器件实物的外形图。只要照着图上画的样子，把电路元器件安装起来就能够完成电路的装配。这种电路图一般是供初学者使用的。

（4）印制板图。印制板图也称为印制电路板图，是供装配实际电路使用的。印制电路板是在一块绝缘板上先覆上一层金属箔，再将电路不需要的金属箔腐蚀掉，剩下的金属箔部分作为电路元器件之间的连接线，然后将电路中的元器件安装在这块板上，利用板上剩余的金属箔作为元器件之间导电的连线，从而完成电路的连接。因为这种电路板的一面或两面覆的金属通常是铜皮，所以印制电路板又称为覆铜板。印制板图的元器件分布往往和原理图中的不大一样。这是因为在印制电路板的设计中，主要考虑所有元器件的分布和连接是否合理，要考虑元器件体积、散热、抗干扰以及抗耦合等诸多因素。

在以上 4 种形式的电路图中，电路原理图是最常用也是最重要的。能够看懂原理图，也就基本掌握了电路的原理，绘制框图、设计装配图及印制板图就都比较容易了，进行电器的维修、设计也十分方便。

1.1.3.2　电路图的组成

电路图主要由以下部分组成：

（1）元器件符号。元器件符号表示实际电路中的元器件，它的形状与实际的元器件不一定相似，甚至完全不一样。但是它一般都表示出了元器件的特点，而且引脚的数目都和实际元器件保持一致。

（2）连线。连线表示的是实际电路中的导线，在原理图中虽然是一根线，但在常用的印制电路板中往往不是线，而是各种形状的铜箔块，就像收音机原理图中的许多连线在印制电路板图中并不一定都是线形的一样，也可以是一定形状的铜膜。

（3）节点。节点表示几个元器件引脚或几条导线之间相互的连接关系。所有与节点相连的元器件引脚、导线，不论数目多少，都是导通的。

（4）注释。注释在电路图中也是十分重要的，电路图中所有的文字都可以归入注释一类。在电路图的各个地方都有注释存在，它们被用来说明元器件的型号、名称等。

任务1.2　电路的基本物理量

电路的基本物理量包括电流、电压、电位、电动势、电功率。

1.2.1　电流

1.2.1.1　电流概述

带电粒子（电荷）在电场力的作用下定向移动形成电流。将正电荷运动的方向定义为电流的实际方向。电流的大小用电流强度表示，即单位时间内流过某一导体横截面的电荷量（简称电流）。设在 dt 时间内通过导体截面的电荷为 dq，则电流可表示为：

$$i = \frac{\mathrm{d}q}{\mathrm{d}t} \tag{1-1}$$

在国际单位制（SI）中，时间 t 的单位为 s（秒），电荷量的单位为 C（库仑），电流的单位为 A（安培），常用单位还有 kA（千安）、mA（毫安）、μA（微安）等。其换算关系为：

$$1\mathrm{kA} = 10^3\mathrm{A} = 10^6\mathrm{mA} = 10^9\mu\mathrm{A}$$

当电流的大小和方向都不随时间变化时，称为恒定电流（简称直流），用大写字母 I 表示。在直流电流中又可分为稳恒直流和脉动直流，本书项目1和项目2主要研究的就是稳恒直流。若电流的大小和方向都随时间变化时，则称为交流，用小写字母 i 表示。交流电流一般可分为正弦交流电流和非正弦交流电流。

1.2.1.2　电流的参考方向

电流的实际方向规定为正电荷的运动方向或负电荷运动的相反方向。在进行复杂电路的分析时，若电流的实际方向很难确定或在电流的实际方向是变化的情况下，则需要假定一个电流正方向，称为参考正方向。简称为参考方向。

电流的参考方向可用箭头表示，也可用字母顺序表示。电流的方向示意图如图1-2所示（用双下标表示时为 i_{ab}）。当电路中电流的参考方向与实际方向一致时，电流为正，即 $i>0$，如图1-2(a)所示；当电流的参考方向与实际方向相反时电流为负，即 $i'<0$，如图1-2(b)所示。

注意

在进行电路分析时，如果没有事先选定电流的参考方向，电流的正负就是无意义的。

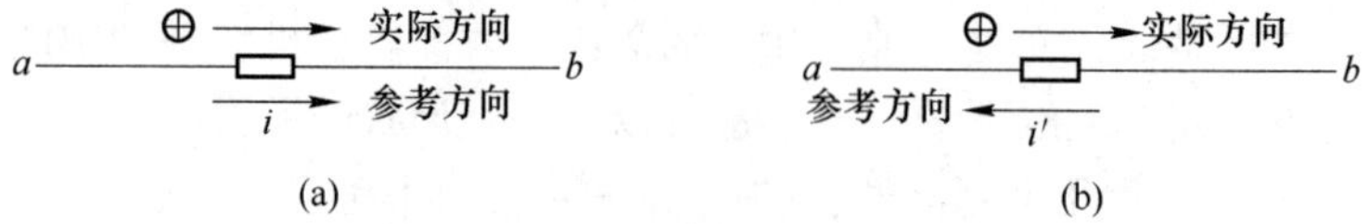

图1-2　电流的方向示意图

(a) 实际方向与参考方向一致；(b) 实际方向与参考方向相反

【例 1-1】 已知电路中电流的参考方向如图 1-3 所示，且 $I_a = I_c = 1\text{A}$，$I_b = I_d = -1\text{A}$，试指出电流的实际方向。

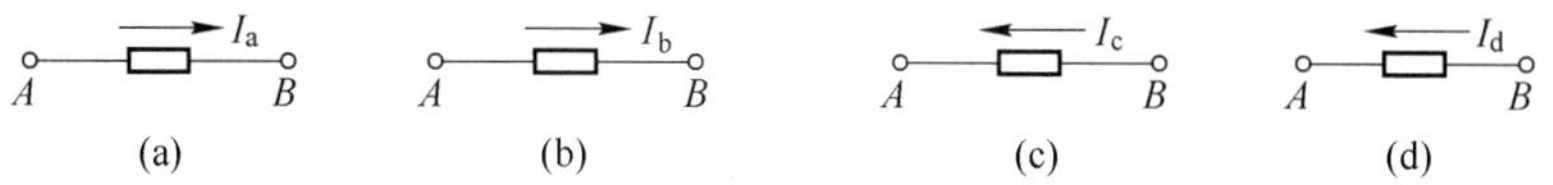

图 1-3　*AB* 电路图中不同电流方向

(a) 电流 I_a；(b) 电流 I_b；(c) 电流 I_c；(d) 电流 I_d

【解】 (1) $I_a = 1\text{A}>0$，I_a 的实际方向与参考方向相同，即由 *A* 指向 *B*；

(2) $I_b = -1\text{A}<0$，I_b 的实际方向与参考方向相反，即由 *B* 指向 *A*；

(3) $I_c = 1\text{A}>0$，I_c 的实际方向与参考方向相同，即由 *B* 指向 *A*；

(4) $I_d = -1\text{A}<0$，I_d 的实际方向与参考方向相反，即由 *A* 指向 *B*。

注 意

电流参考方向可以被任意设定，但是一旦设定好了，在分析电路时就不能再随意更改。

1.2.2　电压、电位、电动势

1.2.2.1　电压

带电粒子在电场力作用下沿电场方向运动，电场力对带电粒子做功。为衡量电场力对带电粒子所做的功，因此引入电压的概念。*a*、*b* 间的电压在数值上等于电场力把单位正电荷从电场中的 *a* 点移到 *b* 点所做的功，电压用 *u* 表示，即：

$$u = \frac{\mathrm{d}W}{\mathrm{d}q} \tag{1-2}$$

在国际单位制中，电荷的单位是 C（库仑），功的单位为 J（焦耳），电压的单位为 V（伏特），常用单位还有 kV（千伏）、mV（毫伏）、μV（微伏）等。其换算关系为：

$$1\text{kV} = 10^3\text{V} = 10^6\text{mV} = 10^9\mu\text{V}$$

提 示

若电压大小和方向都不变，称为直流（恒定）电压，一般用大写字母 *U* 表示，如果正电荷量及电路极性都随时间变化，则称为交变电压或交流电压，一般用小写字母 *u* 表示。

1.2.2.2　电压的参考方向

习惯上把电位降低的方向作为电压的实际方向，即由高电位指向低电压。同电流一样，在不能确定电压的实际方向时，应选定一个参考方向，可用“+”“-”号，或“箭头”表示，也可用字母的双下标表示，例如图 1-4 中从 *a* 点到 *b* 点的电压可表示为 *U*（或 U_{ab}），当电压参考方向与实际方向一致时，$U>0$，电压的实际方向由 *a* 指向 *b*；反之，$U<0$，电压的实际方向由 *b* 指向 *a*。由图 1-6 中电压的参考方向可知，$U = U_{ab} = -U_{ba}$。

提 示

电压与电流的关系：电荷定向移动形成电流，电压在此过程中起到了一个类似“推力”的作用，所以电压是形成电流的原因，电压是原因，电流是结果。

1.2.2.3　电位

为衡量电场力把单位正电荷从某点移到参考点所做的功，因此引入电位的概念。电位一般用“V”表示，单位与电压相同。可任意选择电路中的参考点，参考点的电位为0V。

例如在图1-4中选择 O 点为参考点。则电路中任意一点的电位等于该点与 O 点之间的电压，如 $V_a = U_{aO}$、$V_b = U_{bO}$。电路中两点间的电压也可用两点间的电位之差来表示，即：

$$U_{ab} = V_a - V_b \tag{1-3}$$

电路中两点间的电压是不变的，而电位随参考点（零电位点）选择的不同而不同。

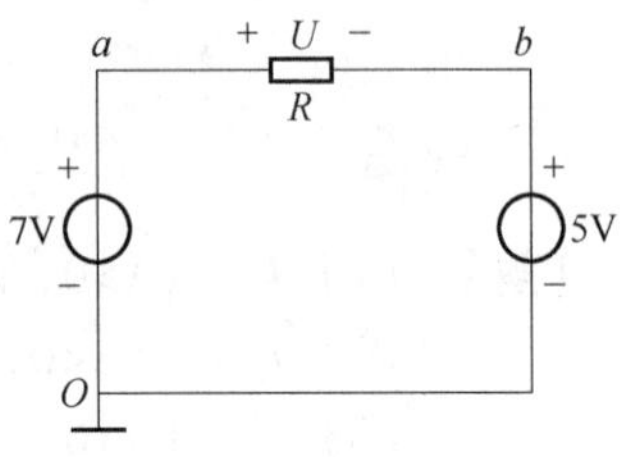

图1-4　电压的参考方向

1.2.2.4　电动势

在电路中，正电荷是从高电位流向低电位的，要维持电路中的电流，就必须有一个能克服电场力、把正电荷从低电位移至高电位的力，电源的内部就存在这种力，称为电源力。电源力把单位正电荷在电源内部由低电位端移到高电位端所做的功，称为电动势，用字母 E 表示。电动势的实际方向在电源内部从低电位指向高电位，单位与电压相同，用V（伏特）表示。

设电源力把正电荷 dq 从低电位端移至高电位端所做的功为 dW_S，则电源的电动势为：

$$E = \frac{dW_S}{dq} \tag{1-4}$$

电动势同电流、电压一样，参考方向可以任意假定。当实际方向与参考方向一致时，电压和电动势相等，计算结果为正，即 $U = E$；当实际方向与参考方向相反时，计算结果为负，即 $U' = -E$。

1.2.3　电功率

电流在单位时间内做的功称为电功率，它是表示电路或元件中消耗电能快慢的物理量。电功率也简称为功率，用 p（或 P）表示，即：

$$p = \frac{dW}{dt} = \frac{dW}{dq} \times \frac{dq}{dt} = ui \tag{1-5}$$

在国际单位制中，功率的单位是W（瓦特），并规定元件1s内提供或消耗1J能量时的功率为1W。

在元器件电流和电压的参考方向相关联情况下，元器件吸收的电功率为 $p = ui$；在元器件电流和电压的参考方向非关联情况下，元器件吸收的电功率为 $p = -ui'$。当 $p > 0$ 时，该元器件消耗（吸收）功率；反之，当 $p < 0$ 时，该元器件发出功率。

提示

为了便于识别与计算，通常指定流过某元器件（或电路）的电流参考方向是从电压的高电位点流向低电位点，即两者的参考方向一致，把电流和电压的这种参考方向称为相关联参考方向；当两者不一致时，则称为非关联参考方向。

根据能量守恒定律，对于一个完整的电路来说，在任一时刻各元器件吸收的电功率的总和应等于发出电功率的总和，即电功率的总代数和为零。

【例 1-2】 图 1-5 所示电路中已标出各元件上电流、电压的参考方向，已知 $i = 2\text{A}$，$u_1 = 3\text{V}$，$u_2 = 5\text{V}$，$u_3 = 8\text{V}$。试求各元器件吸收或发出的功率。

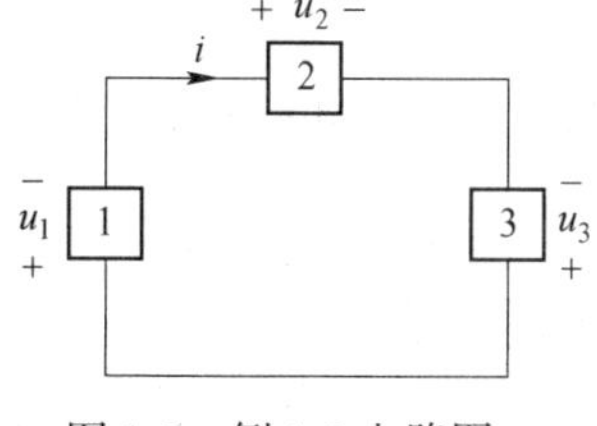

图 1-5　例 1-2 电路图

【解】 对元器件 1 和元器件 2，其上的电压和电流为关联参考方向，有：

$$p_1 = u_1 i = 3\text{V} \times 2\text{A} = 6\text{W} > 0$$

$$p_2 = u_2 i = 5\text{V} \times 2\text{A} = 10\text{W} > 0$$

其中，元件 1 和元件 2 的电压与电流的实际方向相同，二者消耗（吸收）功率；元件 3 的电压与电流的实际方向相反，发出功率。实际电路中，电阻元件的电压与电流的实际方向总是一致的，这说明电阻总在消耗能量；而电源则不然，其功率可能为正也可能为负，这说明它可能作为电源提供电能，也可能被充电，吸收功率。

电路吸收的总功率为：

$$p_{\text{吸收}} = p_1 + p_2 = 6\text{W} + 10\text{W} = 16\text{W}$$

电路发出的总功率为：

$$p_{\text{发出}} = p_3 = 16\text{W}$$

由此可见，$p_{\text{发出}} = p_{\text{吸收}}$，即总功率平衡。

电气设备在一段时间内所消耗的电能为：

$$W = \int p\text{d}t = \int ui\text{d}t \tag{1-6}$$

当功率的单位为 W（瓦）、时间的单位为 s（秒）时，电能的单位为 J（焦耳）。工程上常用千瓦时作为电能的单位，生活中称为度，1 度 = 1kW · h，相当于功率为 1kW 的用电设备在 1h 内消耗的电能，即：

$$1\text{度} = 1\text{kW} \cdot \text{h} = 1000\text{W} \times 3600\text{s} = 3.6 \times 10^6\text{J}$$

为了使电气设备能够安全可靠、经济运行，因此引入了电气设备额定值的概念。额定值就是电气设备在给定的工作条件下正常运行的容许值。

电气设备的额定值主要有额定电流 I_N、额定电压 U_N 和额定功率 P_N。额定电流是电气设备在电路的正常运行状态下允许通过的电流；额定电压是电气设备在电路的正常运行状态下能承受的电压，电压超过额定值为过电压、低于额定值为欠电压；额定功率 P_N 是电气设备在电路的正常运行状态下吸收和产生功率的限额。三者之间的关系为：

$$P_\text{N} = U_\text{N} I_\text{N}$$

额定值是使用者使用电气设备的依据，使用时必须遵守。如一个白炽灯上标明 220V、60W，这说明额定电压为 220V，在此额定电压下消耗功率为 60W。当超过额定电压时，功率大于 60W，可能会因电流过大而烧毁；而低于额定值时，功率低于 60W，灯泡变暗。

任务 1.3　电 阻 元 件

1.3.1　电阻与电阻元件

电阻元件（简称电阻）是从实际物体中抽象出来的理想模型，表示物体对电流的阻碍和将电能转换为热能的作用，比如用电阻来模拟灯泡、电热炉等电器。简单地讲，电阻就是对电的阻力，它反映的本质是当电流通过导体时受到导体内部粒子的阻力。

我国使用的电阻图形符号为一矩形，如图 1-6(a)所示；美国、加拿大等国家用折线代表电阻元件，如图 1-6(b)所示。电阻元件的表示字母是 R，在国际单位制中，单位是 Ω（欧姆），常用单位还有 kΩ（千欧）、MΩ（兆欧）等。

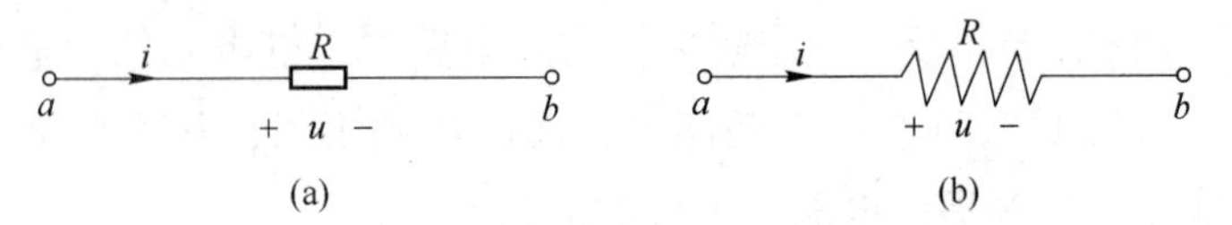

图 1-6　电阻元件的图形符号

（a）我国常用的电阻符号；（b）美国等国家使用的电阻符号

不同的导体有不同的电阻。导体电阻的数学表达式为：

$$R = \rho \frac{l}{A} \tag{1-7}$$

式中　ρ——电阻率，Ω · m；

l——导体的长度，m；

A——导体的截面积，m^2。

如图 1-7 所示。良导体的电阻率小，比如铜、铝；而绝缘体的电阻率高，比如云母、纸张。

1.3.2　伏安特性

电阻元件在任意时刻的电压和电流之间存在代数关系，即伏安关系（VCR）不论电压和电流的波形如何，它们之间的关系总可以由 u-i 平面上的一条曲线（伏安特性曲线）所决定。电阻元件可分为线性电阻和非线性电阻两类。伏安特性曲线过原点且为直线的电阻元件称为线性电阻元件，如图 1-8 所示。

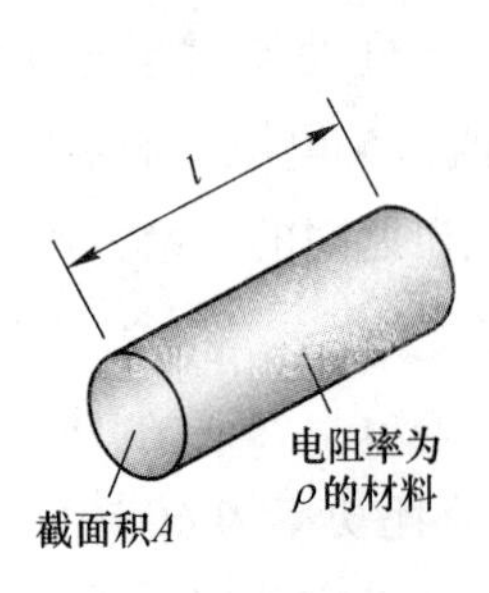

图 1-7　电阻

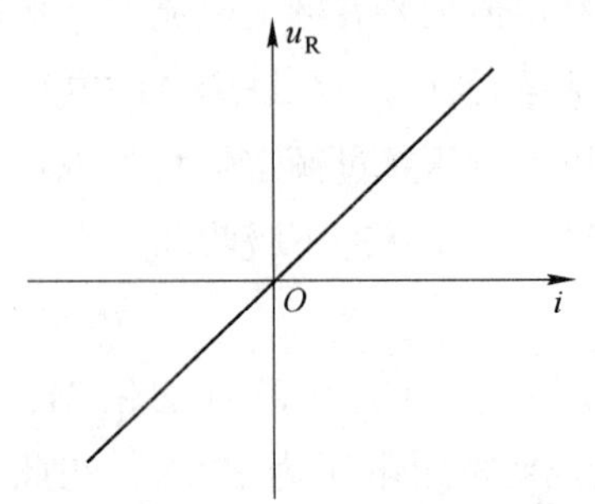

图 1-8　线性电阻元件的伏安特性曲线

设电流和电压参考方向相关联，电阻元件两端的电压和电流遵守欧姆定律：

$$u = Ri \tag{1-8}$$

在国际单位制中，规定如果电阻电压为 1V 时的电流为 1A，那么它的电阻值为 1Ω。

电阻 R 的大小与直线的斜率成正比，且不随电流和电压大小而改变。u、i 可以是时间 t 的函数，也可以是常量（直流）。

定义电阻的倒数为电导 G，即 $G = \frac{1}{R}$。式(1-8)可写为：

$$i = Gu$$

在国际单位制中，电导的单位是 S（西门子）。

如果电流和电压参考方向非关联，则有：

$$u = -Ri$$

$$i = -Gu$$

非线性电阻元件符号及各类电阻伏安特性曲线如图 1-9 所示。

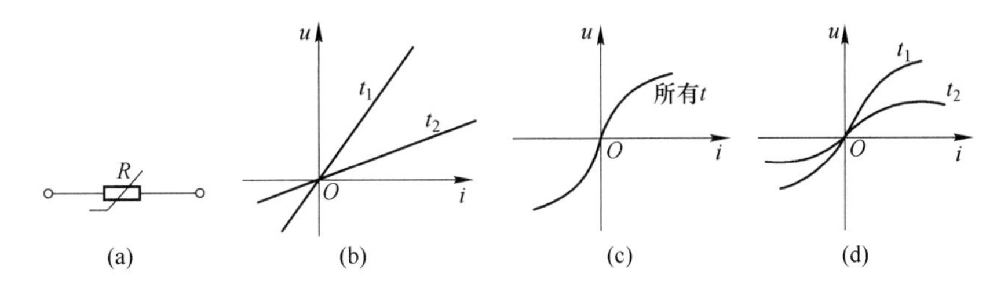

图 1-9　非线性电阻元件符号及各类电阻伏安特性曲线

（a）非线性电阻元件符号；（b）线性时变电阻；（c）非线性时不变电阻；（d）非线性时变电阻

根据电阻元件的一般定义，在 u-i 平面上用一条斜率为负的特性曲线来表征的元件也属电阻元件。这种元件称为负电阻元件或负电阻，即 $R<0$。

1.3.3　电阻功率

电阻是一种耗能元件。当电阻上有电流通过时电能会转换为热能，而热能向周围扩散后，就不能再直接回到电源转换为电能。电阻所吸收并消耗的电功率根据电功率的定义与式(1-8)得到如下关系：

$$p = ui = i^2R = \frac{u^2}{R} \tag{1-9}$$

电阻元件在一段时间内消耗的电能为：

$$W = \int i^2R\mathrm{d}t = \int \frac{u^2}{R}\mathrm{d}t \tag{1-10}$$

在直流电路中有：

$$W = I^2Rt = \frac{U^2}{R}t \tag{1-11}$$

任务 1.4　电压源和电流源

1.4.1　电压源

1.4.1.1　理想电压源

理想电压源的输出电压与外接电路无关，即输出电压的大小和方向与流经它的电流无关，输出电压总保持为某一给定值或某一给定的时间函数，不随外电路变化。理想直流电压源也称为恒压源。其图形符号如 1-10(a)所示。

当理想电压源为直流电压源时，输出恒定电压 U_S，其伏安关系曲线如图 1-10(b)所示。理想电压源的特点是，输出电流的大小和方向及输出功率都由外电路确定。理想电压源可以吸收功率，也可以发出功率。

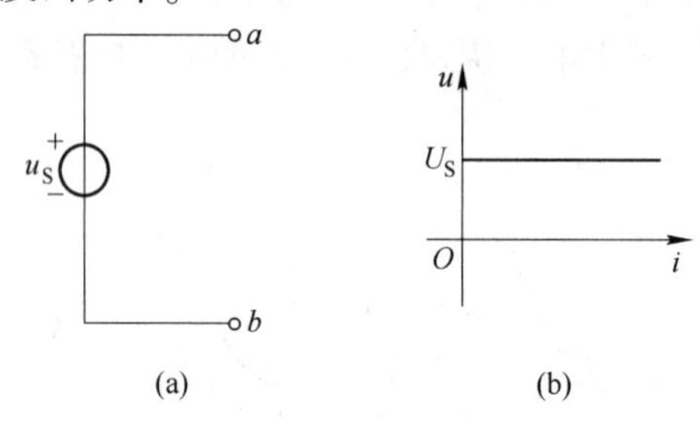

图 1-10　理想直流电压源图形符号及其伏安关系曲线
（a）图形符号；（b）伏安关系曲线

1.4.1.2　实际电压源

理想电压源是不存在的。电源在对外提供功率时，不可避免地存在内部功率损耗，即实际电源内部存在内阻。以直流电压源为例，实际电压源模型如图 1-11(a)所示，相当于理想电压源（或者称为源电压）串联一个电阻。带负载后端电压下降，伏安关系曲线如图 1-11(b)所示，该曲线也称为电压源外特性曲线。

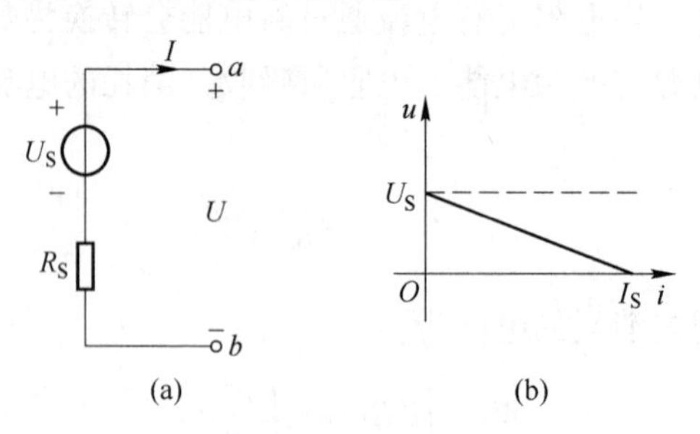

图 1-11　实际电压源模型及其伏安关系曲线
（a）实际电压模型；（b）伏安关系曲线

实际电压源的输出电压 U 为：

$$U = U_S - IR_S \tag{1-12}$$

当实际电压源的等效内阻比负载电阻小得多时，可忽略电压源内阻，此时的电压源就近似为理想电压源。

由式(1-12)可以看出，当负载增大而使输出电流增加时，实际电压源的输出端电压随之下降，当电流增加到最大值时，输出电压为零，最大的电流为：

$$I_S = \frac{U_S}{R_S} \tag{1-13}$$

此时，相当于输出端的两个端子被短接，此状态称为短路状态。在实际使用中，一定要避免电压源两端短路，否则可能烧毁电源。

当电压源没有外接负载时，称为开路状态，此时输出电流为零，输出电压称为开路电压，即 U_{OC}，大小等于该电压源对应的源电压，即：

$$U = U_{OC} = U_S \tag{1-14}$$

1.4.2　电流源

1.4.2.1　理想电流源

同理想电压源类似，理想电流源的输出电流与外接电路无关，即输出电流的大小和方向与其端电压无关，输小电流总保持为某一给定值或某一给定的时间常数，不随外电路变化。理想电流源模型如图 1-12(a)所示。理想电流源的特点是，输出电压大小和方向及输出功率均由外电路确定。在直流电流源的情况下，输出的电流是恒流 I_S，也称为恒流源，其伏安关系曲线如图 1-12(b)所示。

1.4.2.2　实际电流源

理想电流源也是不存在的。当加上负载时，输出的电流要小于理想电流源的源电流，相当于电流源内部对原电流有分流。如图 1-13(a)所示为实际直流电流源的模型，相当于一个理想电流源（恒流源）和一个电阻并联；如图 1-13(b)所示为该实际直流电流源的伏安关系曲线，该曲线也称为电流源外特性曲线。由此可见，电流源输出电流随负载的增加而降低。输出电流与源电流等效内阻及输出电压的关系为：

$$I = I_S - \frac{U}{R_S} \tag{1-15}$$

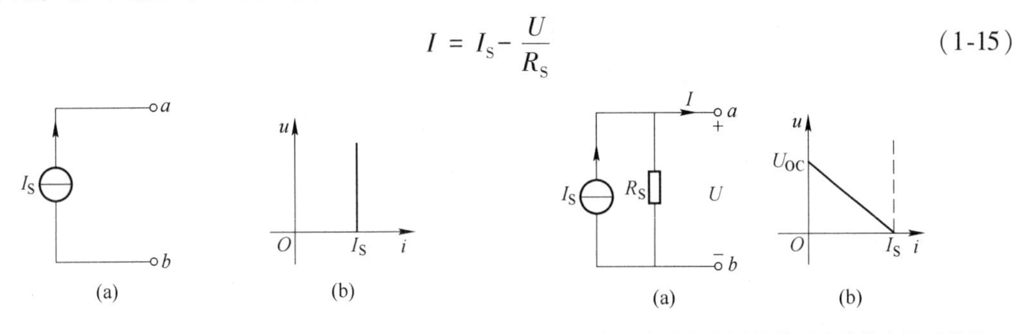

图 1-12　理想电流源模型及其伏安关系曲线
（a）理想电流源模型；（b）伏安关系曲线

图 1-13　实际直流电流源的模型及其伏安关系曲线
（a）实际直流电流源的模型；（b）伏安关系曲线

当电流源的内阻比负载电阻大得多时，可忽略电源内阻，将 R 支路视为开路，此时的实际电流源可近似为理想电流源。

由式(1-15)可知，当电流源开路时，输出电流为零，此时输出端电压为：

$$U = U_{OC} = I_S R_S$$

一般说来，一个实际的电源可以用电压源模型来等效，也可以用电流源模型来等效。当实际电源的输出电压随负载变化不大、比较接近恒压源的特性时，用电压源模型来等效；反之，当实际电源的输出电流随负载变化较小、接近恒流源的特性时，用电流源模型来等效。

提 示

以上介绍的电压源和电流源都是独立电源，即这种电源的源电压或源电流是定值或是给定的时间函数。此外，电路中还有另一类电源，为受控制电源，是受电路中其他部分的电流或电压控制的电源。详细讲解见项目 2 的任务 2.9。

任务 1.5　基尔霍夫定律

在前面讨论的电阻元件电路中，电阻元件的欧姆定律反映的是电路中元件的约束关系，而在一个电路中各处的电压和电流不但受元件类型和参数的影响，而且还取决于电路的结构，基尔霍夫定律反映的就是电路的结构约束关系。

1.5.1　基础电路术语

在介绍基尔霍夫定律之前，先介绍一下有关电路的几个常用术语：

(1) 支路。通常情况下，电路中的每一分支称为支路，同一支路上的元件流过同一电流。具有 3 条支路的电路如图 1-14 所示。其中，两条含电源的支路 *acb*、*adb* 称为有源支路；不含电源的支路 *ab* 称为无源支路。

(2) 节点。电路中 3 条或 3 条以上支路的连接点称为节点，图 1-14 中有两个节点 *a* 和 *b*。

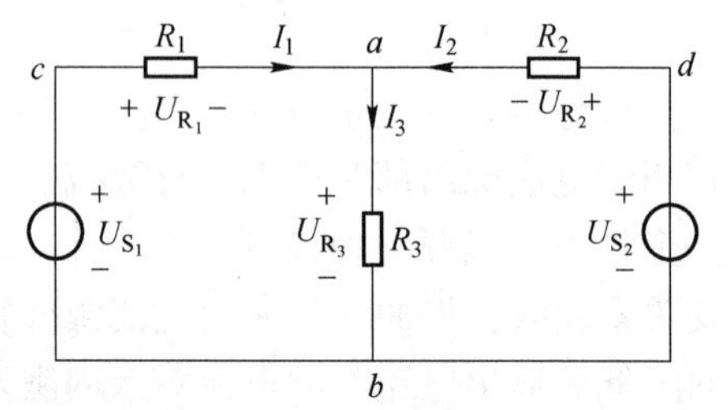

图 1-14　具有 3 条支路的电路

(3) 回路。电路中任一闭合路径称为回路，图 1-14 中有 *adba*、*abca* 和 *adbca* 3 个回路。

(4) 网孔。当回路内不含交叉支路时，该回路也被称为网孔。在平面电路里，网孔就是自然孔，见图 1-14 中的 *adba* 和 *abca* 两个网孔。

(5) 网络。一般把包含较多元器件的电路称为网络。实际上，网络就是电路，两个名词可以通用。

(6) 二端网络。与外部连接只有两个端点的电路称为二端网络，也称为一端口网络，二端网络如图 1-15 所示。实际上，每一个二端元件，如电阻、电感、电容等，就是一个最简单的二端网络。

(7) 等效二端网络。当两个二端网络对外电路的作用效果相同、具有相同的外特性时，这两个二端网络等效。图 1-16 所示的两个二端网络 N_1 与 N_2，当它们接相同的外电路时，产生的非零电压、电流对应相等，即 $u_1 = u_2$，$i_1 = i_2$，则 N_1 与 N_2 互为等效二端网络。

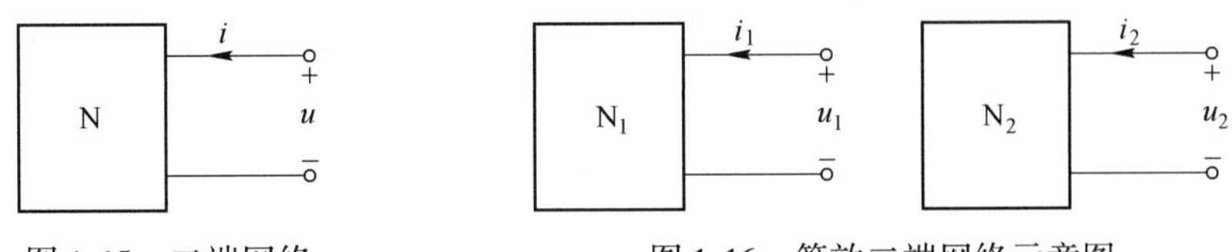

图 1-15　二端网络　　图 1-16　等效二端网络示意图

注意

等效网络指的是对外等效，对内一般是不相等的，即内部电路结构可以不同，但对外部电路的作用（影响）是完全相同的。

1.5.2　基尔霍夫电流定律

基尔霍夫电流定律（Kirchhoff's Current Law，KCL）表述如下：在电路中对任一节点，在任一时刻流进该节点的电流之和等于流出该节点的电流之和，即：

$$\sum i_{入} = \sum i_{出} \tag{1-16}$$

对于图 1-14 中的节点 a，有：

$$I_1 + I_2 = I_3 \tag{1-17}$$

如果假设流入节点的电流为负，流出节点的电流为正，那么基尔霍夫电流定律就可叙述为：在电路中任何时刻，对任一节点所有支路电流的代数和等于零，即：

$$\sum i = 0 \tag{1-18}$$

对于图 1-14 中的节点 a 有：

$$-I_1 - I_2 + I_3 = 0 \tag{1-19}$$

式(1-17)和式(1-19)是等价的，两种说法含义相同。

对节点 b 应用基尔霍夫电流定律有：

$$I_1 + I_2 - I_3 = 0 \tag{1-20}$$

式(1-20)两边乘负号就变换成式(1-19)，所以两个方程互相不独立，即在两个节点的电路中，只有一个独立的电流方程，在两个节点的电路中只有一个独立节点。由此可证明，当电路中有 n 个节点时，有 $n-1$ 个节点是独立的。

【例 1-3】 在图 1-17 所示电路中，各支路电流的参考方向如图所示，其中 $I_1 = 7\text{A}$，$I_2 = -5\text{A}$，$I_4 = 2\text{A}$，$I_5 = 3\text{A}$。试求电流 I_3 的值。

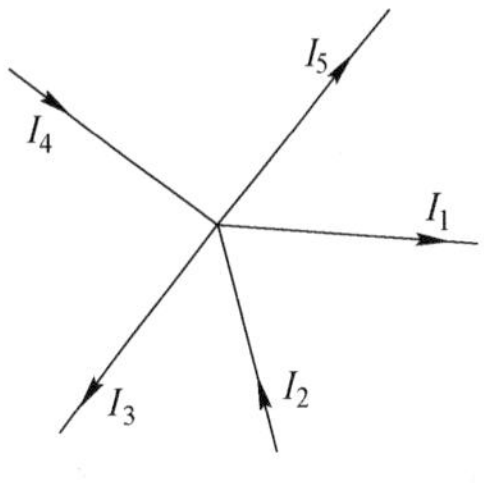

图 1-17　例 1-3 电路图

【解】 根据基尔霍夫定律有：

$$I_1 - I_2 + I_3 - I_4 + I_5 = 0$$

$$I_3 = -I_1 + I_2 + I_4 - I_5 = [-7 + (-5) + 2 - 3]\text{A} = -13\text{A}$$

从基尔霍夫电流定律可以推出以下两个推论：

(1) 推论 1：任一时刻，穿过任一假设闭合面的电流代数和恒为零，如图 1-18(a)所示的点画线框内为广义节点。

（2）推论2：若两个电路网络之间只有一根导线连接，则该连接导线中的电流为0，如图1-18(b)所示。

例如，在图1-18(a)中，对节点 a 有：

$$-i_1-i_6+i_4=0$$

对节点 b 有：

$$-i_2-i_4+i_5=0$$

对节点 c 有：

$$-i_3-i_5+i_6=0$$

把上面3个方程式相加，得：

$$i_1+i_2+i_3=0$$

即在图1-18(a)中，点画线所包围的封闭面电流的代数和为零。

在图1-18(b)中，网络1与网络2之间只有一根导线连接。设网络1流进网络2的电流为 I，但无网络2流进网络1的电流，根据KCL，则 $I=0$。

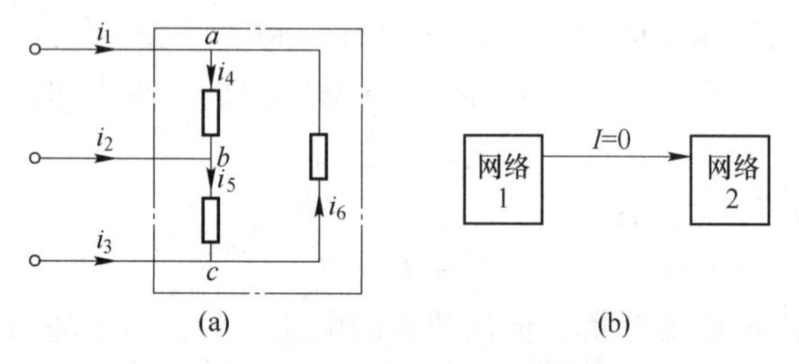

图1-18　基尔霍夫电流定律推论

(a)部分闭合电路；(b)两个电路网络

【例1-4】　电路如图1-19(a)所示，已知 $I_1=3\text{A}$，$I_2=4\text{A}$，$I_3=8\text{A}$。求恒流源的电流 I_S。

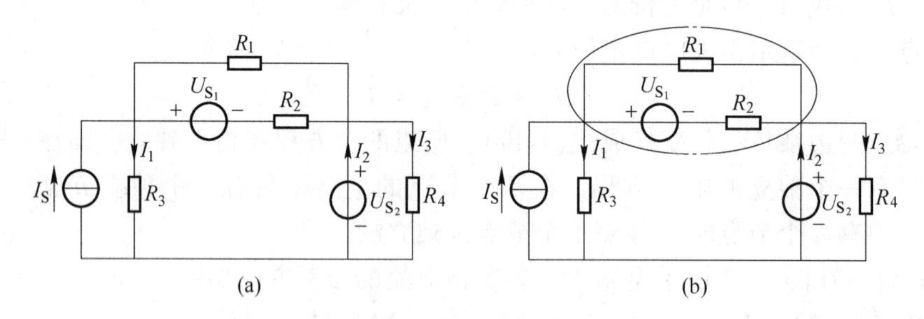

图1-19　例1-4电路图

(a) 实际电路；(b) 画线后的电路

【解】　把图1-19中的 R_1、R_2 所在支路看成闭合面［见图1-19(b)中的点画线部分］。根据基尔霍夫电流定律的推论列方程有：

$$I_1-I_2+I_3-I_S=0$$

解得：

$$I_S=I_1-I_2+I_3=(3-4+8)\text{A}=7\text{A}$$

1.5.3　基尔霍夫电压定律

基尔霍夫电压定律（Kirchhoff's Voltage Law，KVL）是反映电路中对组成任一回路的所有支路的电压之间的相互约束关系。表述如下：在电路中任何时刻，沿任一闭合回路的各段电压的代数和恒等于零，当电压的方向与绕行方向一致时，取正；与绕行方向相反，取负。其表达式为：

$$\sum u = 0 \tag{1-21}$$

在回路中，若有电压源存在，则电源电势升与绕行方向一致取正，相反取负。基尔霍夫电压定律还可以叙述为在电路中任何时刻，沿任一闭合回路的所有电势升之和等于电压降之和。其表达式为：

$$\sum u_S = \sum u \tag{1-22}$$

【例 1-5】　根据基尔霍夫电压定律，分别对图 1-14 所示的各回路列方程。

【解】　对各个回路选定绕行方向，如图 1-20(a)所示。

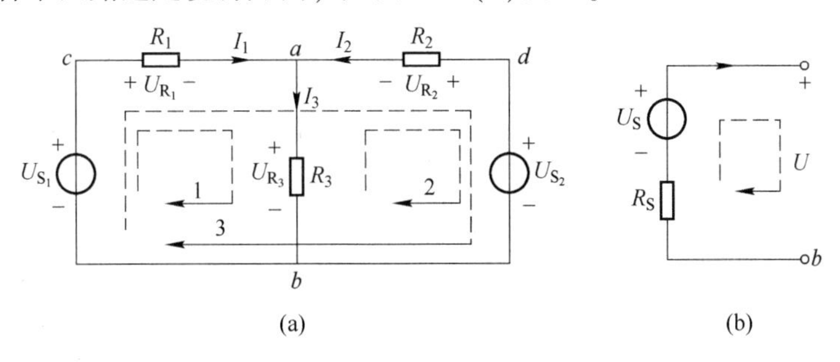

图 1-20　例 1-5 电路图

（a）实际电路；（b）放大后的电路

对回路 1 有：

$$U_{R_1} + U_{R_3} - U_{S_1} = 0$$

或者

$$U_{S_1} = U_{R_1} + U_{R_3}$$

对回路 2 有：

$$U_{R_2} + U_{R_3} - U_{S_2} = 0$$

或者

$$U_{S_2} = U_{R_2} + U_{R_3}$$

对大回路 3 有：

$$U_{R_1} - U_{R_2} + U_{S_2} - U_{S_1} = 0$$

或者

$$U_{S_1} - U_{S_2} = U_{R_1} - U_{R_2}$$

提示

基尔霍夫电压定律不但适用于闭合回路，而且可推广应用于不闭合电路。例如图 1-20(b)中，有：

$$U_S = U + U_1$$

【例1-6】 电路如图1-21(a)所示。试求图中的电压 U_4 和 E、B 两点间的电压 U_{EB} 以及 A、D 两点间的电压 U_{AD}。

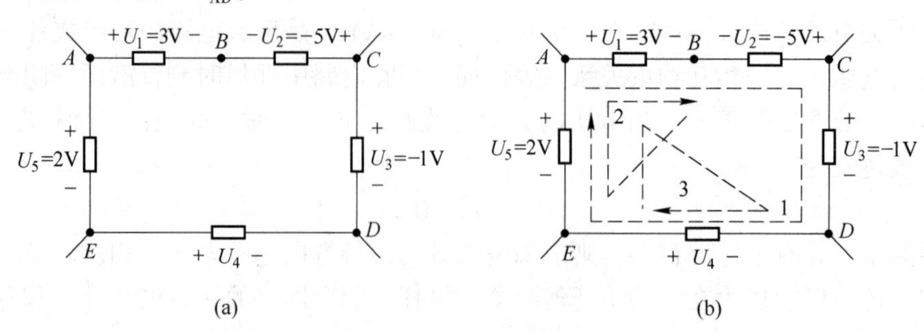

图1-21　例1-6电路图

（a）实际电路；（b）加虚线的电路

【解】　（1）在回路中选定绕行方向如图1-21(b)虚线1所示，根据KVL得：

$$U_1 - U_2 + U_3 - U_4 - U_5 = 0$$

则

$$U_4 = U_1 - U_2 + U_3 - U_5 = 5\text{V}$$

（2）选绕行方向如图1-21(b)虚线2所示，根据KVL得：

$$U_{EB} - U_1 + U_5 = 0$$

则

$$U_{EB} = 1\text{V}$$

（3）选绕行方向如图1-21(b)虚线3所示，根据KVL得：

$$U_{AD} - U_4 - U_5 = 0$$

则

$$U_{AD} = 7\text{V}$$

【例1-7】 求图1-22(a)所示电路的开路电压 U_{ab}。

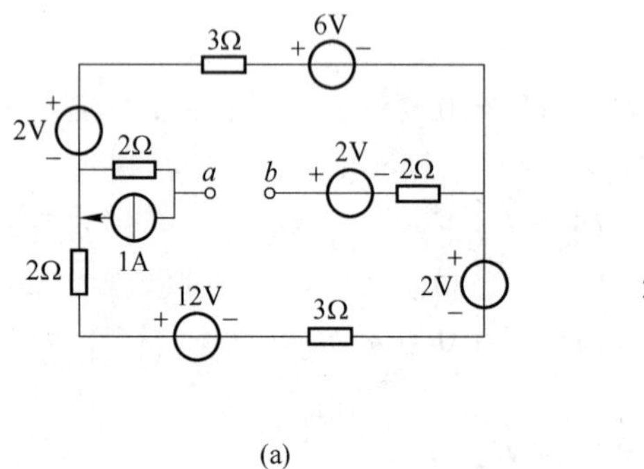

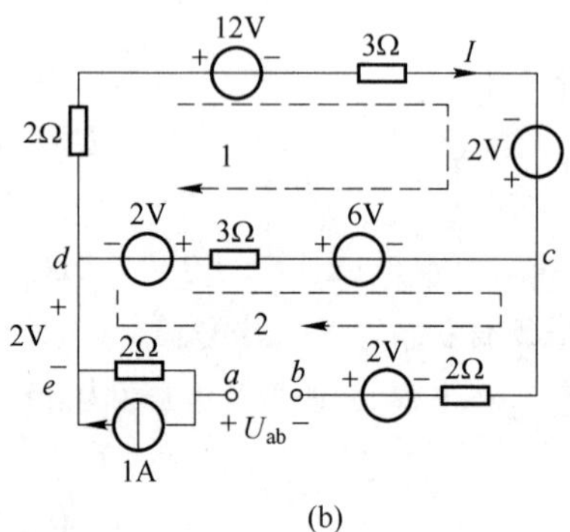

图1-22　例1-7电路图

（a）实际电路；（b）改动后电路

【解】 先把图1-22(a)改画成图1-22(b)，求电流 I。

在回路1中，有 $12 - 2 + 3I - 6 + 3I + 2 + 2I = 0$，则 $I = -\dfrac{3}{4}\text{A}$。

根据基尔霍夫电压定律，在回路2中，得：

$$U_{ab} = \left[-2\times1 - 3\times\left(-\frac{3}{4}\right) - 2 + 6 + 0 - 2\right]\text{V} = \frac{9}{4}\text{V}$$

任务1.6　实践——验证基尔霍夫定律

1.6.1　任务目的

熟悉仪器仪表的使用，会用电流插头、插座测量各支路电流，加深对基尔霍夫定律的理解，搭接电路来验证基尔霍夫定律。

1.6.2　设备材料

该实践任务所需要的设备材料有：

(1) 可调直流稳压电源；

(2) 万用表；

(3) 直流数字电压表；

(4) 基尔霍夫定律、叠加原理电路板；

(5) 直流数字电流表；

(6) 计算机（已安装 Multisim 10.0）。

1.6.3　任务实施

1.6.3.1　验证基尔霍夫电流定律

基尔霍夫电流定律是电路的基本定律之一。测量某电路的各支路电流，应能满足基尔霍夫电流定律（KCL），即对电路中的任一个节点而言，应有$\sum i = 0$。不论是线性电路还是非线性电路，都是普遍适用的。运用上述定律时必须注意各支路或闭合回路中电流的正方向，此方向可预先任意设定。

操作步骤及方法如下：

(1) 实训基尔霍夫定律验证接线图如图1-23所示。此处使用挂箱上的“基尔霍夫定律、叠加原理”电路板。

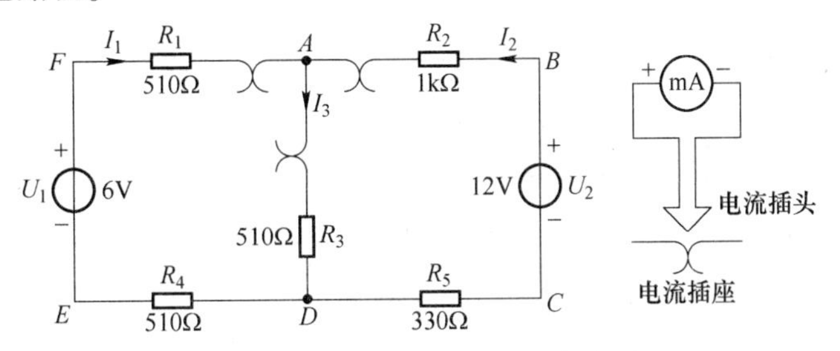

图1-23　基尔霍夫定律验证接线图

(2) 实验前先任意设定3条支路电流正方向，如图1-23中的I_1、I_2、I_3的方向已设定，闭合回路的正方向可任意设定。分别将两路直流稳压源接入电路，令$U_1 = 6V$，$U_2 = 12V$。

(3) 熟悉电流插头的结构，将电流插头的两端接至数字电流表的“+”“-”两端。

将电流插头分别插入 3 条支路的 3 个电流插座中，读出并记录电流值。将测量结果填入表 1-2 中。

（4）验证两个节点 A 和 D 的 $\sum i$ 是否等于 0，将结果计入表 1-3。

表 1-2　电流测量　　（mA）

被测量	I_1	I_2	I_3
计算值			
测量值			
相对误差			

表 1-3　基尔霍夫电流定律验证

节点	A	D
$\sum i$ 计算值		
$\sum i$ 测量值		
相对误差		

1.6.3.2　验证基尔霍夫电压定律

基尔霍夫电压定律是电路的基本定律。测量某电路每个元件两端的电压，应能满足基尔霍夫电压定律（KVL），即对电路中的任何一个闭合回路而言，应有 $\sum u = 0$。不论是线性电路还是非线性电路，都是普遍适用的。运用上述定律时必须注意各支路或闭合回路中电压的正方向，此方向可预先任意设定。

操作步骤及方法如下：

（1）实训接线图如图 1-23 所示。用直流数字电压表分别测量两路电源及电阻元件上的电压值，将测量结果记入表 1-4 中。

表 1-4　电压测量　　（V）

被测量	U_1	U_2	U_{FA}	U_{AB}	U_{AD}	U_{CD}
计算值						
测量值						
相对误差						

（2）验证两个回路 $ABCDA$ 和 $ADEFA$ 的 $\sum u$ 是否等于零。将结果记入表 1-5 中。

表 1-5　基尔霍夫电压定律验证

回路	$ABCDA$	$ADEFA$
$\sum u$ 计算值		
$\sum u$ 测量值		
相对误差		

1.6.3.3　验证基尔霍夫定律仿真

Multisim 10 的使用方法，其操作步骤包括：

（1）依次单击“开始”→“所有程序”→“National Instruments”→“Circuit Cesign Cuite 10. 0”→“Multisim→Multisim 10”选项，打开“Multisim 10”主界面，并选择合适的路径保存文件，文件名为“验证基尔霍夫电流定律”。

（2）按照图 1-23 所示设计仿真电路图，其步骤为：

1）首先放置电阻。在工具栏选择“Place Basic”，打开选择器件窗口，选择“Resistor”，再选择电阻的阻值 510Ω，单击“确定”按钮，这样 R_1 电阻就放置好了。再选择 1kΩ，也可以直接输入 1kΩ，放置 R_2。依此法放置 R_3，然后按下〈Ctrl〉+〈R〉快捷键，把 R_3 旋转 90°。再放置 R_4 和 R_5，最后关闭器件选择窗口。

2）在工具栏选择“Place Source”，打开电源选择窗口，选择直流电压源，单击“确定”按钮，完成放置 V_1。同样方法放置 V_2，再放置“模拟地”，作为电路的参考点。关闭器件选择窗口。

3）器件放置后，就可以进行连线。光标滑动到器件端子位置单击，然后移动光标到另一个器件的端子上再单击，就完成两个器件的连接。连线完成后，双击电源 V_1 修改参数，电压值改为 6V。

（3）验证基尔霍夫电流定律。在仿真电路的每个分支上放置一个电流表，在工具栏选择“Place Indicator”，选择电流表，方向为左正右负，放在 I_1 支路上，电流表就自动被连接到该支路上，此时电流表与 I_1 方向一致；再选择方向为左负右正，放在 I_2 支路，选择方向为上正下负，放在 I_3 支路，然后关闭器件选择窗口。打开电源开关，读取 3 个电流表的测量值，记录仿真数据，验证基尔霍夫电流定律，并计算和分析误差。

（4）验证基尔霍夫电压定律。在仿真电路的每个电阻上放一个电压表，在工具栏选择“Place Indicator”，选择电压表，注意电压表的方向，与表格 1-4 中各个电压的方向一致。打开电源开关，读取各个电压表仿真结果，记录数据，验证基尔霍夫电压定律，并计算和分析误差。

注意事项包括：

（1）调节电压时注意电压的量程。

（2）网络元件阻值与所给参考接线图 1-23 不一致时，可以按现有的电阻重新组成电路进行测试。

（3）所有需要测量的电压值，均以电压表测量的读数为准。U_1、U_2 也需测量，不应取电源本身的显示值。

（4）防止稳压电源两个输出端碰线短路。

（5）用数显电压表或电流表测量，则可直接读出电压或电流值。但应注意：所读取的电压或电流值的正、负号应根据设定的电流参考方向来判断。

1.6.4　思考题

（1）根据图 1-23 的电路参数，计算出待测的电流 I_1、I_2、I_3 和各电阻上的电压值，记入表中，以便实验测量时，可正确地选定电流表和电压表的量程。

（2）实验中，若用指针式万用表直流电流挡测各支路电流，在什么情况下可能出现指针反偏，应如何处理，在记录数据时应注意什么？若用直流数字电流表进行测量时，则会有什么显示呢？

1.6.5　任务报告

（1）将实践数据填入相应的表格中，选定节点 A，验证 KCL 的正确性。

（2）根据实训数据，选定任意一个闭合回路，验证 KVL 的正确性。

（3）将各支路电流和闭合回路的方向重新设定，重复验证。

（4）分析误差原因。

习　题

一、填空题

（1）电路就是____________通过的路径，它是由____________、____________和____________等组成的闭合电路。电路的作用是____________和____________。

（2）电荷的____________移动形成电流。它的大小是指单位____________内通过导体截面的____________。

（3）电流是____________量，但电流有方向，规定________________________为电流的方向。在国际单位制中，电流的单位是____________。

（4）在分析与计算电路时，常任意选定某一方向作为电压或电流的________，当所选的电压或电流方向与实际方向一致时，电压或电流为________值；反之为________值。

（5）一个“220V，25W”的灯泡，它正常工作时的电流为____________，灯泡的电阻为____________。

二、判断题

（1）电源就是把其他形式的能量转换为电能的装置。　　（　　）

（2）电流的参考方向，可能与电流的实际方向相同，也可能相反。　　（　　）

（3）电压是绝对值，与参考点选择无关。电位是相对值，与参考点选择有关。　　（　　）

（4）电阻值越大的导体，电阻率一定也越大。　　（　　）

（5）通过电阻上的电流增大到原来的3倍时，电阻消耗的功率为原来的3倍。　　（　　）

三、选择题

（1）大小和方向都随时间变化的电流称为（　　）。

A. 交流电流　　B. 脉动电流

C. 直流电流　　D. 无法判断

（2）有两个灯泡，其额定值分别为“220V，40W”“110V，60W”，其灯的电流之比为（　　）。

A. 1∶3　　B. 2∶3　　C. 1∶6　　D. 6∶1

（3）某段电路的电压不变，当接上 20Ω 的电阻时，电路中的电流是 1.5A；若用 25Ω 电阻代替 20Ω 电阻，电路中的电流为（　　）。

A. 1.2A　　B. 0.12A　　C. 12A　　D. 120mA

（4）由欧姆定律 $R = U/I$ 可知，以下正确的是（　　）。

A. 导体的电阻与电压成正比，与电流成反比

B. 加在导体两端的电压越大，则电阻越大

C. 加在导体两端的电压和流过的电流的比值为常数

D. 通过电阻的电流越小，则电阻越大

（5）某导体两端电压为100V，通过的电流为2A。当两端电压降为50V时，导体电阻应为（　　）。

A. 100Ω　　B. 50Ω　　C. 20Ω　　D. 10Ω

四、计算题

（1）在图1-24所示的电路中，求各段电路的电压 U_{ab} 及各元件的功率，并说明元件是消耗功率还是对外提供功率。

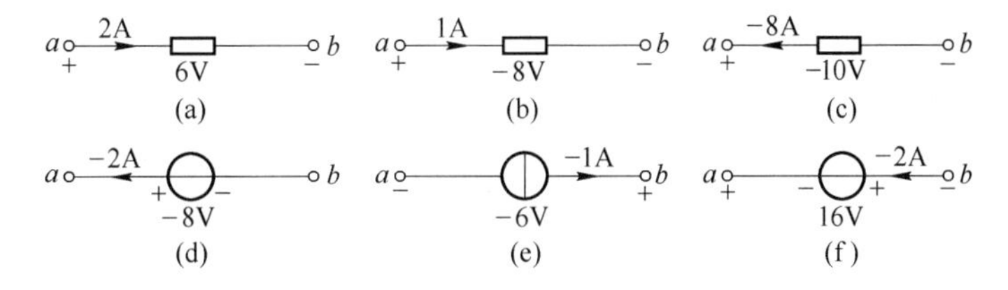

图1-24　电路图1

（2）在图1-25所示的电路中，5个元件代表电源或负载。通过实验测量得知：$I_1=-2A$，$I_2=3A$，$I_3=5A$，$U_1=70V$，$U_2=-45V$，$U_3=30V$，$U_4=-40V$，$U_5=-15V$。

1）试指出各电流的实际方向和各电压的实际极性。

2）判断哪些元件是电源，哪些元件是负载。

3）计算各元件的功率，验证功率平衡。

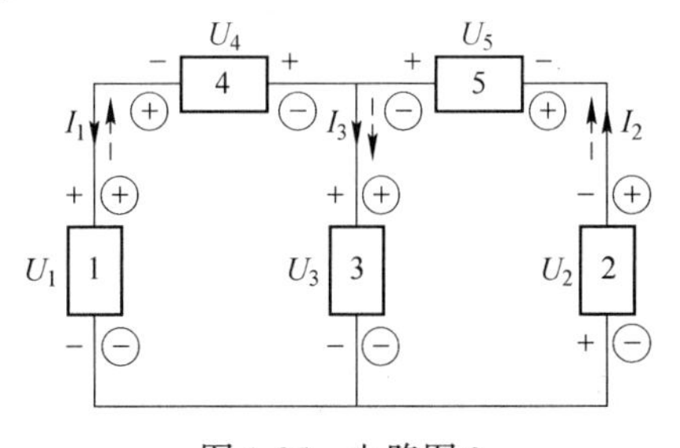

图1-25　电路图2

（3）在如图1-26(a)所示电路中，求两电源的功率，并指出哪个元件吸收功率，哪个元件发出功率；在图1-26(b)所示电路中，指出哪个元件可能吸收或发出功率。

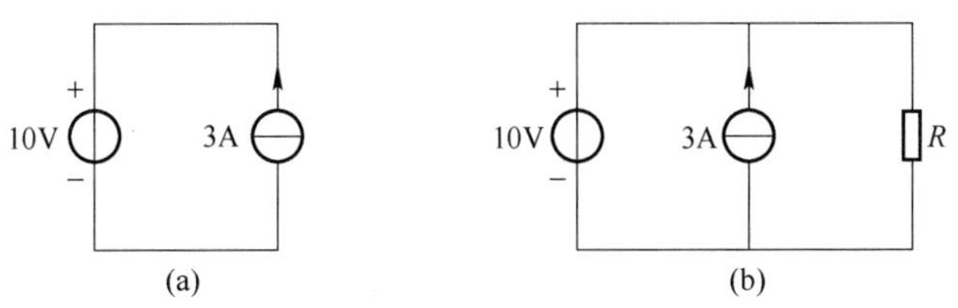

图1-26　电路图3

（4）在如图1-27所示的电路中，一个3A的理想电流源与不同的外电路相连接。求3A电流源在3种情况下分别供给的功率P。

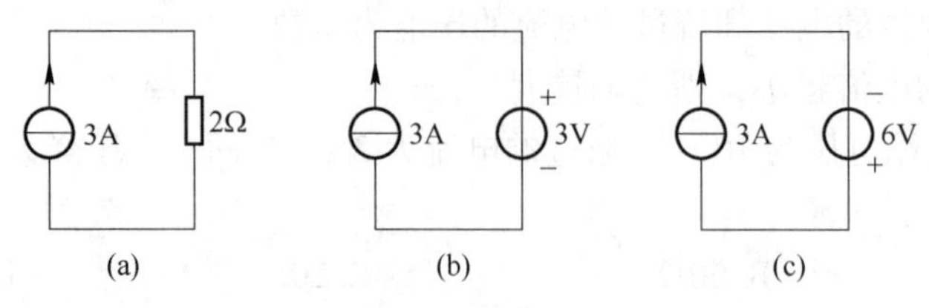

图1-27　电路图4

（5）在如图1-28所示的电路中，一个6V理想电压源与不同的电路相连接。求6V电压源在3种情况下分别供给的功率P。

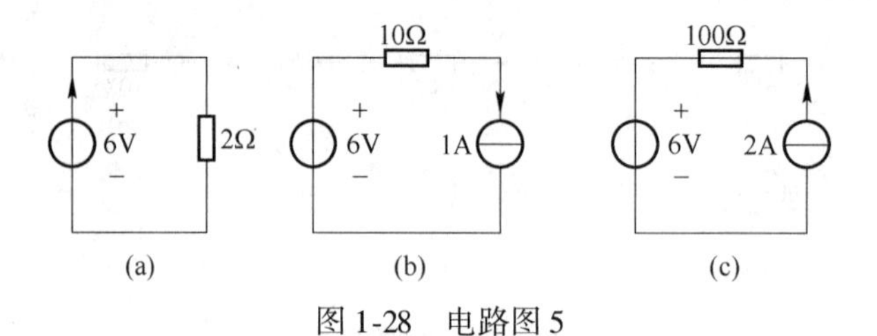

图1-28　电路图5

（6）有一闭合回路如图1-29所示，各支路的元器件是任意的，已知$U_{AB}=5V$，$U_{BC}=-4V$，$U_{DA}=-3V$。试求U_{CD}和U_{CA}。

（7）求如图1-30所示电路的U_{ab}。

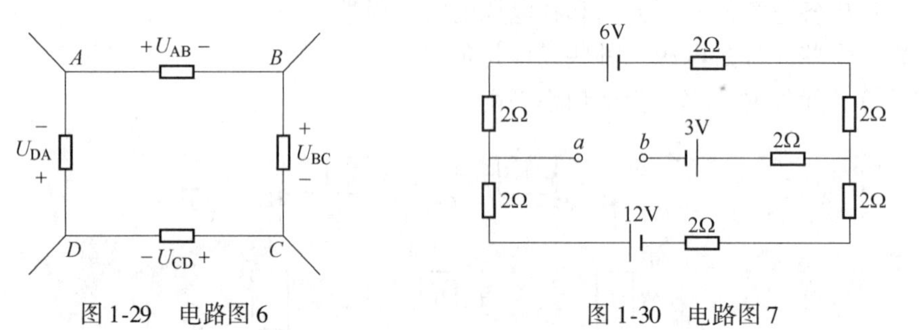

图1-29　电路图6　　　　图1-30　电路图7

（8）求如图1-31所示电路中各独立电源吸收的功率。

（9）在图1-32中，已知$U_{S_1}=3V$，$U_{S_2}=2V$，$U_{S_3}=5V$，$R_2=1\Omega$，$R_3=4\Omega$。试计算电流I_1、I_2、I_3和a、b、d点的电位（以c点为参考点）。

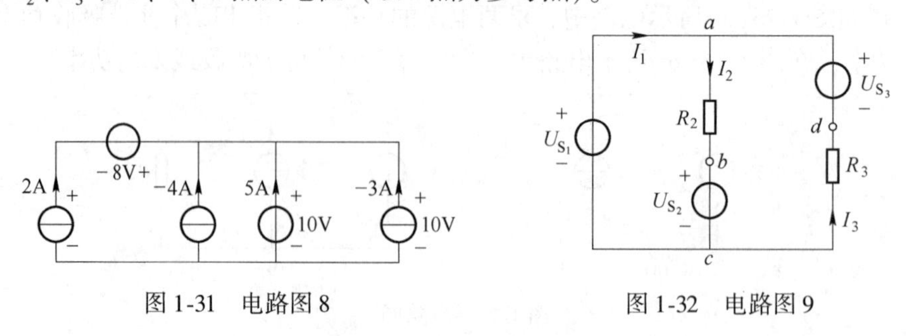

图1-31　电路图8　　　　图1-32　电路图9

（10）求如图 1-33 所示电路中的 U_1 和 U_2。

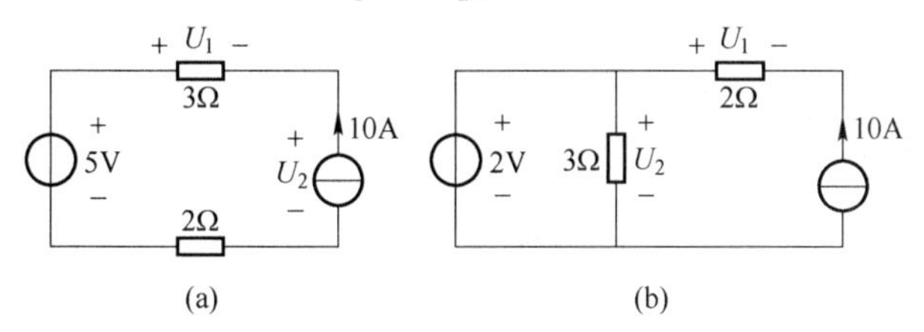

图 1-33　电路图 10

（11）求如图 1-34 所示电路中的电流 I 和电压 U。

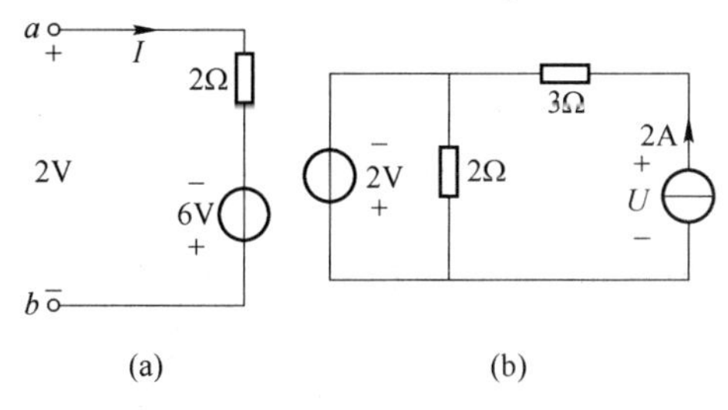

图 1-34　电路图 11

（12）求如图 1-35 所示电路各未知电压 U_{ab}。

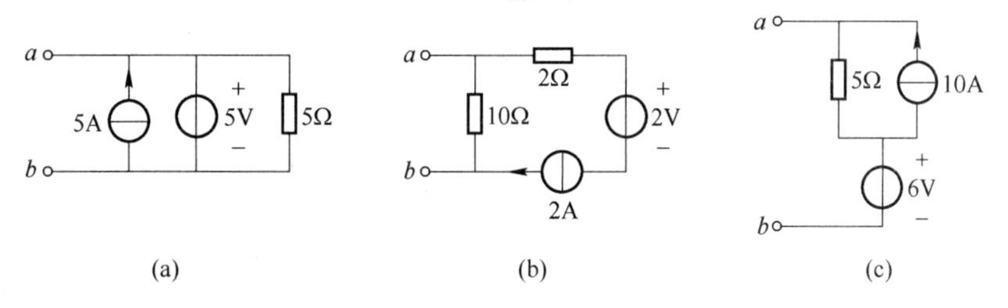

图 1-35　电路图 12

（13）电路如图 1-36 所示，试问 ab 支路是否有电压和电流？

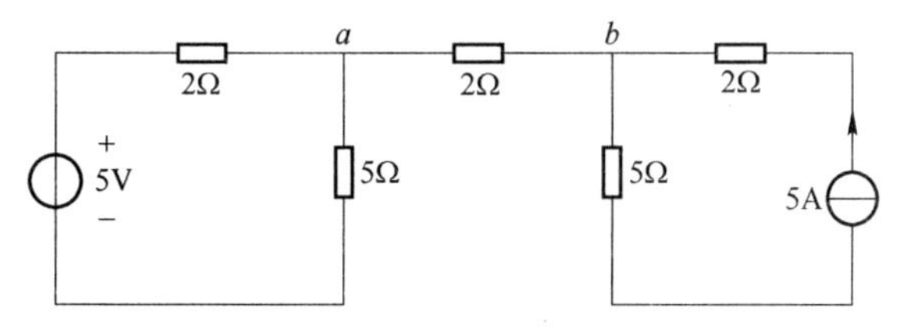

图 1-36　电路图 13

（14）在图 1-37 中，已知 $R_1 = 4\Omega$，$R_2 = 3\Omega$，求电阻 R_1 的电流、R_2 上的电压及电源功率。

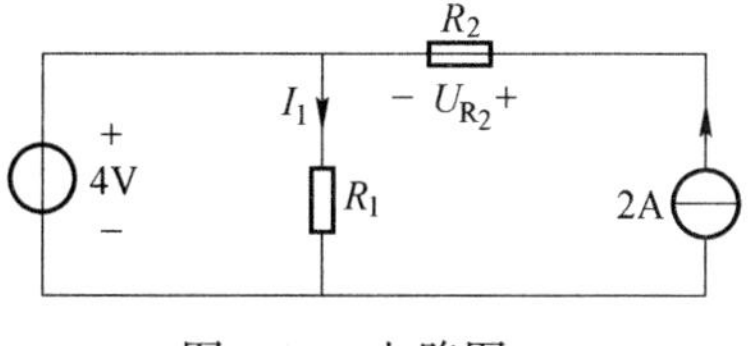

图 1-37　电路图 14

（15）在图1-38所示的电路中，

1）仅用KCL求各元器件电流。

2）仅用KVL求各元器件电压。

3）求各电源发出的功率。

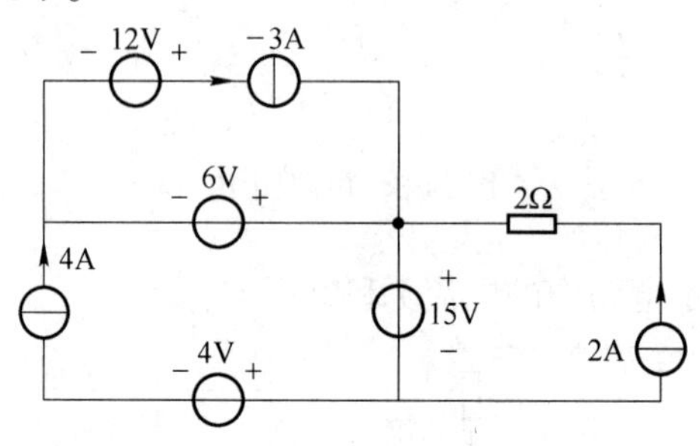

图1-38　电路图15

（16）已知电路如图1-39所示，$R_1 = 6\Omega$，$R_2 = 3\Omega$，$R_3 = 1\Omega$，$I_{S_1} = 4A$，$I_{S_2} = 2A$，$I_{S_3} = -2/3A$。试求各元器件的功率，并指出各元器件是发出功率还是吸收功率。

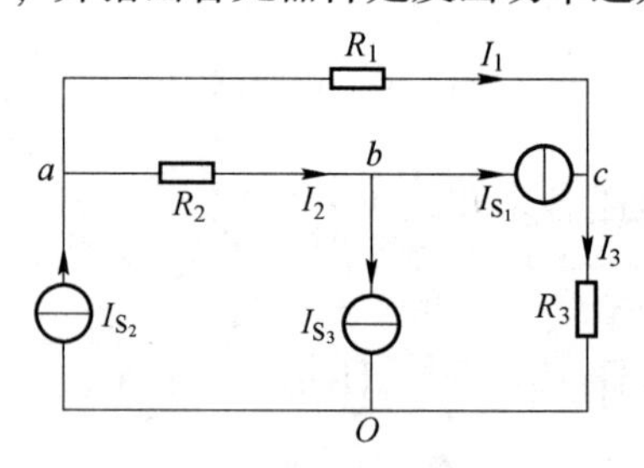

图1-39　电路图16

项目 2　直流电路的分析与计算

项目要点

（1）理解电阻和电源的等效变换；

（2）了解电路的基本分析方法，即支路电流法、节点电位法和网孔电流法；

（3）熟练掌握电阻串联、并联与混联的计算，以及节点法和网孔法的解题步骤；

（4）熟悉电路的基本定理，即叠加定理、齐性定理、替代定理、戴维南定理、诺顿定理和最大功率传输定理。

任务 2.1　线性电阻网络的等效变换

2.1.1　电路等效的一般概念

"两个电路是互为等效的"是指：两个结构参数不同的电路在端子上有相同的电压、电流关系，因而可以互相代换；代换的效果是不改变外电路（或电路中未被代换的部分）中的电压、电流和功率。由此得出电路等效变换的条件是：相互代换的两部分电路具有相同的伏安特性。等效变换的目的是简化电路，方便地求出需要的结果。

如图 2-1 所示，N_1、N_2 是结构、元件参数不相同的两部分电路，具有相同的电压、电流关系，即相同的 VCR，则称它们彼此等效。

相互等效的两部分电路 N_1 与 N_2 在电路中可以相互代换，代换前的电路和代换后的电路对任意外电路 N_3 中的电压、电流和功率是等效的，如图 2-2 所示，即用图 2-2(a)求解 N_3 的电流、电压和功率所得到的结果与用图 2-2(b)求解 N_3 的电流、电压和功率所得到的结果是相等的。这种计算电路的方法称为电路的等效变换。用简单电路等效代替复杂电路，可简化整个电路的计算。

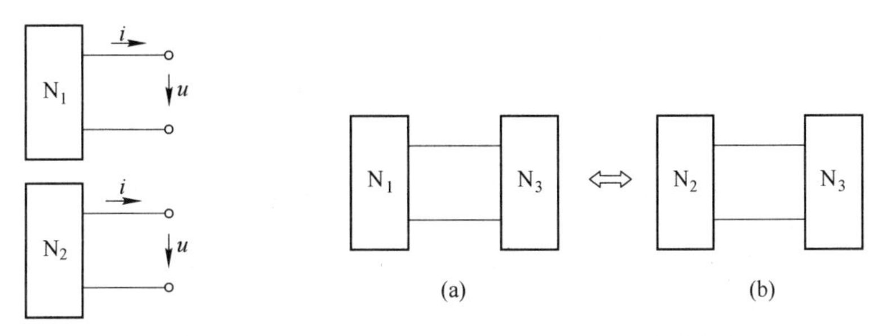

图 2-1　电路的等效　　图 2-2　电路的等效变换

注意

当用等效电路的方法求解电路时，电压、电流和功率保持不变的部分仅限于等效电路以外的部分（N_3），这就是“对外等效”的概念。等效电路是被代替部分的简化或变形，因此内部并不等效。

2.1.2　电阻的串联、并联和混联及其等效变换

2.1.2.1　电阻的串联电路及其等效变换

如果电路中有两个或两个以上的电阻一个接一个地顺序相连，并且流过同一电流，则称这些电阻串联。多个电阻串联电路可以用一个电阻 R 来代替。电阻串联电路及其等效变换电路如图2-3所示。在图2-3(a)中，假定有 n 个电阻 R_1，R_2，…，R_n 顺序相接，其中没有分支（称为 n 个电阻串联），U 代表总电压，I 代表电流。此电路具有的特点是，通过每个电阻的电流相同。

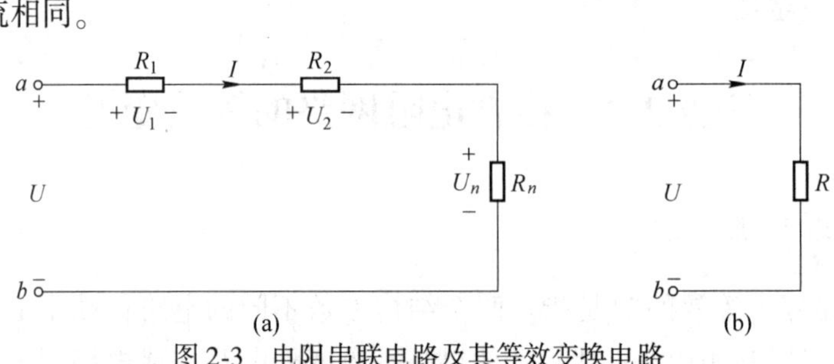

图2-3　电阻串联电路及其等效变换电路

(a) 电阻串联电路；(b) 等效变换电路

根据基尔霍夫电压定律（KVL），电路的总电压等于各串联电阻的电压之和，即：

$$U = U_1 + U_2 + \cdots + U_n = R_1I + R_2I + \cdots + R_nI = (R_1 + R_2 + \cdots + R_n)I = RI \tag{2-1}$$

其中，有效电阻为：

$$R = R_1 + R_2 + \cdots + R_n = \sum_{k=1}^{n} R_k \tag{2-2}$$

式(2-2)表明，电阻串联的等效电阻等于相串联的各电阻之和。显然，等效电阻必然大于任一个串联的电阻，等效电路如图2-3(b)所示。

各串联电阻的电压与电阻值成正比，即：

$$U_k = R_kI = \frac{R_k}{R}U \tag{2-3}$$

功率为：

$$p = UI = (R_1 + R_2 + \cdots + R_n)I^2 = RI^2 \tag{2-4}$$

n 个串联电阻吸收的总功率等于它们的等效电阻所吸收的功率。

若当 $n = 2$（即两个电阻的串联）时，则两个电阻的端电压分别为：

$$\begin{cases} U_1 = \dfrac{R_1}{R_1 + R_2}U \\ U_2 = \dfrac{R_2}{R_1 + R_2}U \end{cases} \tag{2-5}$$

从式(2-5)不难看出，U_1、U_2 是总电压 U 的一部分，且 U_1、U_2 分别与阻值 R_1、R_2 成正比，即电阻值大者分得的电压大，这就是电阻串联时的分压作用。

提示

串联电阻的分压作用在实际电路中有广泛应用，如电压表扩大量程、作为分压器使用、直流电机中串电阻起动等。

2.1.2.2　电阻的并联电路及其等效变换

如果电路中有两个或两个以上的电阻连接在两个公共节点之间，并且通过同一电压，则称这些电阻并联。多个电阻并联电路可以用一个电阻 R 来代替。电阻的并联电路及其等效变换电路如图 2-4 所示。在图 2-4(a)中，假定有 n 个电阻 R_1，R_2，…，R_n 并排连接，承受相同的电压（称为 n 个电阻并联），I 代表总电流，U 代表电压。根据基尔霍夫电流定律（KCL），电路的总电流等于流过各并联电阻的电流之和，即：

$$I = I_1 + I_2 + \cdots + I_n = \left(\frac{1}{R_1} + \frac{1}{R_2} + \cdots + \frac{1}{R_n}\right)U = \frac{1}{R}U \tag{2-6}$$

$$\frac{1}{R} = \frac{1}{R_1} + \frac{1}{R_2} + \cdots + \frac{1}{R_n} = \sum_{k=1}^{n}\frac{1}{R_k} \tag{2-7}$$

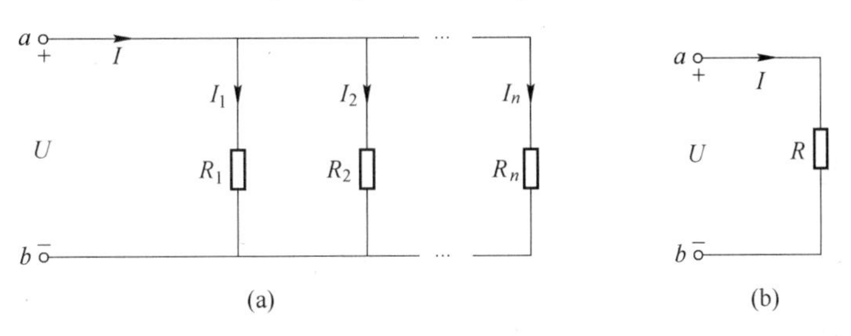

图 2-4　电阻的并联电路及其等效变换电路
（a）电阻的并联电路；（b）等效变换电路

显然，$R<R_k$ 等效电阻小于任一并联电阻。等效电路如图 2-4(b)所示。当电阻并联时，各电阻流过的电流与电阻值成反比，即：

$$I_k = \frac{U}{R_k} \tag{2-8}$$

功率为：

$$P = UI = \frac{U^2}{R_1} + \frac{U^2}{R_2} + \cdots + \frac{U^2}{R_n} = \frac{U^2}{R} \tag{2-9}$$

n 个并联电阻吸收的总功率等于它们的等效电阻所吸收的功率。

若当 $n = 2$（即两个电阻并联）时，则两个电阻并联时求分流的计算公式为：

$$\begin{cases} I_1 = \dfrac{R_1}{R_1 + R_2}I \\ I_2 = \dfrac{R_2}{R_1 + R_2}I \end{cases} \tag{2-10}$$

从式(2-10)不难看出，电阻并联时各自的电流与各自的电阻值成反比，即电阻值小者分得的电流大。因此，并联电阻电路可作分流电路。式(2-10)只适合两个电阻并联的情况，不适合 3 个或 3 个以上电阻并联的情况。

2.1.2.3 电阻的混联电路及其等效变换

既有电阻串联又有电阻并联的电路称为电阻混联电路。分析混联电路的关键问题是如何判别串、并联，一般应掌握以下 3 点：

（1）看电路的结构特点。若两电阻是首尾相联，则是串联；若是首首尾尾相联，则是并联。

（2）看电压电流关系。若流经两电阻的电流是同一个电流，则是串联；若两电阻上承受的是同一个电压，则是并联。

（3）对电路进行变形等效。即对电路作扭动变形，如左边的支路可以扭到右边，上面的支路可以翻到下面，弯曲的支路可以拉直等；对电路中的短路线可以任意压缩与伸长；对多点接地点可以用短路线相联。这点是针对纵横交错的复杂电路非常有效的。一般情况下，电阻串、并联电路的问题都可以用这种方法来判别。

【例 2-1】 求图 2-5(a)中电路 ab 端的等效电阻。

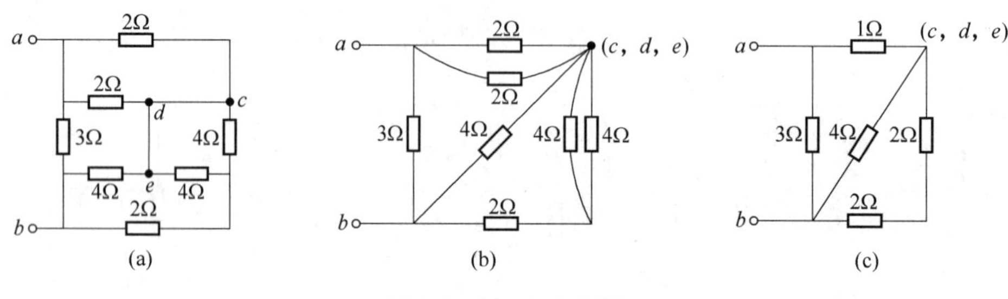

图 2-5 例 2-1 电路图

【解】 将短路线压缩，c、d、e 三个点合为一点，如图 2-5(b)所示。再将能看出串、并联关系的电阻用其等效电阻代替，如图 2-5(c)所示，就可方便地求得：

$$\{[(2\Omega + 2\Omega)//4\Omega] + 1\Omega\}//3\Omega = 1.5\Omega$$

提示

“//”表示两元件并联，其运算规律遵守该类元件的并联公式。

2.1.3 电阻的星形联结和三角形联结

当遇到结构较为复杂的电路时，就难以用简单的串、并联来化简。如图 2-6(a)所示为一个桥式电路，电阻之间既非串联，也非并联，常称之为Y-△联结结构。而 R_1、R_2、R_5 及 R_3、R_4、R_5 都构成Y联结（也称星形联结）。其中，R_1、R_3、R_5 及 R_2、R_4、R_5 都构成△联结（也称三角形联结）。

如图 2-6(b)和图 2-6(c)所示，在这两个电路中，当它们的电阻满足一定的关系时，它们在端钮 1、2、3 上及端钮以外的特性可以相同，即相互等效。根据电路的等效条件，当图 2-6(b)和图 2-6(c)中的端钮 1、2、3 之间的电压 $u_{12\triangle}=u_{12Y}$、$u_{23\triangle}=u_{23Y}$、$u_{31\triangle}=u_{31Y}$，端钮电流 $i_{1\triangle}=i_{1Y}$、$i_{2\triangle}=i_{2Y}$、$i_{3\triangle}=i_{3Y}$时，△联结和Y联结相互等效。

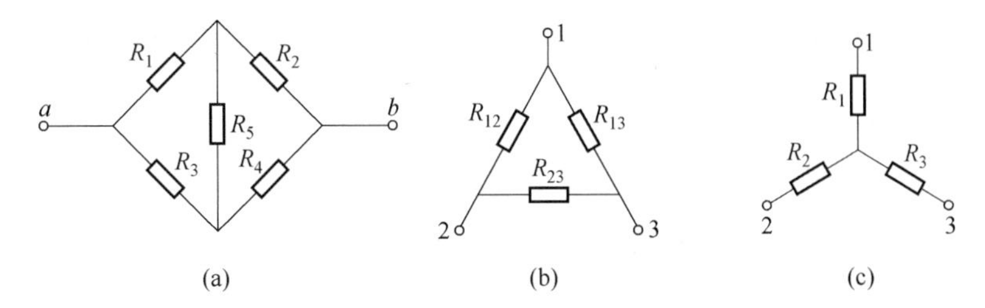

图 2-6　复杂电阻电路的连接

（a）桥式电路；（b）△网络；（c）Y网络

2.1.3.1　Y-△等效变换

Y电路等效变换为△电路，是指已知Y电路中 3 个电阻 R_1、R_2、R_3，通过变换公式求出△电路中的 3 个电阻 R_{12}、R_{13}、R_{23}，将之接成△去替换Y电路的 3 个电阻，从而完成Y电路等效变换为△电路的任务。

如图 2-6 所示，经分析得到（推导略去）Y-△等效变换的变换公式为：

$$\begin{cases} R_{12} = \dfrac{R_1R_2 + R_2R_3 + R_1R_3}{R_3} \\ R_{23} = \dfrac{R_1R_2 + R_2R_3 + R_1R_3}{R_1} \\ R_{13} = \dfrac{R_1R_2 + R_2R_3 + R_1R_3}{R_2} \end{cases} \tag{2-11}$$

观察式(2-11)可看出规律，即△电路中连接某两个端钮的电阻等于Y电路中 3 个电阻两两乘积之和除以与第三个端钮相连的电阻。在特殊情况下，若Y电路中 3 个电阻相等，即 $R_1 = R_2 = R_3 = R_{\text{Y}}$，显然，等效变换的△电路中 3 个电阻也相等，由式(2-11)不难得到 $R_{12} = R_{23} = R_{13} = R_{\triangle} = 3R_{\text{Y}}$。

2.1.3.2　△-Y等效变换

△电路等效变换为Y电路，是指已知△电路中 3 个电阻 R_{12}、R_{13}、R_{23}，通过变换公式求出Y电路中的 3 个电阻 R_1、R_2、R_3，将之接成Y电路去替换△电路中的 3 个电阻从而完成△电路等效变换为Y电路的任务。

如图 2-6 所示，经分析得到（推导略去）△-Y等效变换的变换公式为：

$$\begin{cases} R_1 = \dfrac{R_{12}R_{13}}{R_{12} + R_{23} + R_{13}} \\ R_2 = \dfrac{R_{12}R_{23}}{R_{12} + R_{23} + R_{13}} \\ R_3 = \dfrac{R_{13}R_{23}}{R_{12} + R_{23} + R_{13}} \end{cases} \tag{2-12}$$

观察式(2-12)也可看出规律，即Y电路中与端钮 1、2、3 相联的电阻 R_i 等于△电路中与端钮相连的两电阻乘积除以△电路中 3 个电阻之和。在特殊情况下，若△电路中 3 个电阻相等，即 $R_{12}=R_{23}=R_{13}=R_{\triangle}$。显然，等效变换的Y电路中 3 个电阻也相等，则由式(2-12)难得到 $R_1=R_2=R_3=R_{Y}=\frac{1}{3}R_{\triangle}$。

利用等效变换分析电路时，应注意以下几点：

（1）Y-△联结的等效变换属于多端子电路的等效。在应用中，除了正确使用电阻变换公式计算各电阻值外，还必须正确连接各对应端子。

（2）等效对外部（端钮以外）电路有效，对内不成立。

（3）等效电路与外部电路无关。

（4）等效变换用于简化电路，因此不要把本是串、并联的问题看作△、Y结构进行等效变换，那样会使电路的计算更复杂。

【例 2-2】 试求图 2-7 所示电路的电压 U_1。

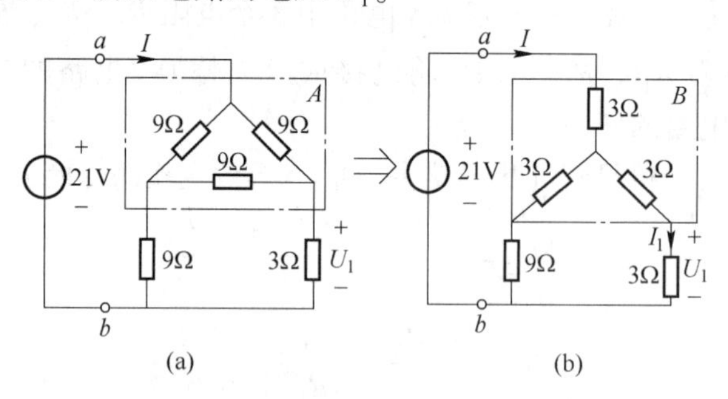

图 2-7 例 2-2 电路图

（a）实际电路；（b）等效后的电路

【解】 应用△-Y等效变换将图 2-7(a)等效为图 2-7(b)，再应用电阻串并联等效变换求得等效电阻 $R_{ab}=3\Omega+[(3\Omega+9\Omega)//(3\Omega+3\Omega)]=7\Omega$，则电流为：

$$I=\frac{U_S}{R_{ab}}=\frac{21V}{7\Omega}=3A$$

由分流公式计算，得：

$$I_1=\left(\frac{3+9}{3+9+3+3}I\right)A=\left(\frac{2}{3}\times 3\right)A=2A$$

$$U_1=R_1I_1=3\Omega\times 2A=6V$$

任务 2.2 含源电路的等效变换

2.2.1 两种电源模型的等效变换

用等效变换的方法来分析电路，不仅需要对负载进行等效变换，而且常常需要对电源进行等效变换。电源等效变换如图 2-8 所示。图 2-8(a)和图 2-8(b)分别是这两类实际电源接同一个负载的电路。根据等效的概念，如果实际电压源与实际电流两种模型的外特性完全相同，则它们可以进行等效变换。且在等效变换过程中，应使两者端口的电压、电流保持不变。

将同负载电阻 R 分别接在图 2-8(a)和图 2-8(b)所示的两电源模型上，若两电源对外等效，则 R 上应得到相同的电压、电流。

当按图 2-8(a)所示接入时，有：

$$I=\frac{U_S}{R_S+R}=\left(\frac{R_S}{R_S+R}\right)\frac{U_S}{R_S} \tag{2-13}$$

当按图 2-8(b)所示接入时，有：

$$I'=\frac{\frac{1}{G_S}}{\frac{1}{G_S}+R}I_S \tag{2-14}$$

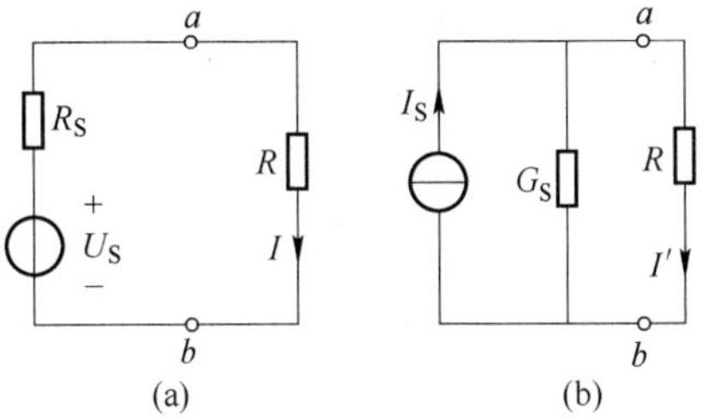

图 2-8　电源等效变换

(a)电压源；(b)电流源

令 $I=I'$，可得到实际电源的两种模型等效变换的条件：

$$\begin{cases}G_S=\dfrac{1}{R_S}\\ I_S=\dfrac{U_S}{R_S}\end{cases}\quad 或 \quad \begin{cases}R_S=\dfrac{1}{G_S}\\ U_S=\dfrac{I_S}{G_S}\end{cases}$$

注意

当两种电源模型进行等效变换时，电压源的极性 U_S 和电流源 I_S 的方向要对应。

若两电源均以电阻表示内阻，则等效变换时内阻不变。理想电源不能进行电压源、电流源的等效变换。等效变换只是对外等效，电源内部并不等效，因为变换前后内阻上的功率损耗并不相等。以负载开路为例，电压源模型内阻消耗的功率等于零，而电流源模型内阻消耗的功率为 I_S^2/G_S。

2.2.2　有源支路的化简

在进行电路分析时，常常遇到几个电压源支路串联、几个电流源支路并联或是若干个电压源、电流源支路既有串联又有并联的二端网络，对外电路而言，面临如何进行等效化简的问题。在没有介绍戴维南定理之前，可以应用电源的等效变换和 KCL、KVL 来解决这类问题。化简的原则是：化简前后，端口处的电压和电流关系不变。

当两个或两个以上电压源支路串联时，可以化简为一个等效的电压源支路。电压源串联电路的化简如图 2-9 所示。图 2-9(a)中的电压源串联电路可以化简为图 2-9(b)所示的等效电路。

对端口而言，图 2-9(a)电路的电压和电流关系为：

$$U=(U_{S_1}+U_{S_2})-(R_{S_1}+R_{S_2})I \tag{2-15}$$

图 2-9(b)电路为 $U=U_S-R_SI$，要两者等效，需要满足：

$$U_S=U_{S_1}+U_{S_2}\quad 和 \quad R_S=R_{S_1}+R_{S_2}$$

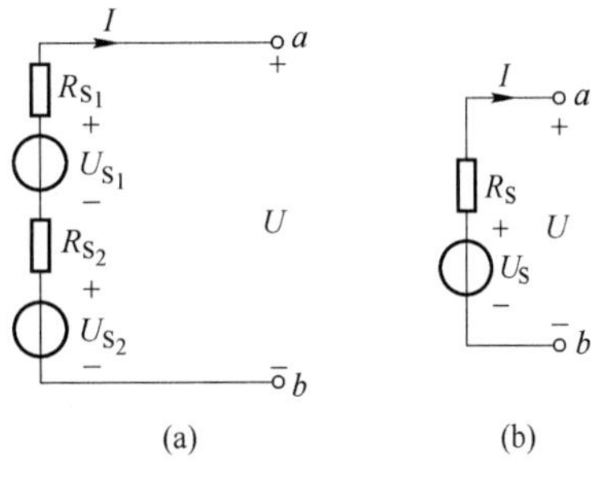

图 2-9　电压源串联电路的化简

(a) 化简前；(b) 化简后

两电流源并联电路化简如图 2-10 所示，两电流源并联电路如图 2-10(a)所示。同样，根据端口电压和电流关系不变的原则，可化简为如图 2-10(b)所示的单电流源等效电路。

图2-10(b)所示的电流源参数应满足：

$$I_S = I_{S_1} + I_{S_2} \quad 和 \quad G_S = G_{S_1} + G_{S_2}$$

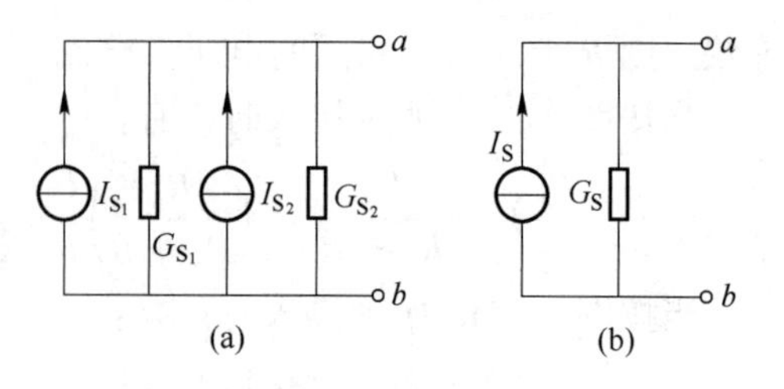

图2-10　两电流源并联电路化简

(a) 化简前；(b) 化简后

当两个实际电压源并联或两个实际电流源串联时，可先利用电源变换将问题变为两个实际电流源并联或两个实际电压源串联的问题，而后再利用上述办法化简为一个单电源支路。

由KVL可知，两理想电压源并联的条件是$U_{S_1} = U_{S_2}$。对分析外电路而言，任何与理想电压源并联的支路对端口电压将不起作用。同理，由KCL可知，两理想电流源串联的条件是$I_{S_1} = I_{S_2}$。对分析外电路而言，任何与理想电流源串联的支路将对端口电流不产生影响。利用电源变换和有源支路化简的办法，可以方便地对电路进行计算，下面举例说明。

【例2-3】　求图2-11(a)所示电路的I和I_x。

【解】　先将两个电流源变换为电压源，如图2-11(b)所示；再将12V电压源变换为电流源，此时两个4Ω电阻并联等效为2Ω；接着将此电流源变换为6V与2Ω串联的实际电压源模型，如图2-11(c)所示。

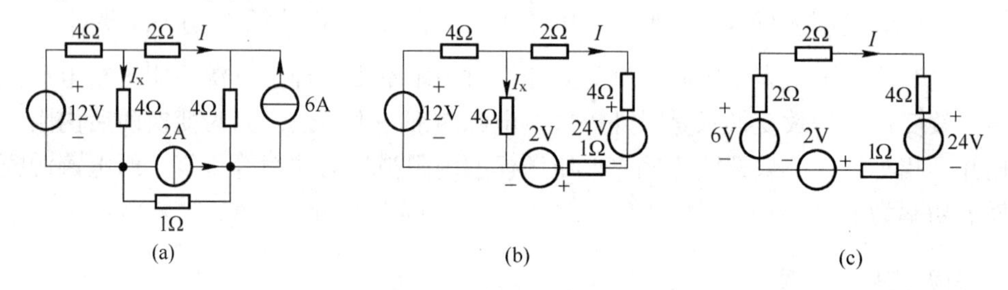

图2-11　例2-3电路图

(a) 实际电路；(b) 变换一次的电路；(c) 变换两次的电路

这样得到一个单回路，由KVL可知：

$$2I + 2I + 1I + 4I = (-2 - 24 + 6)\text{A}$$

所以

$$I = -2.22\text{A}$$

由图2-11(b)及KVL得：

$$I_x = \frac{2I + 1I + 4I + 24 + 2}{4}\text{A} = 2.62\text{A}$$

任务2.3　支路电流法

电路分析、计算的主要任务是：在给定电路结构及元器件参数的条件下，计算出各支路的电流和电压。对简单电路，可以用电阻串、并联等效变换的方法，用欧姆定律求解；对复杂电路，则必须运用电路分析的方法。本节介绍的支路电流法是以电路中每条支路的电流为未知量，对独立节点、独立回路（网孔）分别应用基尔霍夫电流定律、电压定律列出相应的方程，从而解得支路电流。

下面以图 2-12 所示的支路电流法分析用图为例，来说明支路电流法的要点及解题步骤。在图 2-12 中，设定每条支路电流 I_1、I_2、I_3 的参考方向，网孔为顺时针绕行方向。

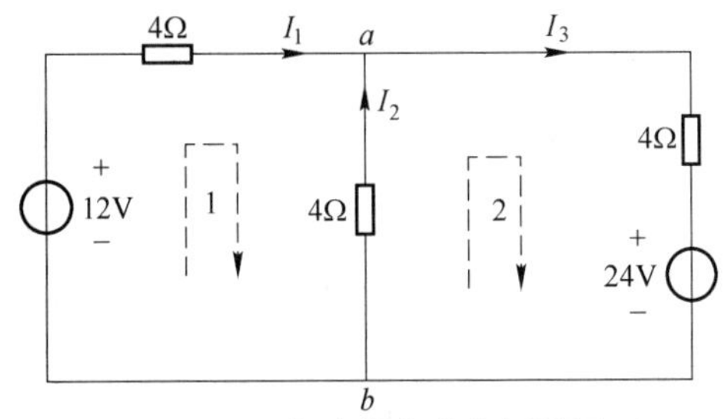

图 2-12　支路电流法分析用图

在图 2-12 中有两个节点 a 和 b，独立节点只有一个，故只要对其中一个节点列电流方程即可；独立回路有两个，故只因对网孔列电压方程即可。

对 a 节点有：　$-I_1-I_2+I_3$

对回路 1 有：　$4I_1-4I_2=12$

对回路 2 有：　$4I_2+4I_3=-24$

得方程组

$$\begin{cases}-I_1-I_2+I_3=0\\4I_1-4I_2=12\\4I_2-4I_3=-24\end{cases}$$

解方程组，得支路电流 I_1、I_2、I_3。

从以上的分析过程可以得出支路电流法的解题步骤如下：

（1）看清电路结构、电路参数及待求量。本电路有两个节点、3 条支路、3 个回路（其中两个网孔）。3 条支路电流是待求量，需列出 3 个独立方程才能求解。

（2）确定支路电流的参考方向。将支路电流的参考方向标注在电路图中。

（3）根据 KCL，对独立节点列电流方程（如有 n 个节点，则 $n-1$ 个节点是独立的）。

（4）根据 KVL，对独立回路列电压方程（一般选取网孔，网孔是独立回路）。

（5）对联立的方程组求解，解出支路电流。

注 意

对有电流源的回路，在列回路电压方程时，要先设电流源两端的电压。

【例 2-4】 电桥的电路原理图如图 2-13 所示。R_1、R_2、R_3 和 R_4 是电桥的 4 个桥臂，a、b 间接有检流计 G。试求当检流计指示为零（即电桥平衡）时，桥臂 R_1、R_2、R_3、R_4 之间的关系。

【解】 当检流计指示为零时，则该支路电流为零，可将该支路断开，即开路，得：

$$I_1=I_4,\ I_2=I_3$$

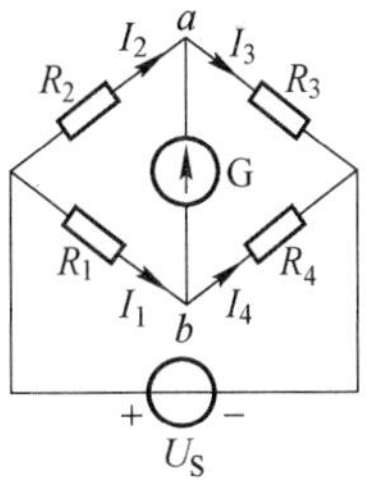

图 2-13　例 2-4 电路图

a、b 两点等电位，得到 $R_1I_1=R_2I_2$，$R_3I_3=R_4I_4$，则桥臂 R_1、R_2、R_3、R_4 之间的关系为：

$$\frac{R_1}{R_4}=\frac{R_2}{R_3}$$

即 $R_1R_3 = R_2R_4$，这个结果为电桥平衡的条件。

由于 a、b 两点等电位，所以此题也可通过把 a、b 两点间短路来进行分析，得到同样的结果。

任务 2.4　节点电位法

支路电流法虽然能用来求解电路，但由于独立方程数目等于电路的支路数，所以对支路数较多的复杂电路，手工求解方程的工作量较大。节点电位法（简称节点法）是一种改进的分析方法，它可以使方程的个数减少。此方法已经广泛应用于电路的计算机辅助分析和电力系统的计算，是最普遍应用的一种求解方法。

在电路中，任选某一点为参考节点，其他节点与该参考节点之间的电压称为节点电位（或节点电压）。前面介绍电位时用符号 V 表示，所以有的文献中在讲解节点电位法时，使用 V 作为变量的符号。而节点电位等于独立节点到参考节点的电压，所以有的文献也沿用了电压符号 U 来表示节点电位。本节中使用 U 加上下标来表示节点电位。

将各支路电流通过支路伏安特性用未知节点电位表示，以节点电位为未知量，依 KCL 列节点电流方程（简称节点方程），求解出各节点电位变量，进而求得电路中需要求得的电流、电压及功率等，这种分析方法称为节点电位法，简称为节点法。该方法比支路电流法减少了 KVL 方程，只需要独立节点数量的方程。

2.4.1　节点方程及其一般形式

2.4.1.1　电路中只有一个独立节点的情况

以一个独立节点的电路图 2-14 为例，图中含有两个节点 0 和 1，这里选择节点 0 为参考点，节点 1 为独立节点，它对参考节点 0 的节点电位可以记为 U_{10}。列电流方程，以流出该节点的电流为正、流入的为负，图 2-14 中流入节点 1 的电流为 I_1 和 I_2，流出节点 1 的电流为 I_3。方程如下：

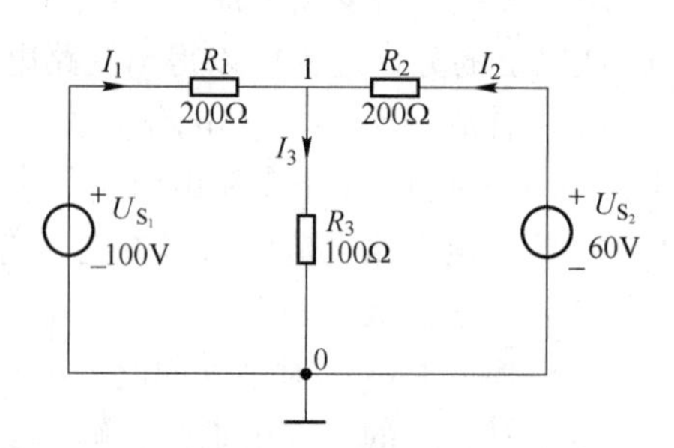

图 2-14　有一个独立节点的电路

$$I_3 - I_1 - I_2 = 0 \tag{2-16}$$

由两点间电压等于这两点之间的电位之差，再根据电阻上电压电流关系有：

$$I_1 = \frac{U_{S_1} - U_{10}}{R_1},\quad I_2 = \frac{U_{S_2} - U_{10}}{R_2},\quad I_3 = \frac{U_{10}}{R_3}$$

将 I_1、I_2、I_3 代入式(2-16)中得：

$$\frac{U_{10}}{R_3} - \frac{U_{S_1} - U_{10}}{R_1} - \frac{U_{S_2} - U_{10}}{R_2} = 0$$

整理得到：

$$U_{10}\left(\frac{1}{R_1} + \frac{1}{R_2} + \frac{1}{R_3}\right) - \frac{U_{S_1}}{R_1} - \frac{U_{S_1}}{R_2} = 0$$

即
$$U_{10}\left(\frac{1}{R_1}+\frac{1}{R_2}+\frac{1}{R_3}\right)=\frac{U_{S_1}}{R_1}+\frac{U_{S_2}}{R_2} \tag{2-17}$$

令
$$G_{11}=\frac{1}{R_1}+\frac{1}{R_2}+\frac{1}{R_3}=G_1+G_2+G_3$$

G_{11} 称为节点 1 的自电导。自电导 G_{11} 恒为正。这是由于本节点电位对连到自身节点的电导支路的电流总是使电流流出本节点的缘故。式(2-17)就是图 2-14 中一个独立节点时，使用节点电位法所列写的方程。由此可见，如果电路中只有一个独立节点，那么就只有一个未知量 U_{10}，从而只需要列写一个节点电位方程。由式(2-17)即可解出 U_{10} 的值。

从式(2-17)可以得出该种电路列写节点电位的规律：方程左侧是节点 1 的节点电位乘以节点的自电导，也就是流出节点 1 的电流和；方程右侧为流入节点 1 的电流和。

2.4.1.2　电路中含有 3 个独立节点的情况

有 3 个独立节点的电路如图 2-15 所示。在图 2-15 中，有 3 个独立节点，分别为节点 1、节点 2 和节点 3。其中节点 3 电位已知，$U_{30}=U_{S_2}$，因此还剩下两个未知量 U_{10} 和 U_{20}，故只需要列节点 1 还剩下两个未知量 U_{10} 和 U_{20}，故只需要列节点 1 和节点 2 的节点电压方程即可求得相应节点电压。同求解电路图 2-14 方法一样，分别对独立节点 1 和 2 列方程求解：

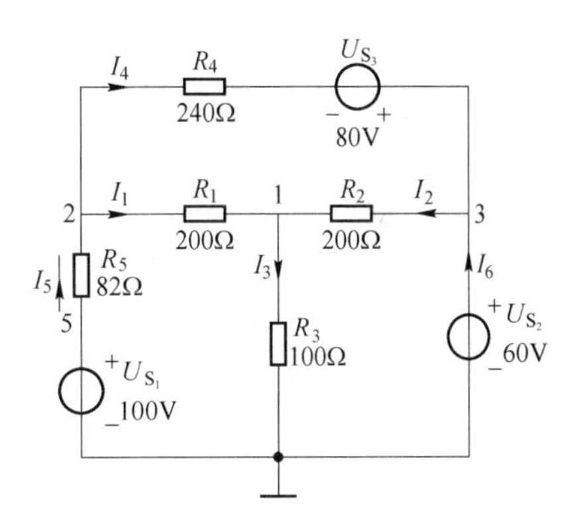

图 2-15　有 3 个独立节点的电路

$$\begin{cases}I_3-I_1-I_2=0\\ I_1+I_4-I_5=0\end{cases} \tag{2-18}$$

求各支路电流，得：

$$I_1=\frac{U_{20}-U_{10}}{R_1},\ I_2=\frac{U_{30}-U_{10}}{R_2}=\frac{U_{S_2}U_{10}}{R_2},\ I_3=\frac{U_{10}}{R_3},\ I_4=\frac{U_{20}-U_{S_2}+U_{S_3}}{R_4},\ I_5=\frac{U_{20}-U_{S_1}}{R_5}$$

把上述各支路电流带入式(2-18)中得到：

$$\begin{cases}\dfrac{U_{10}}{R_3}-\dfrac{U_{20}-U_{10}}{R_1}-\dfrac{U_{30}-U_{10}}{R_2}=0\\[2ex] \dfrac{U_{20}-U_{10}}{R_1}+\dfrac{U_{20}-U_{S_2}+U_{S_3}}{R_4}-\dfrac{U_{20}-U_{S_1}}{R_5}=0\end{cases}$$

整理得到该电路节点法标准方程：

$$\begin{cases}U_{10}\left(\dfrac{1}{R_1}+\dfrac{1}{R_2}+\dfrac{1}{R_3}\right)-\dfrac{U_{20}}{R_1}=\dfrac{U_{S_2}}{R_2}\\[2ex] -\dfrac{U_{10}}{R_1}+U_{20}\left(\dfrac{1}{R_1}+\dfrac{1}{R_4}+\dfrac{1}{R_5}\right)=-\dfrac{U_{S_1}}{R_5}+\dfrac{U_{S_2}}{R_4}-\dfrac{U_{S_3}}{R_4}\end{cases} \tag{2-19}$$

方程中 $G_{11}=\frac{1}{R_1}+\frac{1}{R_2}+\frac{1}{R_3}$，$G_{22}=\frac{1}{R_1}+\frac{1}{R_4}+\frac{1}{R_5}$是自电导；将 $G_{12}=-\frac{1}{R_1}$，$G_{21}=-\frac{1}{R_1}=G_{12}$ 称为互电导。这里自电导恒为正，互电导恒为负。

由此可以得出此种电路节点法列写的规律：方程左侧为本节点电位乘上该节点的自电导再加上相邻节点电位乘上互电导；方程右侧为电压源除以与该节点共用的电阻然后叠加。电源正极靠近该节点（向该节点流入电流的方向）符号取正，电源负极靠近该节点（从该节点流出电流的方向）的取负。

注意

如果电路中某一支路含有理想电压源（无电阻与之串联），那么选择参考节点时尽量选择理想电压源的负极端作参考点，则理想电压源的正极端为独立节点，那么该节点电位为已知，即为该理想电压源的电压，这样所必须列写的方程会减少一个，从而简化了方程求解。

2.4.1.3　电路中含有理想电流源支路的情况

如图 2-16 所示为含有恒流源支路的节点法电路。其结构同图 2-15，方程也同图 2-15 类似，只是 $I_3 = \frac{U_{10}}{R_3}$ 替换为 $I_3 = -I_S$。其方程如下：

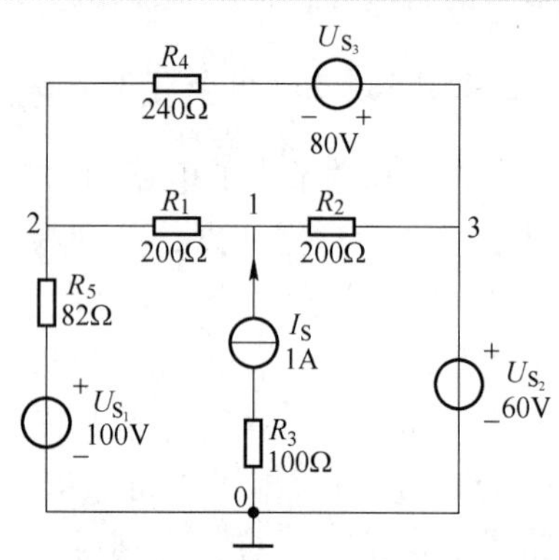

图 2-16　含有恒流源支路的节点法电路

$$\begin{cases} -I_S - \dfrac{U_{20}-U_{10}}{R_1} - \dfrac{U_{30}-U_{10}}{R_2} = 0 \\ \dfrac{U_{20}-U_{10}}{R_1} + \dfrac{U_{20}-U_{S_2}+U_{S_3}}{R_4} - \dfrac{U_{20}-U_{S_1}}{R_5} = 0 \end{cases}$$

整理得到：

$$\begin{cases} U_{10}\left(\dfrac{1}{R_1}+\dfrac{1}{R_2}\right) - \dfrac{U_{20}}{R_1} = \dfrac{U_{S_2}}{R_2} + I_S \\ -\dfrac{U_{10}}{R_1} + U_{20}\left(\dfrac{1}{R_1}+\dfrac{1}{R_4}+\dfrac{1}{R_5}\right) = -\dfrac{U_{S_1}}{R_5} + \dfrac{U_{S_2}}{R_4} - \dfrac{U_{S_3}}{R_4} \end{cases} \tag{2-20}$$

提示

将恒流源放方程右侧，方向为灌进该节点时取正号，反之取负号。

因此，对于具有理想电流源支路，该支路上的电阻不起作用，可以忽略不计。列节点法方程时，将恒流源的值放在方程右侧，方向为灌进该节点时取正号。N 个节点标准方程可以表示如下：

$$U_{10}G_{i1} + U_{20}G_{i2} + \cdots + U_{i0}G_{ii} + \cdots + U_{N0}G_{iN} = \sum\frac{U_{S_j}}{R_j} + \sum I_{S_k}$$

式中，U_{10}，U_{20}，…，U_{N0} 为各个独立节点电压；G_{N1}，G_{N2}，…，$G_{N(N-1)}$ 为与节点 N 连接的互电导，恒为负；G_{NN} 为节点 N 的自电导，恒为正；U_{S_j} 和 R_j 表示有 j 条支路与 N 节点连接，该支路含有独立电压源 U_{S_j} 和与之串联的电阻 R，取 $\frac{U_{S_j}}{R_j}$ 的代数和；I_{S_k} 表示有 k 个含有理想电流源的支路与 N 节点相连，这些电流源的值取代数和。

2.4.1.4　电路中两个节点间有理想电压源的情况

图 2-17 的电路中节点 3 和节点 2 之间只有一个独立源。如果理想电压源没有串联电阻，就不能变换为等效的电流源。在列写节点方程时，有三种方法：一是选某一理想电压源的一端作为参考节点；二是在理想电压源支路中增设电流未知量；三是列广义节点 KCL 方程，下面举例来说明对这些情况的处理方法。

【例 2-5】 电路如图 2-17 所示，用节点法求 I_x。

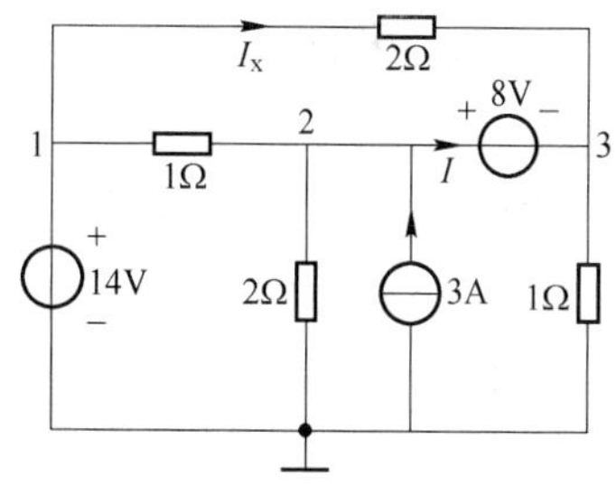

图 2-17　例 2-5 电路图

【解】 本例中，$n = 4$，则共有 3 个独立节点，接地点为参考节点，3 个电源中有两个理想电压源，当遇到含理想电压源电路时，常选某一理想电压源的一端为参考节点，现选 14V 理想电压源的负极端为参考节点，并标出独立节点序号，在节点 2 与节点 3 之间为 8V 理想电压源，可增设此支路电流 I 为未知数，现以 U_1、U_2、U_3 和 I 为未知数列方程，即：

$$U_1 = 14\text{V}（节点电压为理想电压源电压）$$

$$-1U_1 + (1 + 0.5)U_2 + I = 3$$

$$-0.5U_1 + (1 + 0.5)U_3 - I = 0$$

补充节点 2、节点 3 之间的电压关系 $U_2 - U_3 = 8\text{V}$，解得：

$$U_1 = 14\text{V},\ U_2 = 12\text{V},\ U_3 = 4\text{V},\ I = -1\text{A}$$

$$I_x = \frac{U_1 - U_3}{2\Omega} = \frac{10\text{V}}{2\Omega} = 5\text{A}$$

在以上解题过程中，对两个理想电压源的处理分别应用了前面所述第一种（即选 14V 理想电压源的负极端为参考节点）和第二种（即在 8V 理想电压源支路增设此支路电流 I 为未知数）两种方法。若采用的是第三种方法（即列广义节点 KCL 方程），以本题为例，将节点 2、3 及 8V 理想电压源用虚线框起来，则构成一个假想的封闭面，也称作广义节点。对此广义节点列 KCL 方程得：

$$-(1 + 0.5)U_1 + (1 + 0.5)U_2 + (1 + 0.5)U_3 = 3$$

此方程与 $U_1 = 14$，$U_2 - U_3 = 8$ 三式联立，得：

$$U_2 = 12\text{V},\ U_3 = 4\text{V}$$

$$I_x = \frac{U_1 - U_3}{2\Omega} = 5\text{A}$$

从例 2-5 可以看出，如果电路中两个独立节点之间具有理想电压源，应设该支路的电流为未知量，并将其放在方程左侧；流出该节点取正、流入该节点取负；并增加一个补充方程，补充方程为两个独立节点间的电位差等于该理想电压源的电压值。

2.4.2　节点法解题步骤

从上节的内容可以归纳出节点法的解题步骤如下：

(1) 选定参考节点，标出各独立节点序号，将独立节点电位作为未知量，其参考方向由独立节点指向参考节点。

（2）用观察法对各个独立节点列写以节点电位为未知量的KCL方程。

（3）联立求解第(2)步得到的（$n-1$）个方程，解得各节点电位。

（4）指定各支路方向，并由节点电位求得各支路电压。

（5）应用支路的伏安特性关系，由支路电压求得各支路电流。

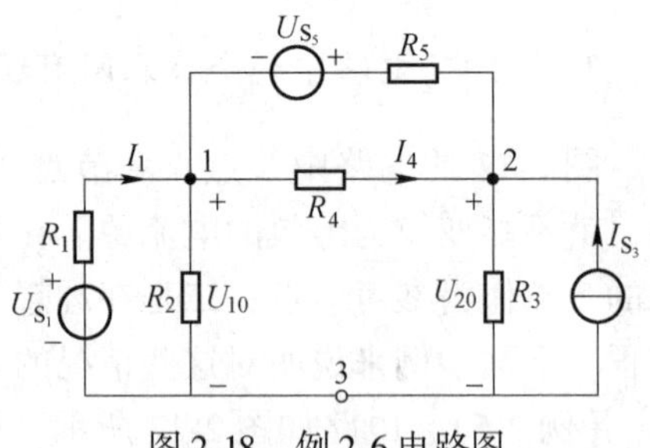

图2-18 例2-6电路图

【例2-6】 在图2-18所示电路中，$R_1 = R_2 = R_3 = 4\Omega$，$R_4 = R_5 = 2\Omega$，$U_{S_1} = 4V$，$U_{S_5} = 12V$，$I_{S_3} = 3A$。试用节点法求电流$I_1$和$I_4$。

【解】 选图中节点3为参考节点，标出1和2两个独立节点，选U_{10}和U_{20}为两个未知量。

用观察法列节点方程，即：

$$\left(\frac{1}{R_1}+\frac{1}{R_2}+\frac{1}{R_4}+\frac{1}{R_5}\right)U_{10}-\left(\frac{1}{R_4}+\frac{1}{R_5}\right)U_{20}=\frac{U_{S_1}}{R_1}-\frac{U_{S_5}}{R_5}$$

$$-\left(\frac{1}{R_4}+\frac{1}{R_5}\right)U_{10}+\left(\frac{1}{R_3}+\frac{1}{R_4}+\frac{1}{R_5}\right)U_{20}=I_{S_3}+\frac{U_{S_5}}{R_5}$$

将数据代入方程得：

$$\frac{3}{2}U_{10}-U_{20}=-5$$

$$-U_{10}+\frac{5}{4}U_{20}=9$$

联立求解得：

$$U_{10}=\frac{22}{7}\text{V}$$

$$U_{20}=\frac{68}{7}\text{V}$$

$$I_1=\frac{U_{S_1}-U_{10}}{R_1}=\frac{3}{14}\text{A}$$

$$I_4=\frac{U_{10}-U_{20}}{R_4}=-\frac{23}{7}\text{A}$$

任务2.5 网孔电流法

网孔电流法是自动满足KCL，仅应用KVL就可以求解电路的方法，简称为网孔法。与用独立电压变量来建立电路方程类似，也可用独立电流变量来建立电路方程，称为网孔方程。与用独立电压变量来建立电路方程类似，也可用独立电流变量来建立电路方程称为网孔方程。

2.5.1 网孔方程及其一般形式

欲使方程数目减少必使求解的未知量数目减少。在一个平面电路里，因为网孔是由若干条支路构成的闭合回路，所以它的网孔个数必定少于支路个数。如果设想在电路的每个网孔里有一假想的电流沿着构成该网孔的各支路循环流动，就把这一假想的电流称为网孔电流。

对平面电路，以假想的网孔电流作未知量，依 KVL 列出网孔电压方程式（网孔内电阻上电压通过欧姆定律换算为电阻乘电流表示），求解出网孔电流，进而求得各支路电流、电压、功率等，这种求解电路的方法称为网孔电流法。下面以图 2-19 所示电路为例来列出网孔的 KVL 方程，并从中总结出列写网孔 KVL 方程的简便方法。

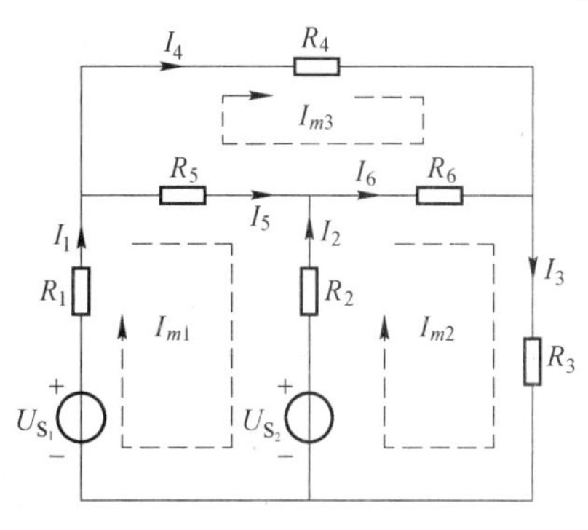

图 2-19 网孔分析法用图

本电路共有 6 条支路、4 个节点，网孔电流如图所标分别为 I_{m1}、I_{m2}、I_{m3}，其参考方向即作为列写方程的绕行方向。按网孔列写 KVL 方程如下：

（1）网孔 1： $R_1I_{m1}+R_5(I_{m1}-I_{m3})+R_2(I_{m1}-I_{m2})+U_{S_2}-U_{S_1}=0$

（2）网孔 2： $R_2(-I_{m1}+I_{m2})+R_6(I_{m2}-I_{m3})+R_3I_{m2}-U_{S_2}=0$

（3）网孔 3： $R_4I_{m3}+R_6(-I_{m2}+I_{m3})+R_5(-I_{m1}+I_{m3})=0$

为了便于解出方程，上述 3 个方程，需要按未知量顺序排列并加以整理，同时将已知激励源也移到等式右端。这样上面 3 个方程整理为：

$$\begin{cases}(R_1+R_2+R_5)I_{m1}-R_2I_{m2}-R_5I_{m3}=U_{S_1}-U_{S_2}\\-R_2I_{m1}+(R_2+R_3+R_6)I_{m2}-R_6I_{m3}=U_{S_2}\\-R_5I_{m1}-R_6I_{m2}+(R_4+R_5+R_6)I_{m3}=0\end{cases} \tag{2-21}$$

解上述方程组即可得电流 I_{m1}、I_{m2}、I_{m3}，进而确定各支路电流或电压、功率。如果用网孔法分析电路，就都有如上的方程整理过程，比较麻烦。将式(2-21)归纳为：

$$\begin{cases}R_{11}I_{m1}+R_{12}I_{m2}+R_{13}I_{m3}=U_{S_11}\\R_{21}I_{m1}+R_{22}I_{m2}+R_{23}I_{m3}=U_{S_22}\\R_{31}I_{m1}+R_{32}I_{m2}+R_{33}I_{m3}=U_{S_33}\end{cases} \tag{2-22}$$

比较式(2-21)和式(2-22)，不难发现：$R_{11}=R_1+R_2+R_5$，网孔 1 的所有电阻之和，称为网孔 1 的自电阻。同理，$R_{22}=R_2+R_3+R_6$、$R_{33}=R_4+R_5+R_6$ 分别为网孔 2 和网孔 3 的自电阻，且自电阻恒为正。这是因为本网孔电流方向与网孔绕行方向一致，由本网孔电流在各电阻上产生的电压方向必然与网孔绕行方向一致；$R_{12}=R_{21}$ 为网孔 1 和网孔 2 之间的互电阻，且 $R_{12}=R_{21}=-R_2$ 为两网孔共有电阻的负值。在网孔法中，互电阻恒为负。这是由于规定各网孔电流均以顺时针为参考方向，所以另一网孔在共有电阻上产生的电压总是与本网孔绕行方向相反。同理，可解释 $R_{13}=R_{31}=-R_5$ 和 $R_{23}=R_{32}=-R_6$；式(2-22)中等式右端的 U_{S_11}、U_{S_22}、U_{S_33} 分别为 3 个网孔的等效电压源的代数和，与网孔绕行方向相反的电压源为正，一致的为负，如 $U_{S_11}=U_{S_1}-U_{S_2}$，U_{S_1} 的方向与网孔 1 的绕行方向相反，而

U_{S_2} 的方向与网孔 1 的绕行方向一致。

由独立电压源和线性电阻构成电路的网孔方程很有规律，可理解为各网孔电流在某网孔全部电阻上产生电压降的代数和，等于该网孔全部电压源电压升的代数和。根据以上总结的规律和对电路图的观察，就能直接列出网孔方程。具有 m 个网孔的平面电路，其网孔方程的一般形式为：

$$\begin{cases} R_{11}I_{m1}+R_{12}I_{m2}+\cdots+R_{1m}I_{mm}=U_{S_11} \\ R_{21}I_{m1}+R_{22}I_{m2}+\cdots+R_{2m}I_{mm}=U_{S_22} \\ \vdots \\ R_{m1}I_{m1}+R_{m2}I_{m2}+\cdots+R_{mm}I_{mm}=U_{S_mm} \end{cases}$$

2.5.2　网孔法解题步骤

从上节的内容可以归纳出网孔法的解题步骤如下：

（1）选网孔为独立回路，标出顺时针的网孔电流方向和网孔序号。

（2）若电路中存在实际电流源，则先将其等效变换为实际电压源后，用观察自电阻、互电阻的方法列出各网孔的 KVL 方程（以网孔电流为未知量）。

（3）求解网孔电流。

（4）由网孔电流求各支路电流。

（5）由各支路电流及支路的伏安特性关系式求各支路电压。

【例 2-7】 试用网孔电流法求解图 2-20 所示电路中的各支路电流。

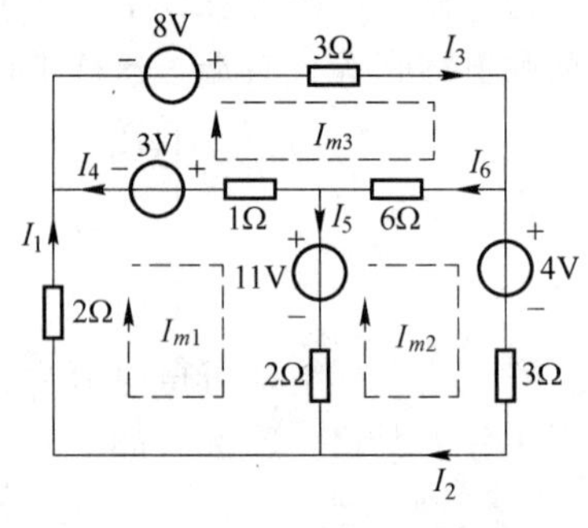

图 2-20　例 2-7 图

【解】 网孔序号及网孔绕行方向如图 2-20 所示，列写网孔方程组为：

$$\begin{cases} (2+1+2)I_{m1}-2I_{m2}-1I_{m3}=3-11 \\ -2I_{m1}+(2+6+3)I_{m2}-6I_{m3}=11-4 \\ -1I_{m1}-6I_{m2}+(3+6+1)I_{m3}=8-3 \end{cases}$$

整理为：

$$\begin{cases} 5I_{m1}-2I_{m2}-I_{m3}=-8 \\ -2I_{m1}+11I_{m2}-6I_{m3}=7 \\ -1I_{m1}-6I_{m2}+10I_{m3}=5 \end{cases}$$

联立求解得：

$$I_{m1}=-1\text{A}$$
$$I_{m2}=1\text{A}$$
$$I_{m3}=1\text{A}$$

从而求得各支路电流为：

$$I_1=I_{m1}=-1\text{A}$$
$$I_2=I_{m2}=1\text{A}$$
$$I_3=I_{m3}=1\text{A}$$

$$I_4 = -I_{m1} + I_{m3} = 2\text{A}$$
$$I_5 = I_{m1} - I_{m2} = -2\text{A}$$
$$I_6 = -I_{m2} + I_{m3} = 0\text{A}$$

任务 2.6　叠加定理、齐性定理和替代定理

2.6.1　叠加定理

叠加定理是线性电路的一个重要的基本性质，是构成其他网络理论的基础。它说明了在线性电路中各个电源作用的独立性。正确掌握叠加定理能加深对线性电路的认识。

2.6.1.1　相关概念

本节所涉及的概念包括：

（1）线性电路。由线性元件和独立源组成的电路称为线性电路。

（2）激励与响应。在电路中，独立源为电路的输入，对电路起着“激励”的作用，而其他元件的电压与电流只是激励引起的“响应”（见图 2-21）。

（3）齐次性和可加性。齐次性又称为比例性，即激励增大 K 倍，响应也增大 K 倍。可加性是指激励的和产生的响应等于激励分别产生的响应的和。“线性”的含义即包含了齐次性（见图 2-22）和可加性（见图 2-23）。

图 2-21　激励与响应　　图 2-22　齐次性

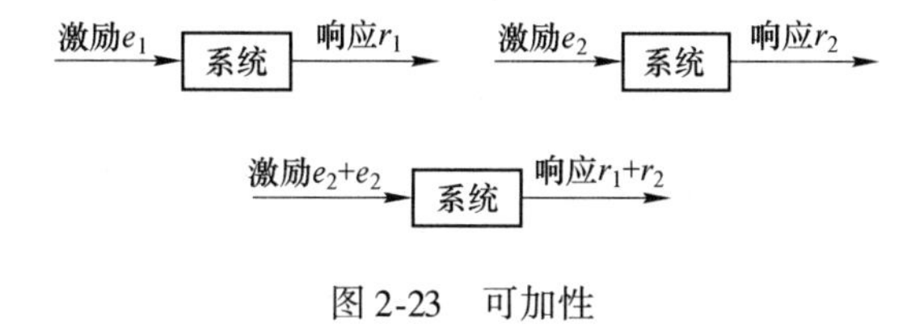

图 2-23　可加性

2.6.1.2　叠加定理

在多个电源共同作用的线性电路中，任一支路中的电压和电流等于各个电源分别单独作用时在该支路中产生的电压和电流的代数和。下面以图 2-24 为例来说明叠加定理的本质。

图 2-24（a）所示电路表示电压源和电流源共同作用在电阻 R_2 上，产生电流 I；图 2-24(b)表示由电压源单独作用时，在 R_2 上产生的电流 I'；图 2-24(c)表示由电流源单独作用时，在 R_2 上产生的电流 I''。由上，可推导出如下关系式：

$$I' = \frac{U_S}{R_1 + R_2}$$

$$I'' = \frac{R_1}{R_1 + R_2} I_S$$

即

$$I = I' + I'' \frac{U_S}{R_1 + R_2} + \frac{R_1}{R_1 + R_2} I_S \tag{2-23}$$

可以根据电阻串、并联等效变换方法计算这个电路，得到同样的结论。

由此可见，电阻 R_2 上的电流是两个独立电源分别作用在 R_2 上产生的电流响应的叠加。

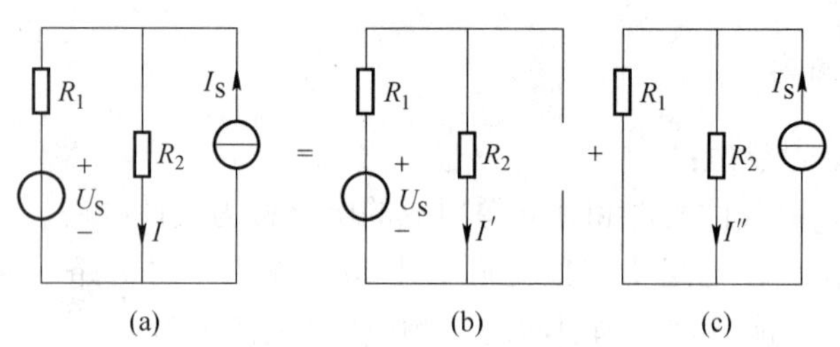

图2-24　叠加定理分析用图

（a）电压源和电流源共同作用；（b）电压源单独作用；（c）电流源单独作用

2.6.1.3　使用叠加定理的具体问题

A　去除电源的处理

当求某一电源单独作用在某处产生的响应分量时，应去除其他电源，即其他电源取零值。将电压源去除是将其短接，即将电源两端短接，使得其间电压为零；将电流源去除是将其开路，即将电源两端断开，使它不能向外电路提供电流。

注意

电压源和电流源的内阻均应保留。

B　“代数和”中正、负号的确定

当分别求出各个电源单独作用的“分量”后，求“总量”时即是求各分量的代数和。当分电压或分电流与总电压或总电流方向一致时取正值，方向相反时取负值。

C　叠加定理的适用性

叠加定理的适用性包括：

(1) 该定理只适用于线性电路。

(2) 作为激励源，即独立电源一次函数的响应电压、电流可叠加，但功率是电压或电流的平方，是激励源的二次函数，不可叠加。

(3) 叠加时只对独立电源产生的响应叠加。

【例2-8】　在图2-25所示电路中，已知 $U_S = 21V$，$I_S = 14A$，$R_1 = 8\Omega$，$R_2 = 6\Omega$，$R_3 = 4\Omega$，$R = 3\Omega$。用叠加定理求 R 两端的电压 U。

【解】　将 I_S 开路去掉，使 U_S 单独作用，如图2-25(b)所示，求 U'。由分压公式

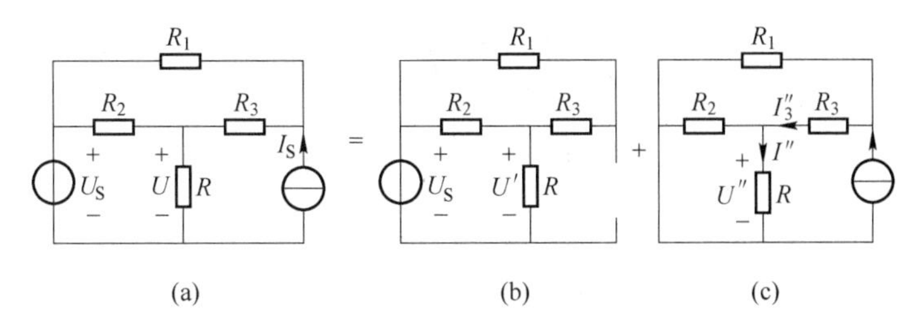

图 2-25　例 2-8 电路图

（a）U_S、I_S 共同作用；（b）U_S 单独作用；（c）I_S 单独作用

可得：

$$U' = \frac{R}{R + \dfrac{(R_1 + R_3)R_2}{R_1 + R_3 + R_2}} U_S = \left(\frac{3}{3 + 4} \times 21\right) V = 9V$$

将 U_S 短路，I_S 单独作用，如图 2-25(c)所示，求 U''。由分流公式有：

$$I''_3 = \frac{R_1}{R_1 + R_3 + \dfrac{R_2 R}{R_2 + R}} I_S = \left(\frac{8}{8 + 4 + 2} \times 14\right) A = 8A$$

$$I'' = \frac{R_2}{R_2 + R} I''_3 = \left(\frac{6}{6 + 3} \times 8\right) A = 5.33A$$

则

$$U'' = RI'' = (3 \times 5.33) V = 16V$$

最后叠加，得：

$$U = U' + U'' = (9 + 16) V = 25V$$

【例 2-9】　在图 2-26(a)所示电路中，试用叠加定理求 4V 电压源发出的功率。

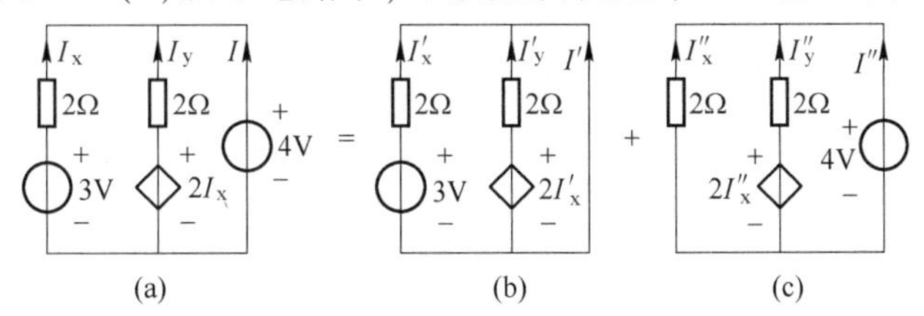

图 2-26　例 2-9 电路图

（a）3V、4V 电压源共同作用；（b）3V 电压源单独作用；（c）4V 电压源单独作用

【解】　功率不可叠加，但可用叠加定理求 4V 电压源支路的电流 I，再由 I 求电压源的功率。3V 电压源单独作用的电路如图 2-26(b)所示，由此电路可得：

$$I'_x = \frac{3}{2} A$$

$$I'_y = \frac{2I'_x}{2} = \frac{3}{2} A$$

$$I' = -(I'_x + I'_y) = -3A$$

4V 电压源单独作用的电路如图 2-26(c)所示，由此电路得：

$$I'_x = \left(-\frac{4}{2}\right)\text{A} = -2\text{A}$$

$$I''_y = \left(\frac{2I''_x - 4}{2}\right)\text{A} = -4\text{A}$$

$$I'' = -(I''_x + I''_y) = 6\text{A}$$

由叠加定理，可得两电源共同作用时：

$$I = I' + I'' = (-3 + 6)\text{A} = 3\text{A}$$

故 4V 电压源发出的功率为：

$$p = 4\text{V} \times 3\text{A} = 12\text{W}$$

2.6.2　齐性定理

齐性定理是线性电路的另一个重要性质，可由叠加定理推出，它描述了线性电路的比例特性。齐性定理的内容是：在线性电路中，若某一独立电源（独立电压源或独立电流源）同时扩大或缩小 K 倍（K 为常实数）时，则该独立电源单独作用所产生的响应分量亦扩大或缩小 K 倍，也有人把齐性定理归纳为齐次定理。

【例 2-10】　在图 2-27 所示电路中，求各支路电流。

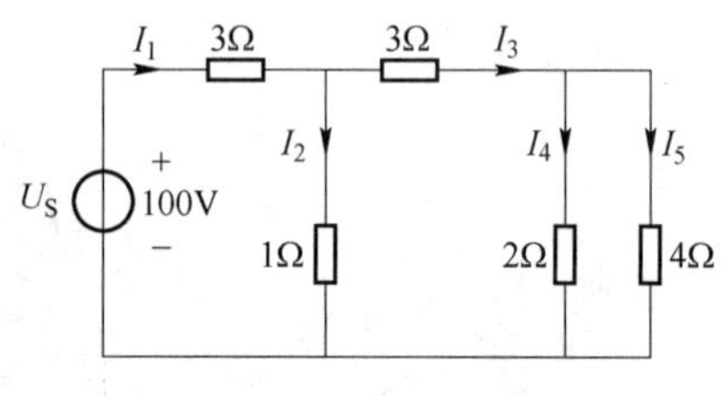

图 2-27　例 2-10 电路图

分析： 由线性电路的齐次性，当一个独立电压扩大或缩小 K 倍时，它所产生的响应分量也扩大或缩小 K 倍。本题只有一个独立电源作用，因此，可设 $I'_5 = 1\text{A}$，求出相应的 U'_S，由 $U_S/U'_S = K$，再计算每一支路电流。

【解】　设 $I'_5 = 1\text{A}$，则：

$$I'_4 = 2\text{A}$$

$$I'_3 = I'_4 + I'_5 = 3\text{A}$$

$$I'_2 = \frac{3I'_3 + 2I'_4}{1} = 13\text{A}$$

从而

$$U'_S = 3I'_1 + 1I'_2 = (48 + 13)\text{V} = 61\text{V}$$

$$K = U_S/U'_S = \frac{100}{61} \approx 1.64$$

由齐性定理得：

$$I_1 = KI'_1 = 26.24\text{A}$$

$$I_2 = KI'_2 = 21.32\text{A}$$

$$I_3 = KI'_3 = 4.92\text{A}$$

$$I_4 = KI'_4 = 3.28\text{A}$$

$$I_5 = KI'_5 = 1.64\text{A}$$

此题的求解办法亦称为单元电流法或倒推法。

2.6.3　替代定理

替代定理又称置换定理，其内容表述如下：在任一电路中，第 k 条支路的电压和电流为已知的 U_k 和 I_k，则不管该支路原为什么元器件，总可以用以下 3 个元器件中任意元器件替代，并且替代前后电路各处电流、电压不变。这 3 个元器件分别是：

（1）电压值为 U_k 且方向与原支路电压方向一致的理想电压源；

（2）电流值为 I_k 且方向与原支路电流方向一致的理想电流源；

（3）电阻值为 $R = U_k/I_k$ 的电阻元件。

【例 2-11】　在图 2-28(a)所示电路中，试计算各支路电流及 ab 支路电压。

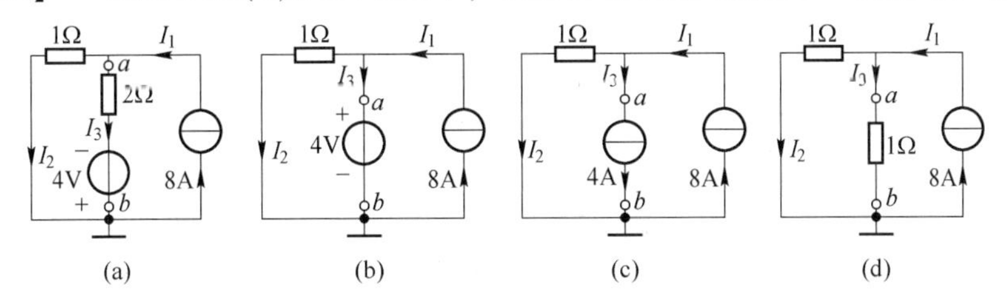

图 2-28　例 2-11 电路图

（a）实际电路；（b）4V 理想电压源替代 ab 支路；

（c）4A 理想电流源替代 ab 支路；（d）R_{ab} 替代 ab 支路

【解】　先用节点法来求解电路，列出 a 节点方程，得：

$$\left(\frac{1}{1}+\frac{1}{2}\right)U_1 = -\frac{4}{2}+8 = 6$$

则 $U_{ab} = U_1 = 4V$。

设各支路电流为 I_1、I_2、I_3，由图可见 $I_1 = 8A$，由欧姆定律得 $I_2 = 4A$，再由 KCL 得：

$$I_3 = I_1 - I_2 = (8-4)A = 4A$$

这些结果的正确性是毋庸置疑的。下面分 3 种情况进行分析：

（1）将 ab 支路（视为替代定理表述中的 k 支路）用 4V 理想电压源替代，如图 2-28(b)所示，并设各支路电流为 I_1、I_2、I_3。由图可见，$U_{ab} = 4V$，$I_1 = 8A$，$I_2 = 4A$，$I_3 = I_1 - I_2 = (8-4)A = 4A$。

（2）ab 支路用 4A 理想电流源替代，如图 2-28(c)所示，并设各支路电流为 I_1、I_2、I_3。由图可见，$I_1 = 8A$，$I_3 = 4A$，$I_2 = I_1 - I_3 = (8-4)A = 4A$，$U_{ab} = 4V$。

（3）ab 支路用电阻 $R_{ab} = U_{ab}/I_3 = (4/4)\Omega = 1\Omega$ 来替代，如图 2-28(d)所示，并设各支路电流为 I_1、I_2、I_3。由图可见，$I_1 = 8A$，$I_2 = I_3 = (0.5\times8)A = 4A$，$U_{ab} = 1I_2 = (1\times4)V = 4V$。

此例说明了在这 3 种情况替代后的电路中，计算出的各支路电流 I_1、I_2、I_3 及 U_{ab} 与替代以前的原图 2-28(a)所示电路经节点法计算出的结果完全相同，验证了替代定理的正确性。

替代定理应用时注意：

（1）需要替代的支路既可以是无源的，也可以是有源的。

（2）替代前后，电路中各支路电压和电流都应是唯一的。

（3）需要替代的支路中不应含有受控电源或受控电源的控制量，即无耦合。

（4）替代后，整个电路中至少应包含一个独立电源。

（5）替代定理同样适用于非线性电路。

【例2-12】 对图2-29(a)所示电路，求电流I_1。

【解】 这个电路初看起来比较复杂，但如果将短路线压缩，ab就合并为一点，3Ω与6Ω电阻并联等效为一个2Ω电阻，如图2-29(b)所示。再把图2-29(b)中的点画线框起来的部分看作为一个支路k，且知这个支路的电流为4A［由图2-29(b)中下方4A理想电流源限定］，应用替代定理，把支路k用4A理想电流源替代，如图2-29(c)所示，再应用电源互换将图2-29(c)等效为图2-29(d)，即可解得：

$$I_1=\left(\frac{7+8}{6}\right)\text{A}=2.5\text{A}$$

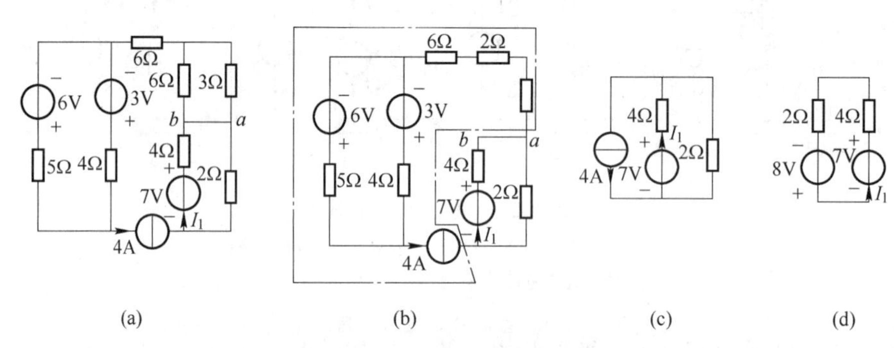

图2-29　例2-12电路图

（a）实际电路；（b）3Ω与6Ω电阻并联；（c）4A理想电流源替代支路k；（d）图(c)的等效电路

提示

实际解题时，中间等效过程图可省略直接画出图2-29(d)即可。

任务2.7　戴维南定理与诺顿定理

工程实际中，常常碰到只需研究某一支路的电压、电流或功率的问题。对所研究的支路来说，电路的其余部分就成为一个含源二端网络（也称为单口网络或一端口网络），可等效变换为较简单的含源支路（电压源与电阻串联或电流源与电阻并联支路），使分析和计算简化。戴维南定理和诺顿定理给出了等效变换的方法。

2.7.1　戴维南定理

戴维南定理指出：任何一个线性含源一端口网络，对外电路来说，总可以用一个电压源和电阻的串联组合来等效置换，此电压源的电压等于外电路断开时端口处的开路电压U_{OC}，而电阻等于一端口的输入电阻（或等效电阻R_{eq}）。

如图2-30(a)所示，N_S为一个含源一端口，有外电路与它连接。如果把外电路断开，如图2-30(c)所示，此时由于N_S内部含有独立电源，一般在端口1—1′处将出现电压，这个电压称为N_S的开路电压，用U_{OC}表示。如果把N_S中的全部独立电源置零，即把N_S中的独立电压源用短路替代，独立电流源用开路替代，并用 N_0 表示得到的一端口，如图 2-30(d) 所示，则 N_0 可以用一个等效电阻 R_{eq} 表示，该等效电阻等于 N_0 在端口 1—1′处的输入电阻。

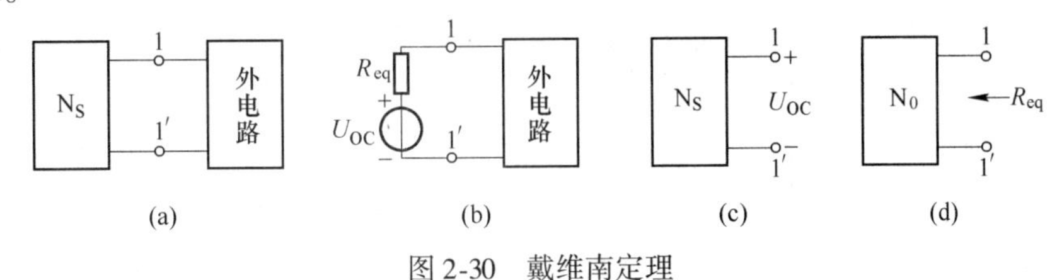

图 2-30　戴维南定理

这种等效变换称为对外等效。戴维南定理的使用方法如下：

(1) 将所求支路划出，余下部分成为一个一端口网络。

(2) 求出一端口网络的端口开路电压。

(3) 将一端口网络中的独立源置零，求取其输入端等效电阻。

(4) 用实际电压源模型代替原一端口网络，对该等效电路进行计算，求出待求量。

【例 2-13】　电路如图 2-31(a)所示，求负载 R_L 上的电流 I。

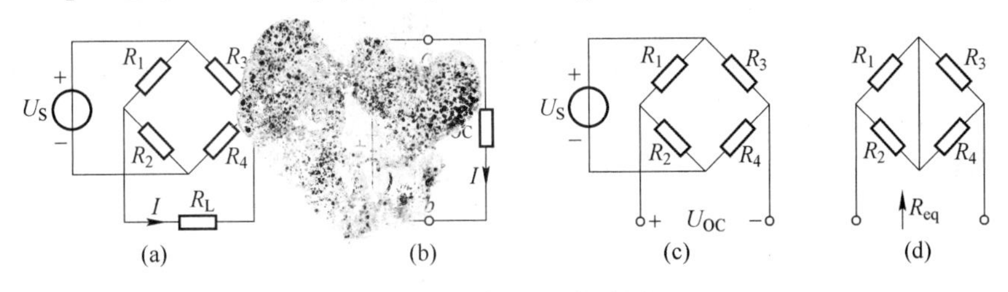

图 2-31　例 2-13 电路图

(a) 实际电路；(b) 戴维南等效电路；(c) 端口为 U_{OC} 的电路；(d) 端口为 R_{eq} 的电路

【解】　这是在电子测量中常常遇到的“电桥”电路。可以分析出，如果用前面的“支路法”“回路法”“节点法”计算负载电阻上流过的电流，都比较麻烦。而且这类问题只关系某一条支路的响应，用前面的方法必然引入多余的电量，故使用戴维南定理求解较方便。

将负载电阻划出，戴维南等效电路如图 2-31(b)所示。

(1) 求端口的开路电压，如图 2-31(c)所示，即：

$$U_{OC}=U_{R_1}-U_{R_2}$$

$$=\frac{R_1}{R_1+R_2}U_S-\frac{R_3}{R_3+R_4}U_S$$

(2) 将网络内的独立电源置零，求端口等效电阻，如图 2-31(d)所示，即：

$$R_{eq}=R_1//R_2+R_3//R_4=\frac{R_1R_2(R_3+R_4)+R_3R_4(R_1+R_2)}{(R_1+R_2)(R_3+R_4)}$$

则根据图 2-31(b)可得：

$$I=\frac{U_{OC}}{R_{eq}+R_L}=\frac{R_1R_4-R_2R_3}{(R_1+R_2)R_3R_4+(R_3+R_4)R_1R_2+(R_1+R_2)(R_3+R_4)R_L}$$

2.7.2　诺顿定理

诺顿定理指出，任何一个含源线性一端口电路，对外电路来说，可以用一个电流源和电阻的并联组合来等效置换，电流源的电流等于该一端口的短路电流，电阻等于该一端口的输入电阻。

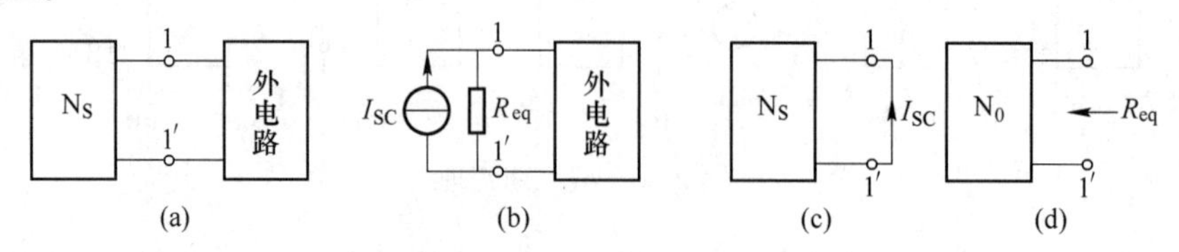

图2-32　诺顿定理

如图2-32(a)所示，N_S为一个含源一端口，有外电路与它连接。如果把外电路断开如图2-32(c)，此时由于N_S内部含有独立电源，一般在端口1—1′处将出现电流，这个电流称为N_S的短路电流，用I_{SC}表示。如果把N_S中的全部独立电源置零，即把N_S中的独立电压源用短路替代，独立电流源用开路替代，并用N_0表示得到的一端口，如图2-32(d)所示，则N_0可以用一个等效电阻R_{eq}表示。此等效电阻等于N_0在端口1—1′的输入电阻。

这种等效变换也是对外等效，与戴维南定理的用法相同，只是在第2点时变为求取一端口网络的短路电流。

【例2-14】　电路如图2-33(a)所示，求支路电流I。

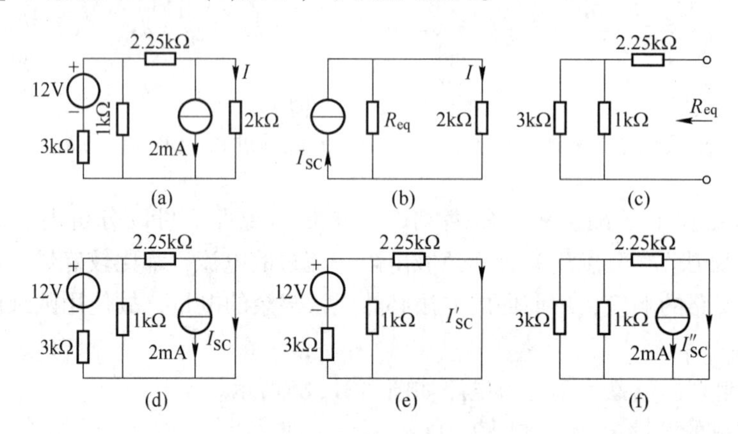

图2-33　例2-14电路图

(a) 实际电路；(b) 诺顿等效电路；(c) 电压源用短路线、电流源用开路代替；(d) 短路电流电路图；(e) 图 (d) 的等效电路1；(f) 图 (d) 的等效电路2

【解】　将待求支路从原电路中划开，诺顿等效电路如图2-33(b)所示。

(1) 求解等效电阻R_{eq}。将电路中的电源置零，电压源用短路线代替，电流源用开路代替，如图2-33(c)所示，即：

$$R_{eq} = 2.25 + 1//3 = 3(\text{k}\Omega)$$

(2) 求短路电流I_{SC}。应用叠加定理求取短路电流的电路如图2-33(d)所示，将它等效为图2-33(e)和(f)，分别求解如下：

$$I'_{SC}=\frac{12}{3+2.25//1}\times\frac{1}{1+2.25}=1(\mathrm{mA})$$

$$I''=-2\mathrm{mA}$$

所以

$$I_{SC}=I'_{SC}+I''_{SC}=-1\mathrm{mA}$$

则可以计算得出：

$$I=-1\times\frac{3}{3+2}=-0.6(\mathrm{mA})$$

任务 2.8　最大功率传输定理

在电子电路中，常需要分析负载在什么条件下获得最大功率。电子电路虽然复杂，但其输出端一般引出两个端钮，可以看作是一个有源二端网络，可以应用戴维南定理或诺顿定理来解决这一问题。

等效电压源接负载电路如图 2-34 所示。在图 2-34 中，将有源二端电路等效成戴维南模型。由图可知：

$$I=\frac{U_{OC}}{R_0+R_L}$$

则电源传输给负载 R_L 的功率为：

$$p_L=R_LI^2=R_L\left(\frac{U_{OC}}{R_0+R_L}\right)^2 \tag{2-24}$$

为了找 p_L 的极点值，令 $\mathrm{d}p_L/\mathrm{d}R_L=0$，即：

$$\frac{\mathrm{d}p_L}{\mathrm{d}R_L}=U_{OC}^2\frac{(R_L+R_0)^2-2R_L(R_L+R_0)}{(R_L+R_0)^4}=0 \tag{2-25}$$

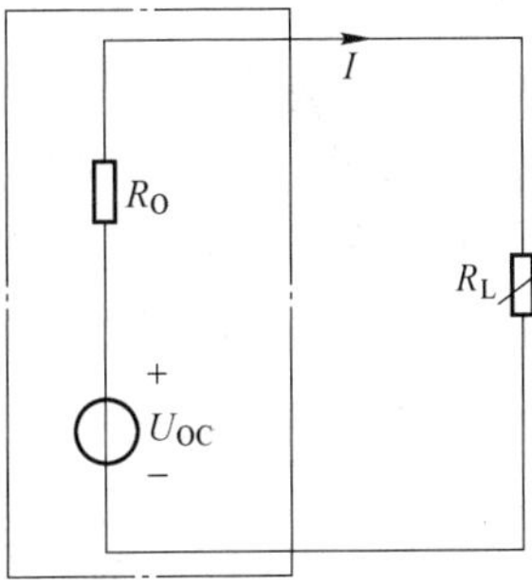

图 2-34　等效电压源接负载电路

可见，当 $R_L=R_0>0$ 时，p_L 取得最大值，所以有源二端电路传输给负载最大功率的条件是：负载电阻 R_L 等于二端电路的等效电源内阻 R_0。通常称 $R_L=R_0$ 为最大功率匹配条件。

将式(2-25)代入式(2-24)即可得到有源二端电路传输给负载的最大功率为：

$$p_{L\max}=\frac{U_{OC}^2}{4R_0} \tag{2-26}$$

若有源二端电路等效为诺顿电路，即等效电流源接负载电路，如图 2-35 所示。读者可自行推导，同样可得到当 $R_L=R_0$ 时二端电路传输给负载的功率为最大，且此时最大功率为：

$$p_{L\max}=\frac{1}{4}R_0I_{SC}^2 \tag{2-27}$$

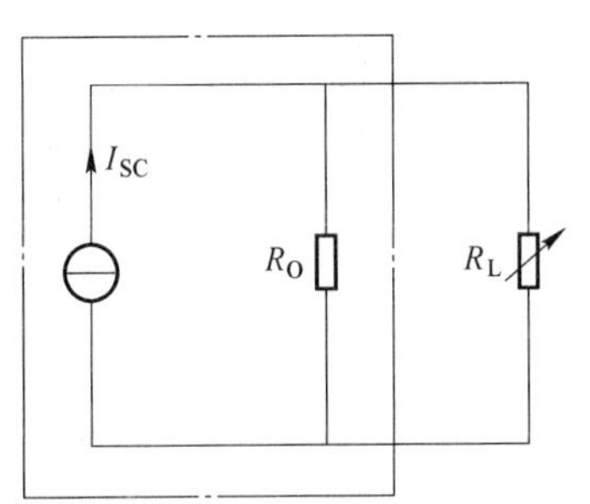

图 2-35　等效电流源接负载电路

最大功率传输定理是指在实际电源（或有源二端网络）确定（等效源电压和等效内组确定）的情况下，使负载获得最大功率。此时的效率为：

$$\eta = \frac{I^2 R_L}{I^2(R_0 + R_L)} = 50\% \tag{2-28}$$

由式(2-28)可见，当最大功率输出时，电源传输效率只有50%，对单端口网络N中的独立电源效率可能会更低。在电力系统中这是不允许的，电力系统并不要求输出功率最大，用电设备都有它的额定功率，电源输出的功率能满足设备要求就可以了；但是要求尽可能提高电源输出效率，以便充分利用能源。在信息工程、通信工程和电子测量中，常常着眼于从微弱信号中获得最大功率，而不看重效率的高低。因此，最大功率匹配是从事上述行业的工作人员非常关心的问题。

注意

(1) 该定理应用于电源（或信号）的内阻一定，而负载变化的情况。如果负载电阻一定，而内阻可变的话，应该是内阻越小，负载获得的功率越大。当内阻为零时，负载获得的功率最大。

(2) 线性一端口网络获得最大功率时，功率的传输效率未必为50%，即由等效电阻 R_0 算得的功率并不等于网络内部消耗的功率。

(3) 结合戴维南定理或诺顿定理来分析最大功率问题最简便。

【例2-15】 在图2-36(a)所示的电路中，负载 R_L 可以任意改变，问负载为何值时其上获得的功率为最大？并求出此时负载上得到的最大功率 $p_{L_{max}}$。

【解】 (1) 求 U_{OC}。从 ab 断开 R_L，设 U_{OC} 如图2-36(b)所示。在图2-36(b)中，应用电阻并联分流公式、欧姆定律及KVL求得：

$$U_{OC} = \left(-\frac{4}{4+4+8} \times 4 \times 8 + 14 + \frac{3}{3+3+3} \times 18\right)\text{V} = 12\text{V}$$

(2) 求 R_0。令图2-36(b)中各独立源为零，如图2-36(c)所示，可求得：

$$R_0 = [(4+4)//8 + 3//(3+3)]\Omega = 6\Omega$$

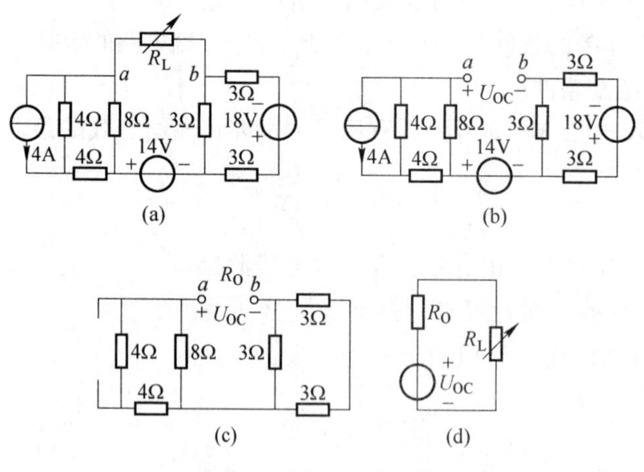

图2-36　例2-15电路图

(3) 画出戴维南等效电压源，接上待求支路 R_L，如图2-36(d)所示。由最大功率传输定理知，当 $R_L = R_0 = 6\Omega$，其上获得最大功率。此时负载 R_L 上所获得的最大功率为：

$$p_{\text{Lmax}} = \frac{U_{\text{OC}}^2}{4R_0} = \left(\frac{12^2}{4 \times 6}\right)\text{W} = 6\text{W}$$

任务 2.9　含受控源电路的分析

在电子电路中广泛使用各种晶体管、运算放大器等多端器件。这些多端器件的某些端钮的电压或电流受到另一些端钮电压或电流的控制。为了模拟多端器件各电压、电流间的这种耦合关系，需要定义一些多端电路元件（模型）。

本任务介绍的受控源是一种非常有用的电路元件，常用来模拟含晶体管、运算放大器等多端器件的电子电路。从事电子、通信类专业的工作人员，应掌握含受控源的电路分析。

2.9.1　受控源的概念

受控源又称为非独立源。一般来说，一条支路的电压或电流受本支路以外的其他因素控制时统称为受控源。受控源是一种四端元件，它含有两条支路。其第一条支路是控制支路，呈开路或短路状态。第二条支路是受控支路，它是一个电压源或电流源，其电压或电流的量值受第一条支路电压或电流的控制，该电压源、电流源分别称为受控电压源和受控电流源，统称为受控源。

2.9.2　受控源的分类

根据控制支路的控制量的不同，受控源分为 4 种形式，其分别为电压控制电压源（VCVS）、电流控制电流源（CCVS）、电压控制电流源（VCCS）和电流控制电流源（CCCS）。这 4 种受控源的符号如图 2-37 所示。

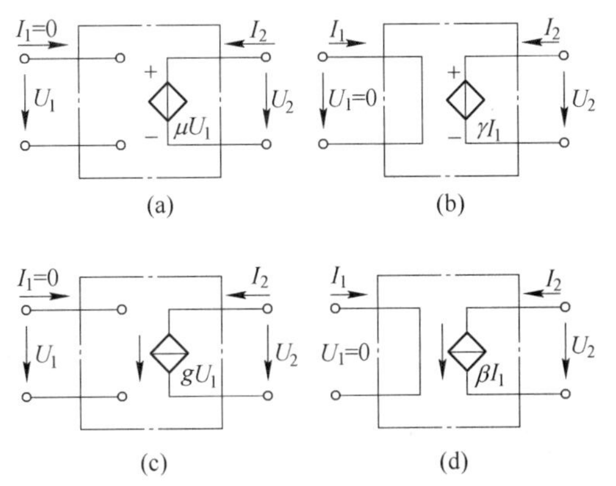

图 2-37　4 种理想受控电源的模型
（a）VCVS；（b）CCVS；（c）VCCS；（d）CCCS

理想受控电源是指它的控制端和受控端都是理想的。在控制端，对电压控制的受控电源，其输入端电阻为无穷大；对电流控制的受控电源，其输入端电阻为零。在受控端，对受控电压源，其输出端电阻为零，输出电压恒定；对受控电流源，其输出端电压为无穷大，输出电流恒定。在图 2-37 中，受控端和控制端之间是线性关系。

图 2-37(a)为电压控制电压源，受控电压与控制电压成正比，比例常数 μ 称为转移电压比，无量纲表达式为 $U_1 = \mu U_1$。

图 2-37(b)为电流控制电压源，受控电压与控制电流成正比，比例常数 γ 是具有电阻的量纲，称为转移电阻，表达式为 $U_2 = \gamma I_1$。

图 2-37(c)为电压控制电流源，受控电压与控制电流成正比，比例常数 g 是具有电导的量纲，称为转移电导，表达式为 $I_2 = gU_1$。

图 2-37(d)为电流控制电流源，受控电流与控制电压成正比，比例常数 β 是具有电阻的量纲，称为转移电流比，无量纲，表达式为 $I_2 = \beta I_1$。

提示

同独立电源一样，受控源也是有源器件，在电路中是吸收还是发出功率视受控源的电压和电流的实际方向而定；受控源的功率等于其受控支路的功率。

这些表达式是以电压和电流为变量的代数方程式，只是电压和电流不在同一端口，方程式表明的是一种“转移”关系。

当受控源的控制系数 μ、γ、g、β 为常量时，它们是时不变双口电阻元件。本书只研究线性时不变受控源，并采用菱形符号来表示受控源，以便与独立电源相区别。

在分析含受控源电路时应注意以下几点：

（1）分清电路中的独立源与受控源。独立电源用圆形符号，受控电源用菱形符号表示。

（2）从受控源的不同符号上分清受控源是受控电压源还是受控电流源。

（3）注意受控源的控制量在哪里，控制量是电压还是电流。图 2-37 中把控制电路和受控电路画在一起，而实际电路中有可能两者分开较远。

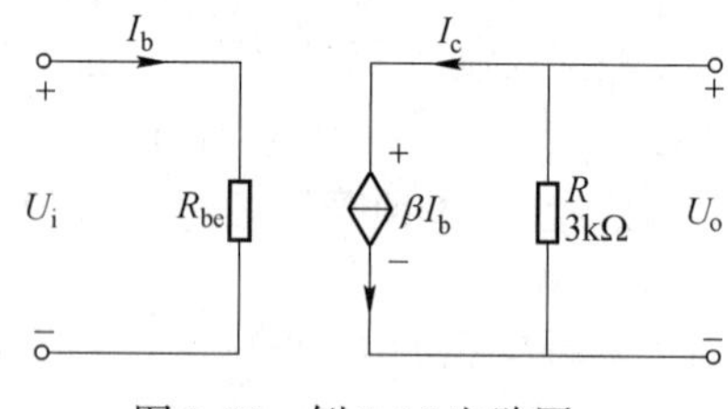

图 2-38　例 2-16 电路图

【例 2-16】 图 2-38 所示为一晶体管放大器的简单电路模型，设晶体管的输入电阻 $R_{be} = 1\text{k}\Omega$，电流放大系数 $\beta = 50$。试求输出电压 U_O 与输入电压 U_i 的比值（也称为电压的增益）。

【解】 根据欧姆定律，有 $U_O = -RI_c = -R\beta I_b$，而 $U_I = R_{be}I_b$，所以有

$$\frac{U_O}{U_i} = \frac{-R\beta}{R_{be}} = \frac{-3\times10^3\times5}{10^3} = -150$$

注意

受控源的存在可以改变电路中的电压和电流，使电路特性发生变化，但受控源在电路中不能作为“激励”。

2.9.3　含受控源电路的分析

2.9.3.1　含受控源单口网络的等效电路

由线性电阻和线性受控源构成的电阻单端口网络，就端口特性而言，也等效为一个线性电阻，其等效电阻值常用外加独立电源计算单口 VCR 方程的方法求得。

【例 2-17】　求图 2-39(a)所示单端口网络的等效电阻。

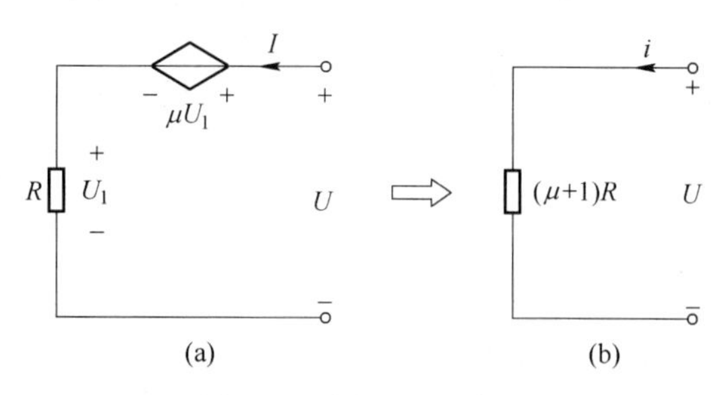

图 2-39　例 2-17 电路图

(a) 实际电路；(b) 等效电路

【解】　设想在端口外加电流源 I，端口电压 U 的表达式为：

$$U = \mu U_1 + U_1 = (\mu + 1)U_1 = (\mu + 1)RI = R_0 I$$

求得单口的等效电阻为：

$$R_0 = \frac{U}{I} = (\mu + 1)R$$

【例 2-18】　求图 2-40(a)所示单口网络的等效电阻。

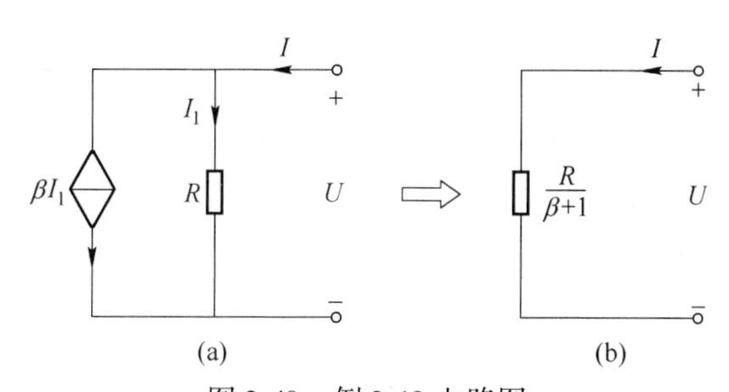

图 2-40　例 2-18 电路图

(a) 实际电路；(b) 等效电路

【解】　设想在端口外加电压源 U，端口电流 I 的表达式为：

$$I = \beta I_1 + I_1 = (\beta + 1)I_1 = \frac{\beta + 1}{R}U = G_0 U$$

由此求得单口等效电导为：

$$G_0 = \frac{I}{U} = (\beta + 1)G$$

由线性受控源、线性电阻和独立电源构成的单端口网络，就端口特性而言，可以等效为一个线性电阻和电压源的串联单口，或等效为一个线性电阻和电流源的并联单口。

【例 2-19】　求图 2-41(a)所示单端口网络的等效电路。

【解】　用外加电源法，求得单口 VCR 方程为：

$$U = 4U_1 + U_1 = 5U_1$$

其中

$$U_1 = (2\Omega)(I + 2\text{A})$$

求得单口 VCR 方程为：

$$U = (10\Omega)I + 20\text{V}$$

或　　$$I = \frac{1}{10\Omega}U - 2\text{A}$$

以上两式对应的等效电路为 10W 电阻和 20V 电压源的串联，如图 2-41(b)所示，或 10W 电阻和 2A 电流源的并联，如图 2-41(c)所示。

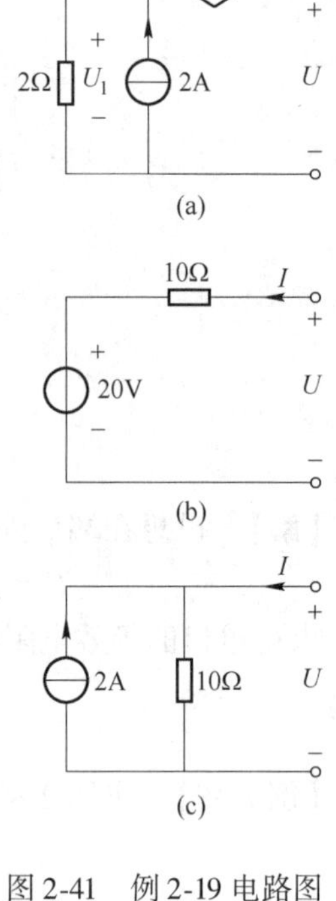

图 2-41　例 2-19 电路图
（a）实际电路；（b）等效电路 1；（c）等效电路 2

2.9.3.2　含受控源电路的网孔方程与节点方程

在列写含受控源电路的网孔方程时，可做如下处理：

（1）先将受控源作为独立电源处理。

（2）然后将受控源的控制变量用网孔电流表示，再将受控源作用反映在方程右端的项移到方程左边，以得到含受控源电路的网孔方程。

【例 2-20】　用网孔法求图 2-42 所示电路的网孔电流，已知 $\mu = 1$，$\beta = 1$。

【解】　标出网孔电流及序号，网孔 1 和 2 的 KVL 方程分别为：

$$6I_{m1} - 2I_{m2} - 2I_{m3} = 16$$

$$-2I_{m1} + 6I_{m2} - 2I_{m3} = -\mu U_1$$

对网孔 3，满足：

$$I_{m3} = \beta I_3$$

补充两个受控源的控制量与网孔电流关系方程，即：

$$U_1 = 2I_{m1};I_3 = I_{m1} - I_{m2}$$

将 $\mu = 1$、$\beta = 1$ 代入，联立求解得：$I_{m1} = 4\text{A}$，$I_{m2} = 1\text{A}$，$I_{m3} = 3\text{A}$。

与建立网孔方程相似，列写含受控源电路的节点方程的处理方法如下：

（1）先将受控源作为独立电源处理。

（2）然后将受控源作用的项列到方程右边，再找到受控源的控制量与节点电位的关系，并将此关系代入节点方程，将方程右边反映受控源作用的项移到方程左边，以得到含受控源电路的节点方程。

【例 2-21】　用节点法求图 2-43 所示电路的 U 和 I。

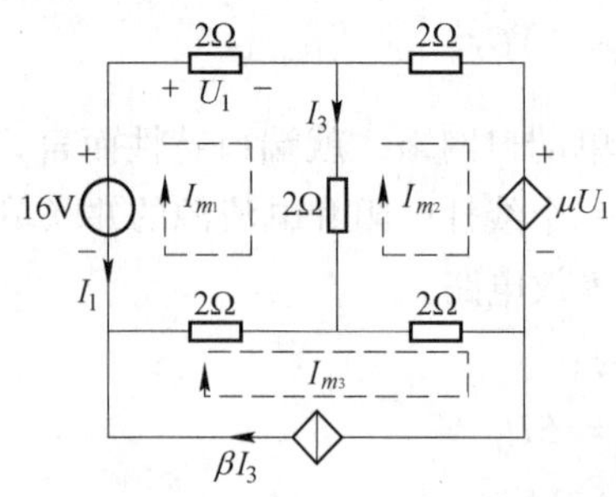

图 2-42　例 2-20 电路图

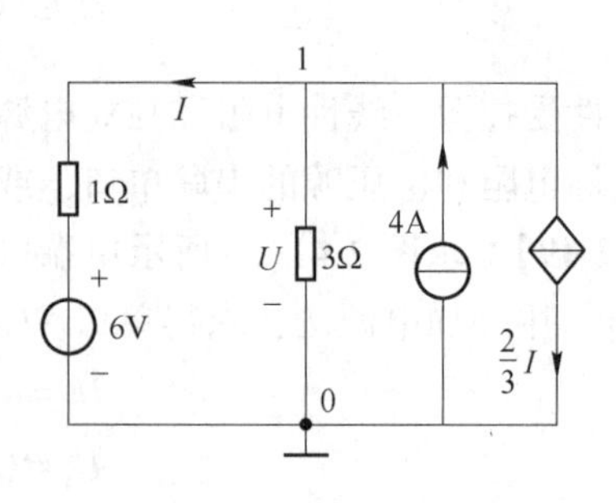

图 2-43　例 2-21 电路图

【解】 此电路共有两个节点，设节点 O 为参考节点，将电流控制电流源看作独立电流源，列写出节点 1 的节点方程，即：

$$\left(1+\frac{1}{3}\right)U_1=\frac{6}{1}+4-\frac{2}{3}I$$

由于上式有两个未知量，因此无法直接求出 U_1 需要再列出一个方程，用节点电位表示控制量 I，有：

$$I=1\times(U_1-6)=U_1-6$$

以上两式联立求解，可得：

$$U_1=7\text{V}$$

$$I=1\text{A}$$

则
$$U-U_1-7\text{V}$$

【例 2-22】 用节点法求图 2-44 所示电路的各节点电位。

【解】 设节点 0 为参考节点。将受授电压源 $3I_1$ 和受控电流源 $6I_x$ 分别看作理想电压源和理想电流源，对节点 1、2、3 分别列节点方程：

$$\begin{cases}4U_1-3U_2-1\times U_3=-8-9I_1\\-3U_1+4U_2=9I_1-6I_x\\-1\times U_1+6U_3=25+6I_x\end{cases}$$

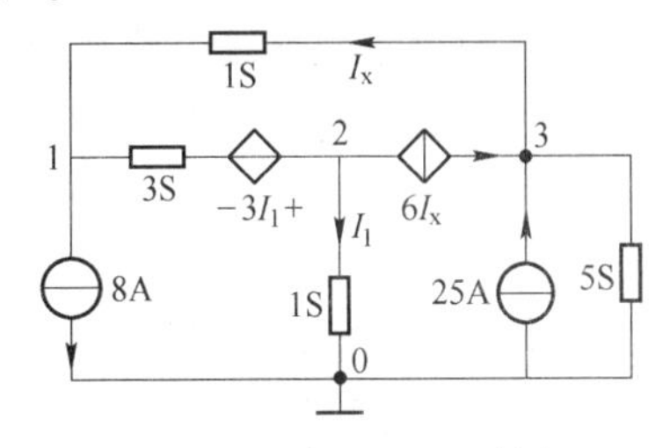

图 2-44　例 2-22 电路图

在以上各式中，由于出现了 I_1 和 I_x 两个未知量，因此需要再列写两个补充方程，到控制支路找出 I_1 和 I_x 与各节点电位的关系，有：

$$\begin{cases}I_1=1U_2\\I_x=1(U_3-U_1)\end{cases}$$

将两个大括号中的五式联立求解，可得：

$$U_1=5\text{V},\ U_2=-3.968\text{V},\ U_3=4.192\text{V}$$

任务 2.10　实践——测试有源二端网络和验证戴维南定理

2.10.1　任务目的

会使用仪器和仪表对二端（一端口）网络进行测试，通过本实践加深对二端网络和戴维南定理的认识和理解。

2.10.2　设备材料

该实践任务所需要的设备材料有：

（1）可调直流电压源 1 台；

（2）可调直流电流源 1 台；

（3）万用表 1 台；

（4）数字直流电压表 1 只；

（5）数字直流电流表 1 只；

（6）功率电阻以及导线若干；

（7）有电路实训平台推荐在实验平台上完成；

（8）计算机（安装 Multisim 10.0）1 台。

2.10.3　任务实施

2.10.3.1　测试有源二端网络

有源二端网络等效参数的测量方法有开路电压和短路电流法测开路电阻、伏安法测开路电阻、半电压法测开路电阻、零示法测开路电压。

A　开路电压、短路电流法测 R_0

在有源二端网络输出端开路时，用电压表直接测出开路电压 U，然后再将其输出端短路，用电流表测其短路电流 I_S，则等效电阻为：

$$R_0 = \frac{U_0}{I_S}$$

如果二端网络的内阻很小，短路其输出端易损坏内部元器件，因此不宜用此法。

B　伏安法测 R_0

先测量开路电压 U_0，连接一个负载电阻 R_L 后测出输出端电压值 U_L 及电流 I_L 则有

$$R_0 = \frac{U_0 - U_L}{I_L}$$

C　半电压法测 R_0

改变负载电阻，当输出端电压 U_L 为 U_0 的一半时，负载电阻即为被测有源二端网络的等效电阻值。

D　零示法测 U_0

在测量具有高内阻有源二端网络的开路电压时，若用电压表直接测量，电压表的内阻会造成较大的误差。为了消除电压表内阻的影响，往往使用一个低内阻的电压源与被测有源二端网络进行比较，当该电源电压与有源二端网络的开路电压相等时，电源的电压即为网络的 U_0。

操作步骤及方法如下：

（1）含源二端网络端电压和端电流测试电路如图 2-45 所示。

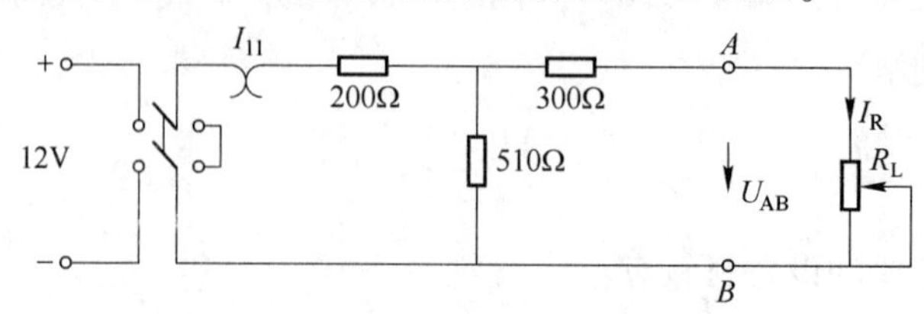

图 2-45　含源二端网络端电压和端电流测试电路

（2）测出该含源二端网络的端电压 U_{AB} 和端电流 I_R。其操作步骤为：

1）调节直流电压源，使其输出电压为 12V，调节前电压源均应先置零。

2）改变负载电阻 R_L，对每一个 R_L，测出对应的端电压 U_{AB} 和端电流 I_R，记入表 2-1 中。

特别要测出 $R=\infty$（此时测出的 U_{AB} 即为 A、B 端开路的开路电压 U_0）和 $R=0$（此时测出的电流即为 A、B 端短路时的短路电流 I）时的电压和电流，做出 $U_{AB}=f(I_R)$ 曲线。

有源二端网络的外特性见表 2-1。

表 2-1　有源二端网络的外特性

$R_L/\text{k}\Omega$	0	1	2	3	4	5	6	7	8	9	10	∞
U_{AD}/V												
I_R/mA												

（3）测出无源二端网络的输入电阻。其操作步骤为：

1）将图 2-45 中的电源去掉，将电压源 U 短路，再将负载电阻 R_L 开路。

2）用万用表测量 A、B 两点间的电阻 R_{AB}，该电阻即为有源二端网络所对应的无源二端网络的输入电阻，也就是此有源二端网络所对应等效电压源的内电阻 R_0。

2. 10. 3. 2　验证戴维南定理

任何一个线性含源网络，如果仅研究其中一条支路的电压和电流，则可将电路的其余部分看作是一个有源二端网络（或称为含源一端口网络）。

戴维南定理指出，任何一个线性有源网络，总可以用一个等效电压源来代替，此电压源的电动势等于这个有源二端网络的开路电压 U_0，其等效内阻 R_0 等于该网络中所有独立源均置零（理想电压源视为短接，理想电流源视为开路）时的等效电阻。U_0 和 R_0 称为有源二端网络的等效参数。

操作步骤及方法如下：

（1）调节电阻使其等于 R_0，然后将稳压电源调至 U_0 串联组成图 2-46 所示的验证戴维南定理的等效电路。

（2）改变负载电阻 R_L 的值（与表 2-1 中的 R 一一对应，便于比较），重复测量出 U_{AB}、I_R，并把数据记入表 2-2 中。之后与表 2-1 的数据进行比较，验证戴维南定理。

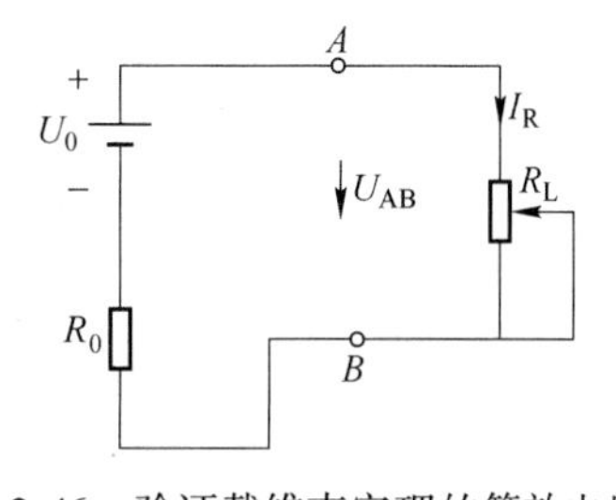

图 2-46　验证戴维南定理的等效电路

等效电压源的外特性见表 2-2。

表 2-2　等效电压源的外特性

$R_L/\text{k}\Omega$	1	2	3	4	5	6	7	8	9	10
U_{AB}/V										
I_R/mA										

2.10.3.3　仿真方法验证戴维南定理

操作步骤及方法如下：

（1）根据图 2-45 设计一个有源二端网络仿真图，仿真电路图如图 2-47 所示。图中的开关 J1 选择为基本器件库里的“SWITCH/SPDT”，J2、J3 选择为“SWITCH/SPST”。

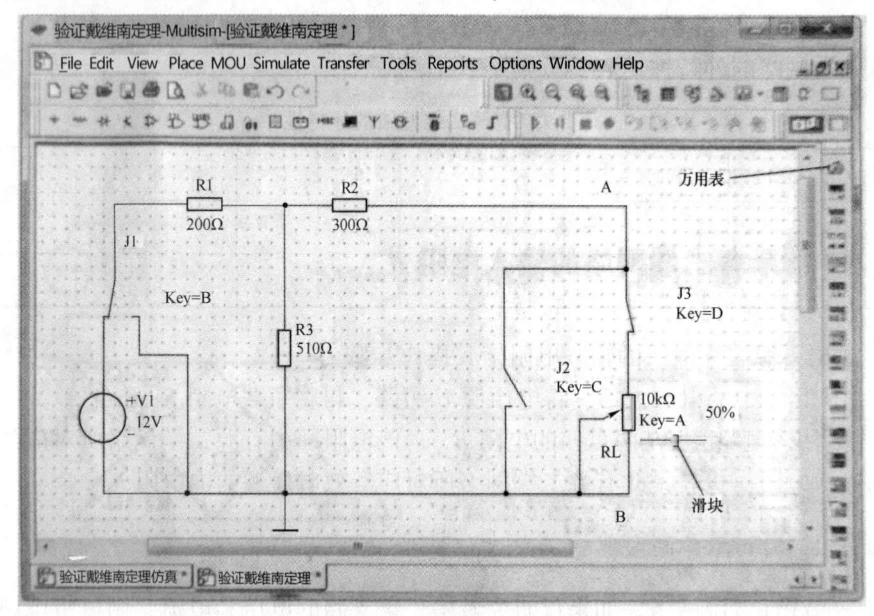

图 2-47　验证戴维南定理仿真图

放置开关后，对其双击打开“Switch”对话框，对其进行设置，如图 2-48 所示。开关控制键分别设置为〈B〉键、〈C〉键和〈D〉键。此时，单击鼠标左键或按对应的键都可以控制开关动作。

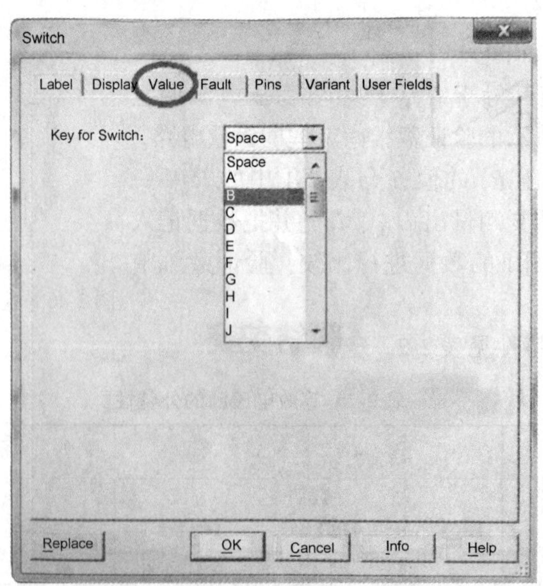

图 2-48　设置开关控制键

负载电阻用电位器，这里选择 10kΩ 电位器，选择界面如图 2-49 所示。鼠标拖动滑块或者按下〈A〉键，都可以改变电位器的阻值。

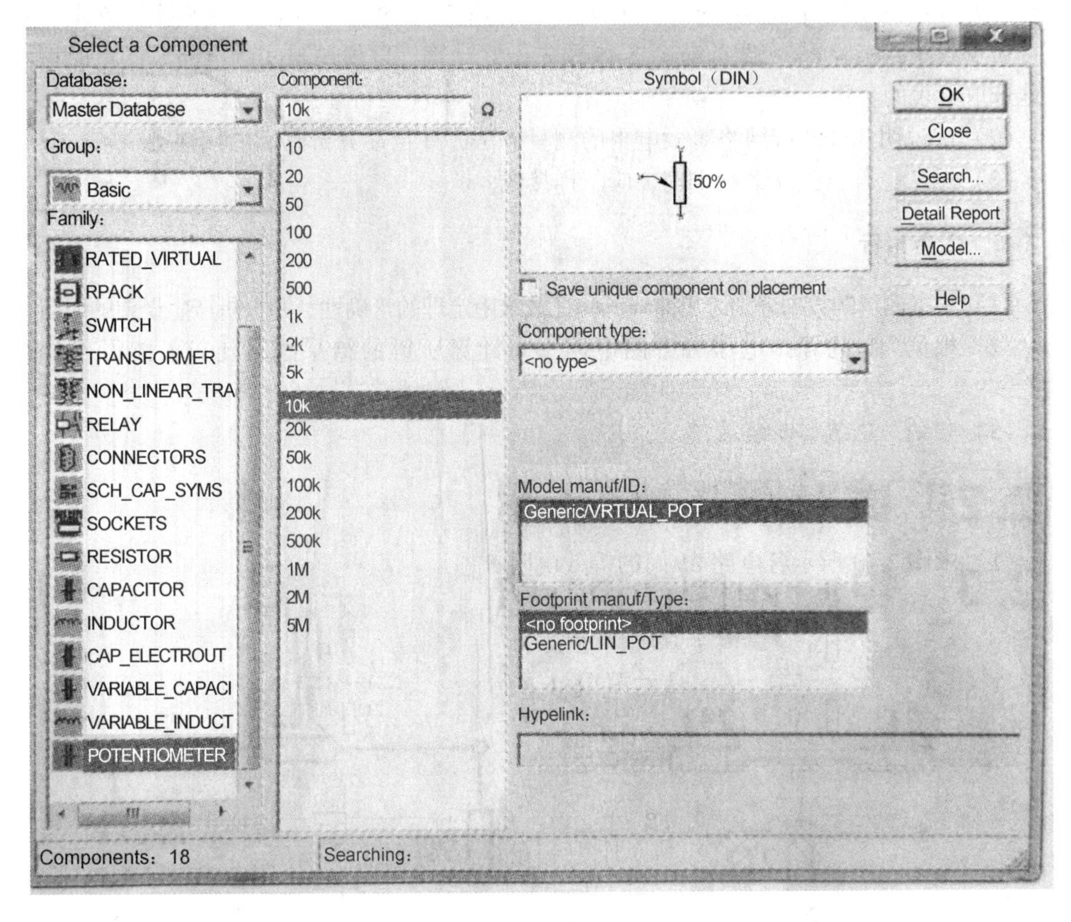

图 2-49　选择电位器界面

（2）在电路中放置电压表和电流表，打开电源开关，观察仿真结果。按照表 2-1 测量负载电阻从 0～10kΩ 以及负载开路时的输出的电压和电流，做出有源二端网络的外特性曲线。需特别记录下开路电压值。

（3）电源侧开关打到短路线上，负载侧开路，用万用表测量该二端网络的等效电阻。万用表在窗口右侧，双击后选择“Ω”。

（4）根据步骤（2）开路电压和步骤（3）测得的等效电阻，搭建等效电压源模型，再将 10kΩ 电位器作为负载，按照表 2-2 测量该等效电压源在外加负载变化时的输出电压和电流，做出该电压源模型的外特性曲线。

操作过程中需要注意：

（1）测量时应注意电流表量程的更换。

（2）电压源置零时不可直接将稳压源短接。

（3）用万用表直接测量 R_o 时，网络内的独立源必须先置零，以免损坏万用表。

（4）改接电路时，要关掉电源。

2.10.4　思考题

（1）在求戴维南等效电路时，做短路试验，测 I_S 的条件是什么，本实践任务中可否直接做负载短路实验？（实践前对图2-45预先做好计算，以便调整实训电路及测量时可准确地选取电表的量程）

（2）试说明几种二端网络等效电阻的测量方法，并定性分析它们的优缺点。

（3）思考：若想验证诺顿定理，应怎样接线？

2.10.5　任务报告

（1）根据测得的数据分别绘出曲线，验证戴维南定理的正确性，并分析产生误差的原因。

（2）根据测得的开路电压和开路电阻，与计算所得的结果进行比较，能得出什么结论？

（3）归纳、总结实训结果。

习　题

（1）求图2-50所示各电路 ab 间的等效电阻 R_{ab}。

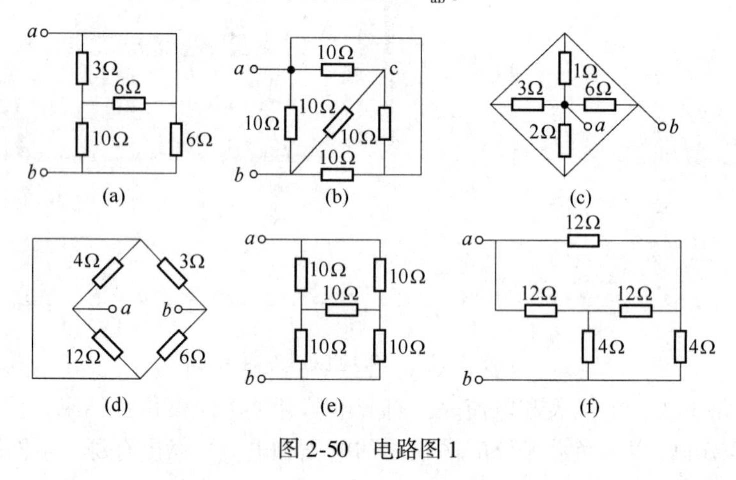

图2-50　电路图1

（2）应用Y-△等效变换求图2-51所示电路中的电压 U_1。

（3）应用Y-△等效变换求图2-52所示电路中的电压 U_{ab} 和对角线电压 U。

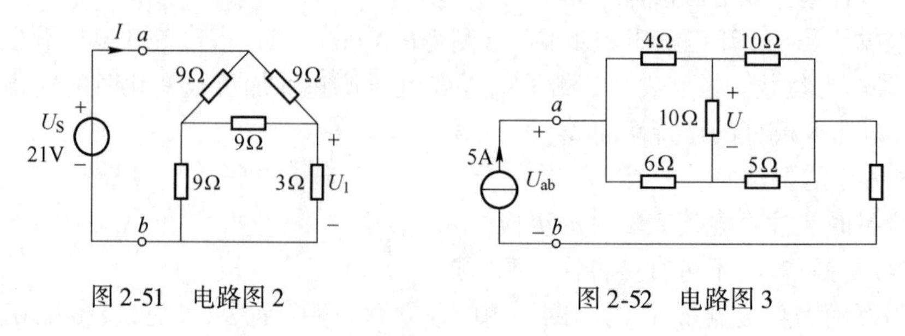

图2-51　电路图2　　图2-52　电路图3

（4）求图2-53所示各电路的最简等效电路。

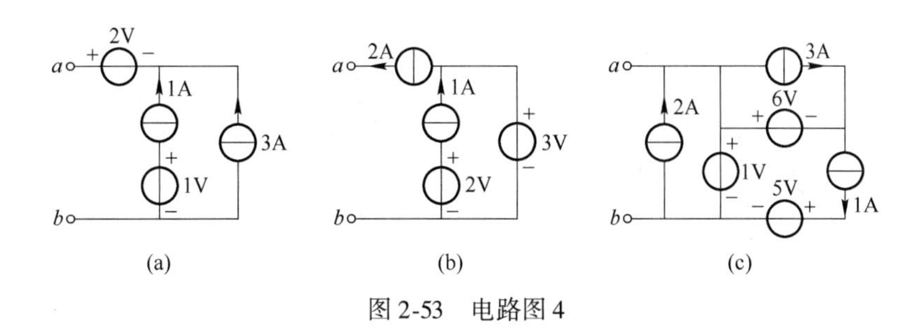

图 2-53　电路图 4

（5）应用电路等效变换化简图 2-54 所示的各电路，并求电压 U。

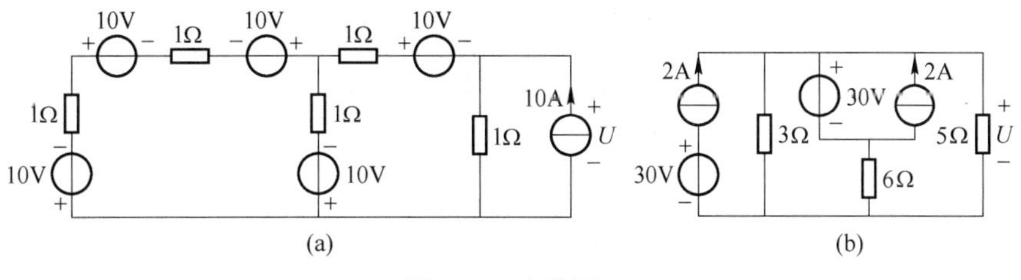

图 2-54　电路图 5

（6）试用电压源与电流源等效变换的方法计算图 2-55 所示电路中 1Ω 电阻中的电流 I。

（7）已知如图 2-56 所示电路中，$U_1 = 10\text{V}$，$I_S = 2\text{A}$，$R_1 = 1\Omega$，$R_2 = 2\Omega$，$R_3 = 5\Omega$，$R = 1\Omega$。求：

1）电阻 R 中的电流 I。

2）恒压源的电流 I_{U_1}，恒流源的电压 U_{1s}。

3）验证功率平衡。

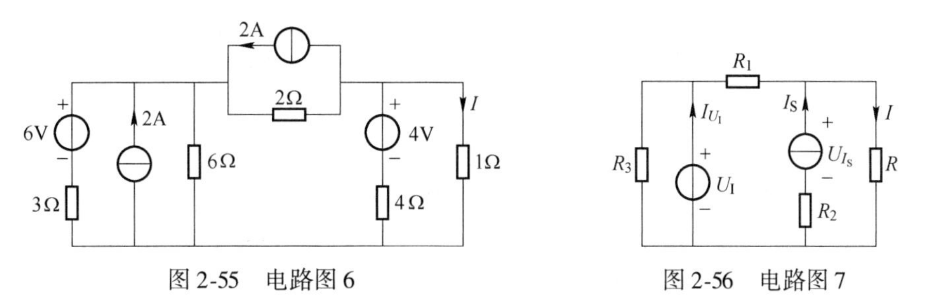

图 2-55　电路图 6　　图 2-56　电路图 7

（8）用支路法求图 2-57 所示的各支路电流。

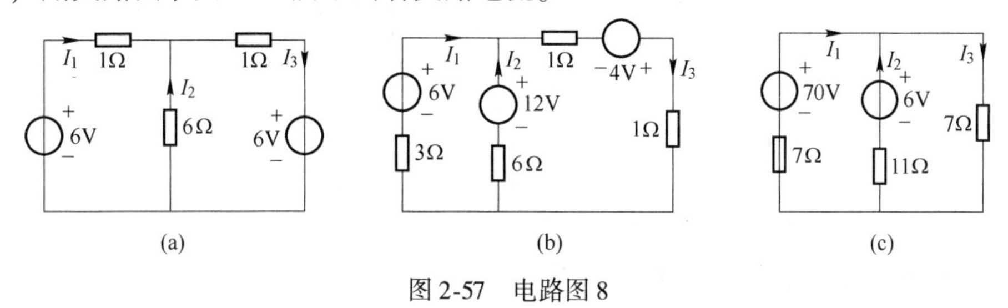

图 2-57　电路图 8

（9）电路如图 2-58 所示，列出电路的节点电压方程组。

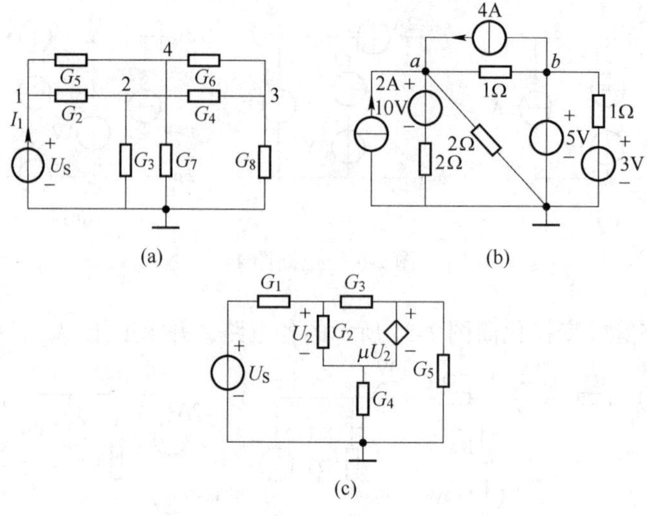

图 2-58　电路图 9

（10）用节点压法求出图 2-59 所示电路的各支路电压。

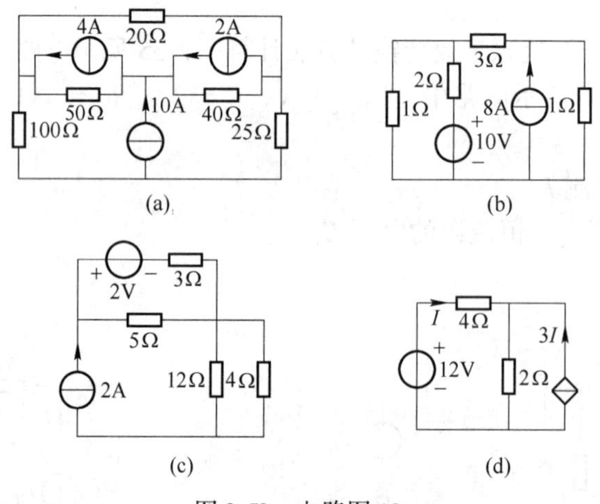

图 2-59　电路图 10

（11）试用网孔电流法求图 2-60 所示电路中的 U 和 I。

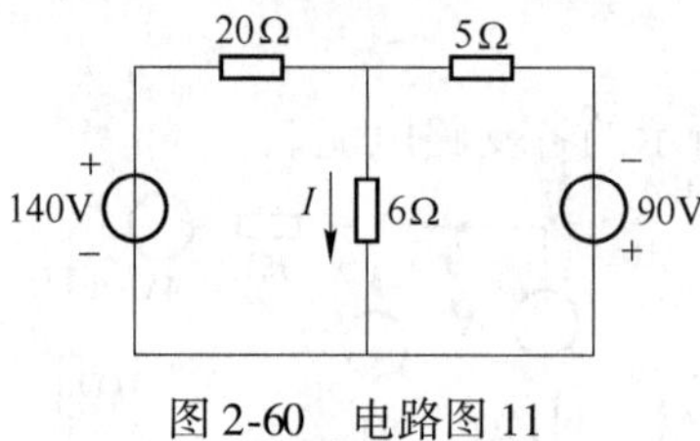

图 2-60　电路图 11

（12）用网孔法求图 2-61 所示电路中所标物理量的值。

（13）电路如图 2-62 所示，用叠加定理求 U。

（14）用叠加定理求图 2-63 所示电路中的电流 I。

（15）求图 2-64 所示各有源二端网络的戴维南等效电路。

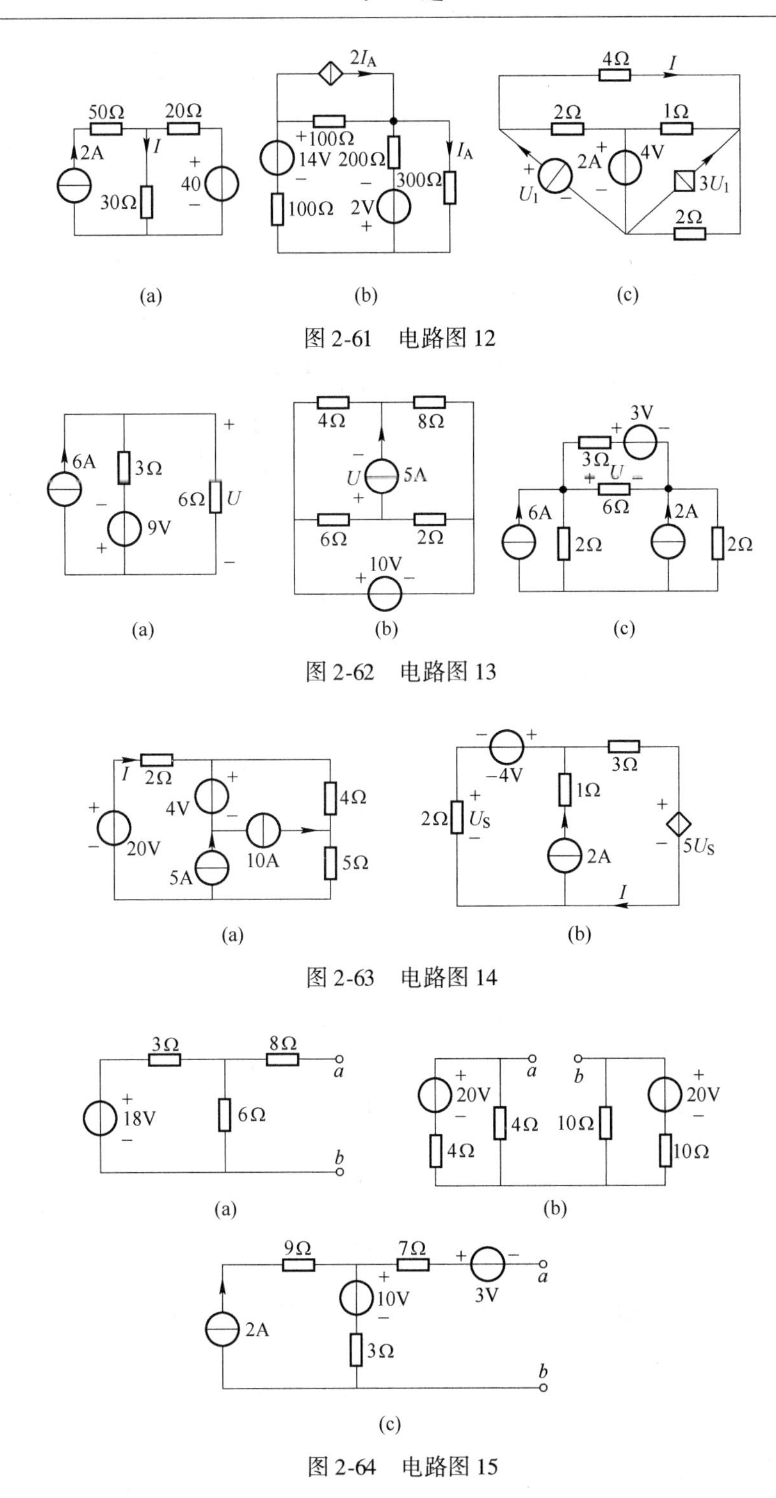

图2-61　电路图12

图2-62　电路图13

图2-63　电路图14

图2-64　电路图15

（16）求图2-65所示各电路的等效电阻R_{ab}。

（17）在图2-66(a)所示电路中，输入电压为20V，U_2 = 12.7V。将网络N短路，如图2-66(b)所示，短路电流I为10mA。试求网络N在AB端的戴维南等效电路。

（18）试用戴维南定理求图2-67所示电路的电流I。

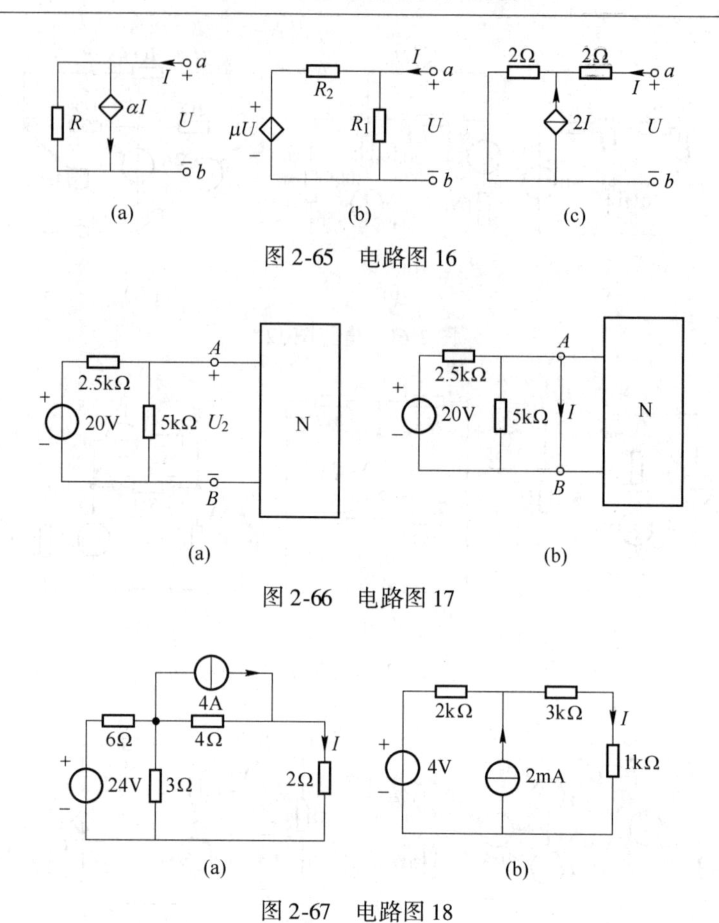

图 2-65　电路图 16

图 2-66　电路图 17

图 2-67　电路图 18

（19）用诺顿定理求图 2-68 所示电路的 I。

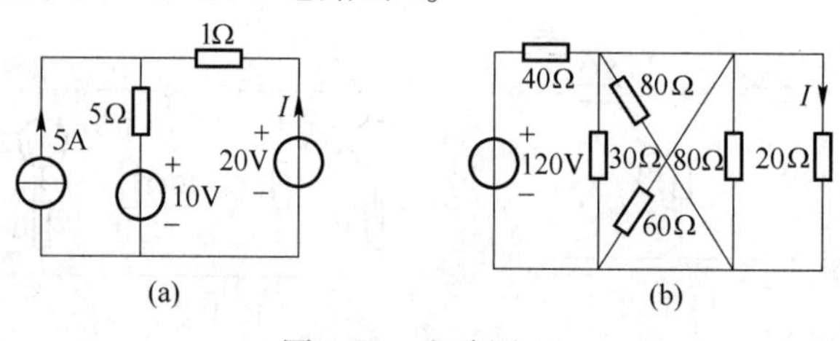

图 2-68　电路图 19

（20）在图 2-69 所示电路中，负载电阻 R_L 可以任意改变，试问 R_L 等于多大时，其上获得最大功率？并求出该最大功率 $p_{L_{max}}$。

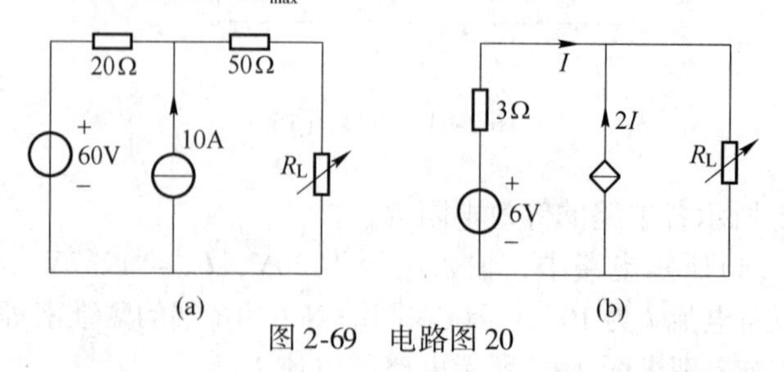

图 2-69　电路图 20

项目 3　线性动态电路的时域分析

（1）熟悉电容与电感的基本知识，掌握其 VCR 方程；

（2）明确过渡过程的含义，熟练掌握换路定律及电路中电压和电流初始值的计算；

（3）理解和掌握一阶电路的零输入响应、零状态响应和全响应的定义、产生原因，会列写一阶电路的微分方程并能正确求解；

（4）熟练掌握求解一阶电路直流激励三要素的方法。

任务 3.1　电 容 元 件

3.1.1　电容器和电容元件

电容器，顾名思义，装电的容器，是一种容纳电荷的器件。电容器在电子技术和电工技术中有很重要的应用，是电子设备中大量使用的电子元件之一。在两个平行金属板中间夹上一层绝缘物质（也可称为电介质），就组成一个最简单的电容器，称为平行板电容器。这两个金属板称为电容器的两个极。

电容器可以容纳电荷，使电容器带电（称为充电）。充电时，电容器的一个极板与电源正极相连，另一个极板与电源负极相连，两个极板分别带上了等量的异种电荷，电容器的一个极板上所带电量的绝对值为电容器所带的电量。充电的电容器的两极板之间有电场。

使充电后的电容器失去电荷称为放电。电容器不带电，两极之间就不存在电场。

电容元件是实际电容器的电路模型或电路器件电容效应的抽象，用于反映带电导体周围存在电场，是能够储存和释放电场能量的理想化的电路元件。

实验表明，带电的电容器两极之间产生电势差，并且电势差随所带电量的增加而增加，且电量与电势差成正比，这个比值是一个恒量。不同的电容器，这个比值一般是不同的。它表征了电容器的特性。电容器所带电量 Q 与它的两极间的电势差 U 的比值称为电容器的电容，一般用 C 表示，则有：

$$C = \frac{Q}{U} \tag{3-1}$$

式(3-1)表明，电容在数值上等于使电容器两极间的电势差为 1 V 时，电容器需要带的电量。这个电量大，电容器的电容就大。电容是表示电容器容纳电荷本领的物理量，在国际单位制中，电容的单位为 F（法拉），常用单位有 μF（微法）、nF（纳法）和 pF（皮法）。它们之间的换算关系是：

$$1\mathrm{F} = 10^6\mu\mathrm{F} = 10^9\mathrm{nF} = 10^{12}\mathrm{pF}$$

实际电路中使用的电容器种类很多。从结构上看，常用的电容器可分为固定电容器和可变电容器两类。固定电容器的电容是固定不变的，常用的有非电解电容器和电解电容器。非电解电容器是没有极性的，可以在电路中任意连接而不必担心正负极性问题。电解电容是有极性的电容器，在电路连接中必须按要求连接，其“+”和“-”端必须连接到电路中的指定位置。

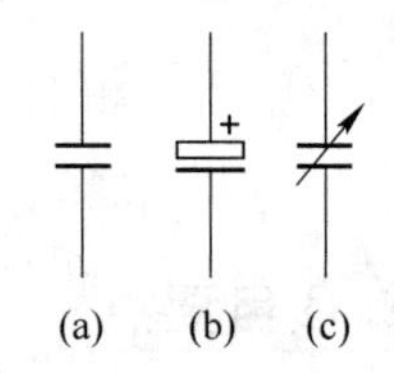

图3-1　电容符号
(a) 固定电容；(b) 电解电容；(c) 可变电容

可变电容器的电容是可以改变的，它由两组铝片组成。固定不动的一组铝片称为定片，可以转动的一组铝片称为动片。转动动片，两组铝片的正对面积发生变化，电容也随之改变。

电路图中常用的几种电容的符号如图3-1所示。

3.1.2　电容元件的伏安关系

电容电路如图3-2所示，电流和电压为相关联参考方向。

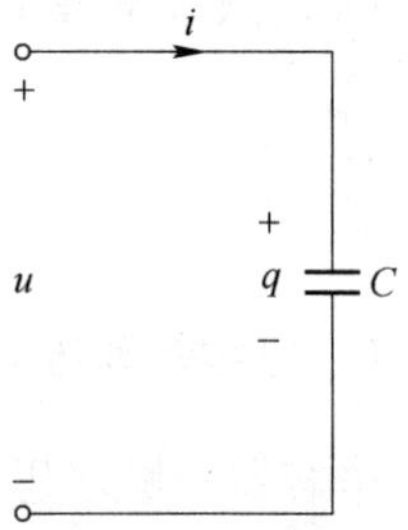

当电容接上交流电压 u 时，电容器不断被充电、放电，极板上的电荷也随之变化，电路中出现了电荷的移动，形成电流 i。若 u、i 为关联参考方向，且 $i = \frac{\mathrm{d}q}{\mathrm{d}t}$，而 $q = Cu$，电容的伏安 u-i 关系为微分关系，即：

图3-2　电容元件

$$i = \frac{\mathrm{d}q}{\mathrm{d}t} = C\frac{\mathrm{d}u}{\mathrm{d}t} \tag{3-2}$$

式(3-2)表明，电容器的电流与电压对时间的变化率成正比。如果电容器两端加直流电压，因电压的大小不变，即 $\mathrm{d}u/\mathrm{d}t = 0$，那么电容器的电流就为零，所以电容元件对直流可视为断路，因此电容具有“隔直通交”的作用。

而其 u-i 关系为积分关系，由 $i = \frac{\mathrm{d}q}{\mathrm{d}t}$积分可得：

$$q = \int_{t_1}^{t_2} i\mathrm{d}t$$

$$q = \int_{q_1}^{q_2} \mathrm{d}q = q_2 - q_1 = \int_{t_1}^{t_2} i\mathrm{d}t$$

$$q_2 = q_1 + \int_{t_1}^{t_2} i\mathrm{d}t$$

两边同时除以 C，有：

$$\frac{q_2}{C} = \frac{q_1}{C} + \frac{1}{C}\int_{t_1}^{t_2} i(t)\mathrm{d}t$$

$$u(t_2) = u(t_1) + \frac{1}{C}\int_{t_1}^{t_2} i(t)\mathrm{d}t$$

如果取初始时刻 $t_1 = 0$，则有：

$$u(t) = u(0) + \frac{1}{C}\int_0^t i(t)\mathrm{d}t \tag{3-3}$$

由式(3-3)可见，电容元件某一时刻的电压不仅与该时刻流过电容的电流有关，还与初始时刻的电压大小有关。所以电容是一种电压“记忆”元件。

3.1.3　电容元件储存的能量

电容元件储存的能量为电场能，当电流和电压为相关联参考方向时，任一瞬间电容元件吸收的能量为：

$$p = ui = Cu\frac{\mathrm{d}u}{\mathrm{d}t} \tag{3-4}$$

当 $p>0$ 时，元件吸收电能转换成电场能；当 $p<0$ 时，电容发出能量，电场能转换成电能。在一段时间 $\mathrm{d}t$ 内，电容吸收的能量为：

$$\mathrm{d}W_{\mathrm{C}} = p\mathrm{d}t = Cu\mathrm{d}u \tag{3-5}$$

设在 $t = 0$ 时刻之前电容没有储存能量，从 0 时刻开始对电容充电，那么在 0 ~ t 时间内元件吸收的能量为：

$$W_{\mathrm{C}} = \int_0^t p\mathrm{d}t = C\int_0^u u\mathrm{d}u = \frac{1}{2}Cu^2 \tag{3-6}$$

由式(3-6)可知，电容元件储存的能量与电压的二次方成正比。

提 示

电容元件可以把电能转换成电场能储存起来，它不消耗能量，而是储能元件。

3.1.4　电容的串联与并联

3.1.4.1　电容的串联

把几个电容器的极板首尾相接，就是电容器的串联，图 3-3(a)为 n 个电容的串联。设电压、电流参考方向关联，根据 KVL，电路的总电压等于各串联电容的电压之和，即：

$$u = u_1 + u_2 + \cdots + u_n \tag{3-7}$$

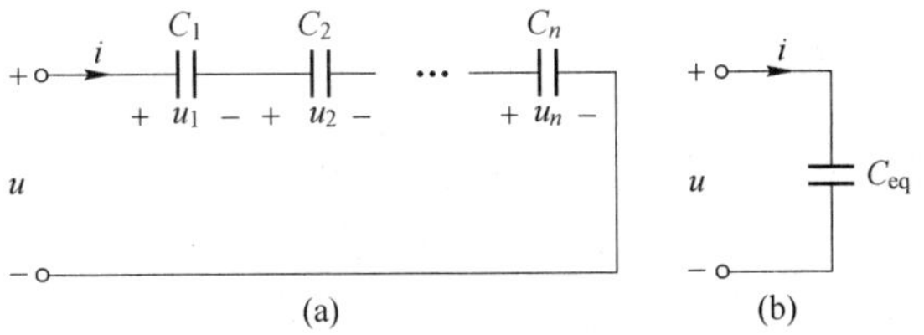

图 3-3　电容的串联

(a) 多个电容的串联电路；(b) 单个电容的电路

由于各电容的电流均为 i，根据电容的 VCR 有：

$$u_1 = \frac{1}{C_1}\int_{-\infty}^{t} i\mathrm{d}\xi,\ u_2 = \frac{1}{C_2}\int_{-\infty}^{t} i\mathrm{d}\xi,\ \cdots,\ u_n = \frac{1}{C_n}\int_{-\infty}^{t} i\mathrm{d}\xi$$

代入可得：

$$u = \left(\frac{1}{C_1} + \frac{1}{C_2} + \cdots + \frac{1}{C_n}\right)\int_{-\infty}^{t} i\mathrm{d}\xi = \frac{1}{C_{\mathrm{eq}}}\int_{-\infty}^{t} i\mathrm{d}\xi \tag{3-8}$$

式(3-8)说明图 3-3(a)所示的多个电容的串联电路与图 3-3(b)所示的单个电容的电路

具有相同的 VCR，即互为等效电路，其中等效电容为：

$$\frac{1}{C_{eq}} = \frac{1}{C_1} + \frac{1}{C_2} + \cdots + \frac{1}{C_n} = \sum_{k=1}^{n} \frac{1}{C_k} \tag{3-9}$$

式(3-9)表明，n 个线性电容串联的单口网络，就端口特性而言，等效于一个线性二端电容，其电容值由式(3-9)确定。

3.1.4.2　电容的并联

把多个电容器正极连在一起，负极也连在一起，就是电容器的并联。如图 3-4(a)所示为 n 个电容的并联。设电压、电流参考方向关联，根据 KCL，电路的总电流等于流过各并联电容的电流之和，结合电容 VCR，$i_1 = C_1 \frac{du}{dt}$，$i_2 = C_2 \frac{du}{dt}$，…，$i_n = C_n \frac{du}{dt}$，则有：

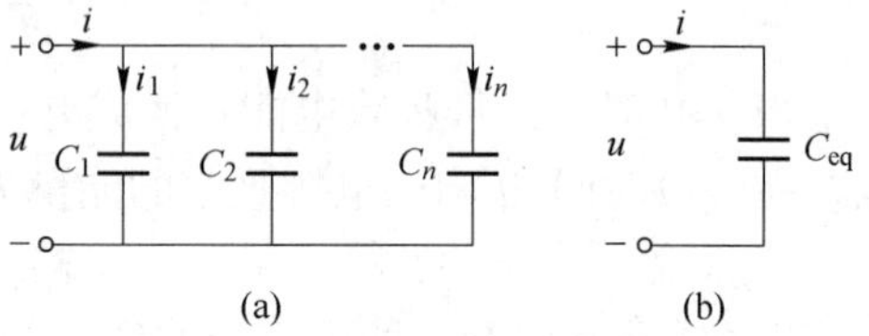

图 3-4　电容的并联
(a) 多个电容的并联电路；(b) 单个电容的电路

$$i = i_1 + i_2 + \cdots + i_n = (C_1 + C_2 + \cdots + C_n)\frac{du}{dt} = C_{eq}\frac{du}{dt} \tag{3-10}$$

式(3-10)说明图 3-4(a)所示的多个电容的并联电路与图 3-4(b)所示的电容的电路具有相同的 VCR，互为等效电路，等效电容为：

$$C_{eq} = C_1 + C_2 + \cdots + C_n = \sum_{k=1}^{n} C_k \tag{3-11}$$

式(3-11)表明，n 个线性电容并联的单口网络，就端口特性而言，等效于一个线性二端电容，其电容值由式(3-11)确定。

任务3.2　电 感 元 件

3.2.1　电感线圈和电感元件

电感元件也称电感器或电感线圈。它与电阻器和电容器一样，是电子电路中最基本的元器件。将导线绕制在非磁性材料芯子上制成的线圈或空心线圈为线性电感；绕制在磁性材料上的线圈为非线性电感。线性电感线圈示意图如图 3-5(a)所示。当线圈中通以电流 i 时，在线圈中就会产生磁通量 Φ，并储存能量，线圈中变化的电流和磁场可使线圈自身产生感应电压。磁通量 Φ 与线圈的匝数 N 的乘积称为磁通链型 $\Psi = N\Phi$。线性电感产生的磁链 Ψ 与引起它的电流 i 成正比，即：

$$L = \frac{\Psi}{i} \tag{3-12}$$

式(3-12)中，L 为常数，称为电感线圈的电感量（简称电感）。在国际单位制中，磁链的单位为 Wb（韦伯），电流的单位为 A（安培），电感的单位为 H（亨利），常用的单位还有 mH（毫亨）和 μH（微亨），它们之间的换算关系为：1H = 10^3mH，1mH = 10^3μH，且 1H = 1Wb/A。

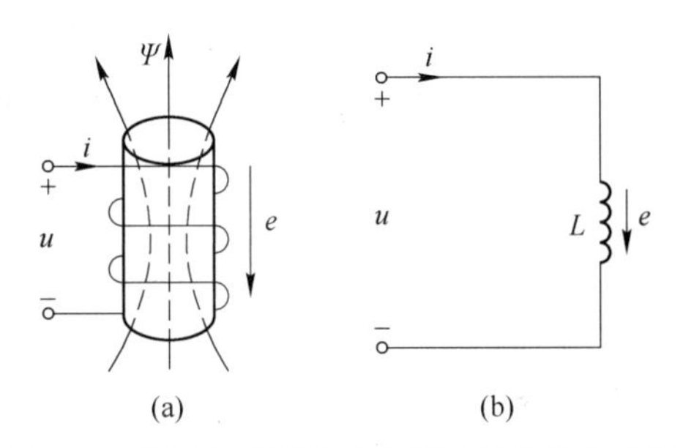

图 3-5　线性电感线圈示意图及其等效电路图

（a）线性电感线圈示意图；（b）等效电路图

3.2.2　电感元件的伏安关系

当在电感线圈中通入交变的电流时，就会产生交变的磁场，交变的磁场能引起感应电动势。线性电感线圈的等效电路图如图 3-5(b)所示。当电流 i 与引起的感应电动势 e 为相关联参考方向时，根据楞次定律可知电流和感应电动势的关系为：

$$e = -\frac{\mathrm{d}\Psi}{\mathrm{d}t} \tag{3-13}$$

由式(3-12)可知

$$e = -L\frac{\mathrm{d}i}{\mathrm{d}t} \tag{3-14}$$

若电压 u 的参考方向如图 3-5(b)所示，为与电流相关联的参考方向，则有：

$$u = -e = L\frac{\mathrm{d}i}{\mathrm{d}t} \tag{3-15}$$

由式(3-15)可见，电感元件的电压与电流的变化率成正比。当电流为直流时，电感电压为零，电感相当于短路。

3.2.3　电感的储能

当电流和电压为相关联参考方向时，任一瞬间电感元件吸收的能量为：

$$p = ui = Li\frac{\mathrm{d}i}{\mathrm{d}t} \tag{3-16}$$

当 $p>0$ 时，电感元件吸收电能转换成磁场能；当 $p<0$ 时，电感发出能量，磁场能转换成电能。在一段时间 $\mathrm{d}t$ 内，电感吸收的能量为：

$$\mathrm{d}W_{\mathrm{L}} = p\mathrm{d}t = Li\mathrm{d}i \tag{3-17}$$

设在 $t = 0$ 时刻之前电感没有储存能量，从 0 时刻开始线圈中通入电流，那么在 $0 \sim t$ 时间内元件吸收的能量为：

$$W_{\mathrm{L}} = \int_0^t p\mathrm{d}t = L\int_0^i i\mathrm{d}i = \frac{1}{2}Li^2 \tag{3-18}$$

由式(3-18)可知，电感元件储存的能量与电流的二次方成正比。

提示

电感元件可以把电能转换成磁场能储存起来，它并不消耗能量，因此电感元件是储能元件。相比较，电阻元件会吸收电能，并以热能的形式散失掉，是耗能元件。

任务 3.3　换路定律及初始值的确定

3.3.1　电路的过渡过程

在电路理论中，把电路中支路的接通和切断、元件参数的改变、电源电压或电流波动等等，统称为换路，并认为换路是瞬时完成的。

一般情况下，换路的瞬间记为计时起点，即该时刻的 $t=0$，并把换路前的最后一瞬间记作 $t=0_-$、换路后的最初一瞬间记作 $t=0_+$，0_- 与 0、0 与 0_+ 之间的时间间隔则都趋于零。

电路从一种稳定状态转变到另一种稳定状态所经历的过程，称为过渡过程。电路过渡过程中的电压和电流，是随时间从初始值按一定的规律过渡到最终的稳态值。产生过渡过程的原因是含有储能元件（电容 C、电感 L）的电路发生换路，工作状态突然改变。因此，“换路”是产生过渡过程的外因，而内因是电路中含有储能元件，其实质是由于电路中储能元件能量的释放与储存不能突变的缘故。

电路过渡过程实质就是换路后电路的能量转换过程。所以，电路产生过渡过程的充分必要条件是：含有储能元件的电路，发生换路（如 $t=0$ 时刻换路）之后，即 $t>0$ 时储能元件的能量必须发生变化，电路才能产生能量转换的过程。如果电路换路之后，储能元件的能量不发生变化，意味着换路后立即到达稳态，电路就不产生过渡过程了。

3.3.2　换路定律

对于如图 3-6(a)所示的 RC 串联电路，设电容原来没储存能量，在 $t=0$ 时开关闭合。闭合后电路满足 KVL，即：

$$U_S = iR + u_C = RC\frac{du_C}{dt} + u_C \tag{3-19}$$

假设电容电压能够跃变，式(3-19)右边的第一项为无穷大。有限值不能等于无穷大与有限值之和，因此假设不成立，即电容电压不能够跃变。

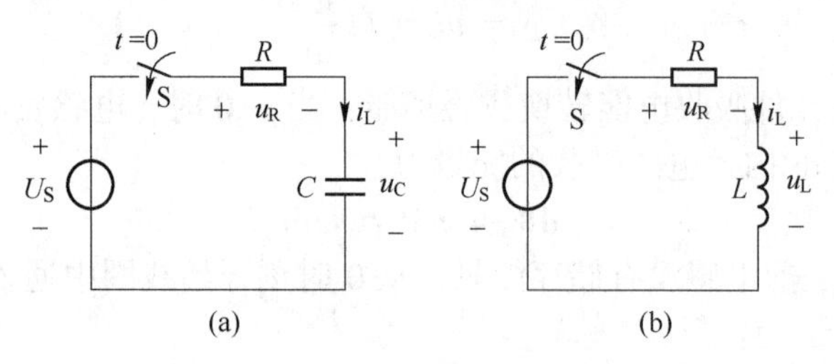

图 3-6　RC 串联电路与 RL 串联电路

（a）RC 串联电路；（b）RL 串联电路

同理，对于如图 3-6(b)所示的 RL 串联电路，设电感原来没储存能量，在 $t=0$ 时开关闭合。闭合后瞬间电路满足 KVL，即：

$$U_S = iR + u_L = iR + L\frac{di}{dt} \tag{3-20}$$

假设电感电流能够跃变，式(3-20)右边的第二项为无穷大。有限值不能等于无穷大与有限值之和，因此假设不成立，因此电感电流不能跃变。

由以上分析得出，在换路瞬间，电容电压和电感电流不能跃变，这一结论称为换路定律。其达式为：

$$u_C(0_+) = u_C(0_-), \quad i_L(0_+) = i_L(0_-)$$

注意

电容电压和电感电流不能跃变的实质是能量不能跃变。对于有电容的电路，已知电容储能与电压的二次方成正比，因此在换路瞬间，电容上的电压 u_C 不能跃变，只能逐渐变化；对于有电感的电路，已知电感储能与电流的二次方成正比，所以在换路瞬间电感的电流 i_L 不能跃变，只能逐渐变化。

3.3.3　电路初始值的确定

电路的初始值就是换路后 $t = 0_+$时刻的电压、电流值。电容电压的初始值 $u_C(0_+)$ 和电感电流的初始值 $i_L(0_+)$ 可按换路定律来确定（称为独立初始值）；其他可以跃变量的初始值可根据独立初始值和应用 KCL、KVL 及欧姆定律来确定，称为非独立初始值或相关初始值。

求解电路初始值的步骤方法总结如下：

（1）由换路前的电路求得电容电压 $u_C(0_-)$ 和电感电流 $i_L(0_-)$。

（2）根据换路定律确定电容电压的初始值 $u_C(0_+)$ 和电感电流的初始值 $i_L(0_+)$。

（3）画出“0_+”等效图：储能元件没储能的时候，电容相当于短路、电感相当于开路；元件已储能，则用恒压源 U_0 代替电容、恒流源 I_0 代替电感，得到直流电路。

（4）用直流电路求解方法，在等效图中，求出电容电流、电感电压和电阻电压、电流等。

【例 3-1】　在图 3-7 所示的电路中，$U_S = 12\text{ V}$，$R_1 = R_3 = 4\text{k}\Omega$，$R_2 = 8\text{k}\Omega$，$C_1 = C_2 = 1\mu\text{F}$。开关闭合前电路稳定，电容 C_2 没储能。求开关 S 闭合前、后瞬间电容两端的电压、R_3 上的电压及电流 i_1、i_2、i_{C_2} 的初始值。

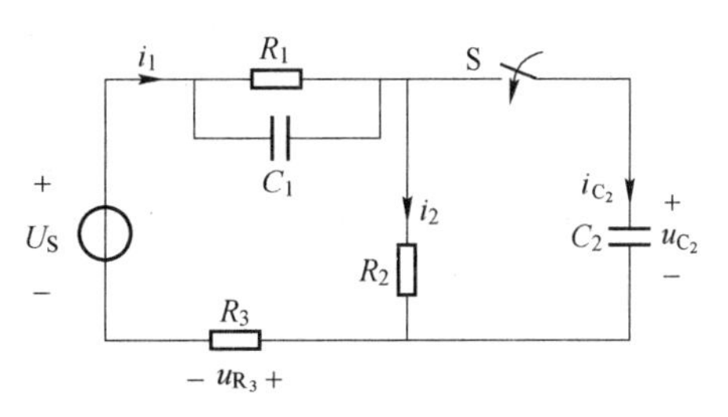

图 3-7　例 3-1 电路图

【解】　设 $t = 0$ 时开关 S 闭合。由于开关闭合前电路稳定，电容 C_1 相当于开路，电容 C_2 没储能，端电压为零，所以有：

$$u_{C_1}(0_-) = u_{R_1}(0_-) = \frac{R_1}{R_1 + R_2 + R_3} U_S = \frac{4}{4+4+8}\Omega \times 12\text{V} = 3\text{V}$$

$$u_{R_3}(0_-) = \frac{R_3}{R_1 + R_2 + R_3} U_S = \frac{4}{4+4+8}\Omega \times 12\text{V} = 3\text{V}$$

$$i_1(0_-) = i_2(0_-) = \frac{U_S}{R_1 + R_2 + R_3} = \frac{12\text{V}}{(4+8+4)\text{k}\Omega} = 0.75\text{mA}$$

$$u_{C_2}(0_-) = 0\text{V}$$
$$i_{C_2}(0_-) = 0\text{A}$$

由换路定律可知：

$$u_{C_1}(0_+) = U_{C_1}(0_-) = 3\text{V}$$
$$u_{C_2}(0_+) = U_{C_2}(0_-) = 0\text{V}$$
$$u_{R_2}(0_+) = U_{C_1}(0_+) = 0\text{V}$$
$$i_2(0_+) = \frac{u_{R_2}(0_+)}{R_2} = 0\text{A}$$

由 KVL 可得：

$$U_S = u_{C_1}(0_+) + u_{R_3}(0_+) + u_{R_2}(0_+)$$

所以

$$u_{R_3}(0_+) = U_S - u_{C_1}(0_+) - u_{R_2}(0_+) = (12 - 3)\text{V} = 9\text{V}$$
$$i_1(0_+) = \frac{u_{R_3}(0_+)}{R_3} = 2.25\text{mA}$$

根据 KCL 有：

$$i_{C_2}(0_+) = i_1(0_+) - i_2(0_+) = 2.25\text{mA}$$

从本例中可以看到：

（1）在换路的瞬间，虽然电容两端的电压不能突变，但通过它的电流却可以突变；电阻上的电压和电流也可以突变。

（2）换路前电容没储能，$t = 0_-$时，电容端电压为 0，在 $t = 0_+$时刻端电压也为 0，电容相当于短路；换路前电容已经储能，$t = 0_-$时，其电压为一确定值，则换路后在 $t = 0_+$时保持该值不变，相当于一个恒压源。因此，如果电容没储能，即 $u_C(0_-) = 0$，在 $t = 0_+$时刻就将电容 C 视为短路；若电容已储能，即 $u_C(0_-) = U_0$，则在 $t = 0_+$时刻保持 U_0 不变，可以用电压值等于 U_0 的理想电压源替代原电路的电容元件。这样替代后的电路称为 $t = 0_+$ 时刻的等效电路。

例 3-1 的"0_+"等效图如图 3-8 所示。由图可知，电路是由恒压源和纯电阻组成的，可以用求解直流电路的方法求解电路各处的电压、电流初始值。

【例 3-2】 在如图 3-9 所示的电路中，$U_S = 10\text{V}$，$R_1 = 6\Omega$，$R_2 = R_3 = 4\Omega$，$L_1 = 2\text{mH}$，$L_2 = 1\text{mH}$。开关 S 闭合前电路处于稳态。求开关 S 闭合前、后瞬间电感两端的电压及各支路电流的初始值。

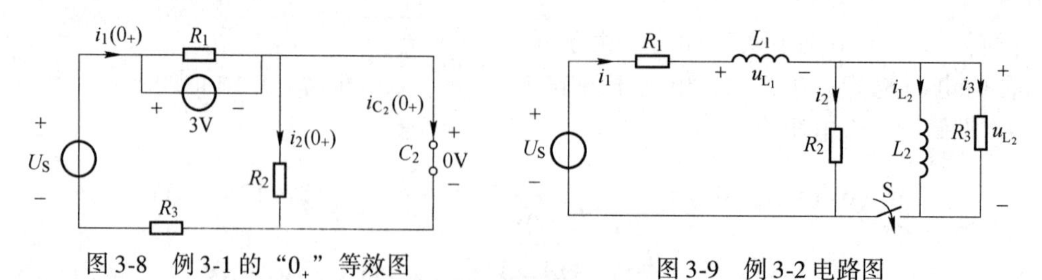

图 3-8　例 3-1 的"0_+"等效图　　　　图 3-9　例 3-2 电路图

【解】 设 $t = 0$ 时开关 S 闭合，换路前电路处于稳定状态，则：

$$i_1(0_-) = i_2(0_-) = \frac{U_S}{R_1 + R_2} = \frac{10}{6 + 4}\text{A} = 1\text{A}$$

$$u_{L_1}(0_-) = u_{L_2}(0_-) = 0\text{V}$$
$$i_{L_2}(0_-) = i_3(0_-) = 0\text{A}$$

由换路定律可知：

$$i_1(0_+) = i_1(0_-) = 1\text{A}$$
$$i_{L_2}(0_+) = i_{L2}(0_-) = 0\text{A}$$

由 KCL 得：

$$i_1(0_+) = i_2(0_+) + i_3(0_+) + i_{L_2}(0_+)$$

因为 $R_2 = R_3$，所以

$$i_2(0_+) = i_3(0_+) = 0.5\text{A}$$
$$u_{L_2}(0_+) = i_2(0_+)R_2 = i_3(0_+)R_3 = 0.5\text{A} \times 4\Omega = 2\text{V}$$

由 KVL 得：

$$u_{L_1}(0_+) = U_S - u_{L_2}(0_+) - i_1(0_+)R_1 = 2\text{V}$$

从本例中可以看到：

（1）在换路的瞬间，通过电感的电流 i_L 不能突变，但它两端的电压 u_L 可以突变。

（2）如果换路前电感元件无储能，即 $i_L(0_-) = 0$，在 $t = 0_+$时刻电感电流也为 0，就可将电感 L 视为开路；若电感已储能，即 $i_L(0_-) = I_0$，则在 $t = 0_+$时刻保持 I_0，可用电流值等于 I_0 的理想电流源替代原电路的电感元件，得到 $t = 0_+$时刻的等效电路。

例 3-2 的"0_+"等效图如图 3-10 所示。由图可知，电路是由恒压源、恒流源和纯电阻组成的，可以用直流电路的方法求解电路各处的初始值。

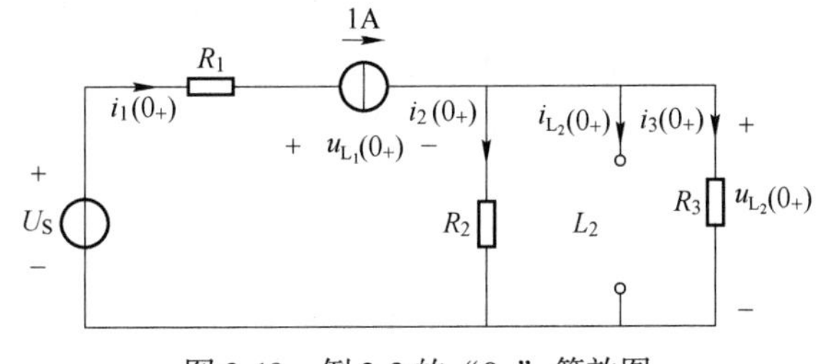

图 3-10 例 3-2 的"0_+"等效图

【例 3-3】 在如图 3-11(a)所示电路中，直流电压源的电压 $U_S = 50\text{V}$，$R_1 = R_2 = 5\Omega$，$R_3 = 20\Omega$。电路原先已达到稳态，在 $t = 0$ 时断开开关 S。试求 $t = 0_+$时电路的$i_L(0_+)$、$u_C(0_+)$、$u_{R_2}(0_+)$、$u_{R_3}(0_+)$、$i_C(0_+)$、$u_L(0_+)$等初始值。

【解】（1）因为电路换路前已达到稳态，所以有：

$$i_L(0_-) = \frac{U_S}{R_1 + R_2} = \frac{50\text{V}}{(5+5)\Omega} = 5\text{A}$$
$$u_C(0_-) = R_2 i_L(0_-) = 5\Omega \times 5\text{A} = 25\text{V}$$

（2）根据换路定律有：

$$i_L(0_+) = i_L(0_-) = 5\text{A}$$
$$u_C(0_+) = u_C(0_-) = 25\text{V}$$

（3）计算相关初始值。将图 3-11(a)中的电容 C 用 25V 恒压源等效代替；电感 L 用 5A 恒流源等效代替，得到 $t = 0_+$时的等效电路，如图 3-11(b)所示。

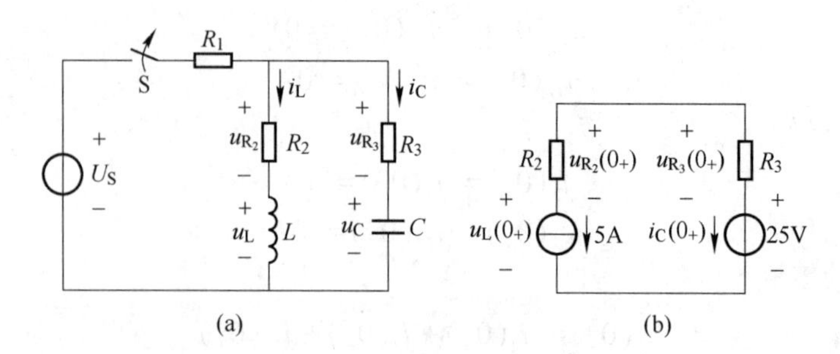

图 3-11　例 3-3 电路图

（a）实际电路；（b）等效电路

（4）根据图 3-11(b)所示，计算相关初始值

$$u_{R_2}(0_+) = R_2 i_L(0_+) = 5\Omega \times 5A = 25V$$

$$i_C(0_+) = -i_L(0_+) = -5A$$

$$u_{R_3}(0_+) = R_3 i_C(0_+) = 20\Omega \times (-5)A = -100V$$

$$u_L(0_+) = i_C(0_+)(R_2 + R_3) + u_C(0_+) = -5A \times (5 + 20)\Omega + 25V = -100V$$

任务 3.4　一阶电路的零输入响应

3.4.1　概述

激励在换路后的电路中任一元件、任一支路、任一回路等引起的电路变量的变化均称为电路的响应。而产生响应的源即激励只有两种：一种是外加电源，另一种则是储能元件的初始储能。对于线性电路，动态响应是二者激励的叠加。

3.4.1.1　一阶电路

在一个电路中，如果只含有一个储能元件或者含有多个同类储能元件，经过等效变换后，能用一个储能元件来等效代替的，就都是一阶电路。含有两个或两个以上不同种类储能元件（如一个电感和一个电容）的电路一定不是一阶电路。以电容电路为例，换路后的一阶电容电路如图 3-12 所示。

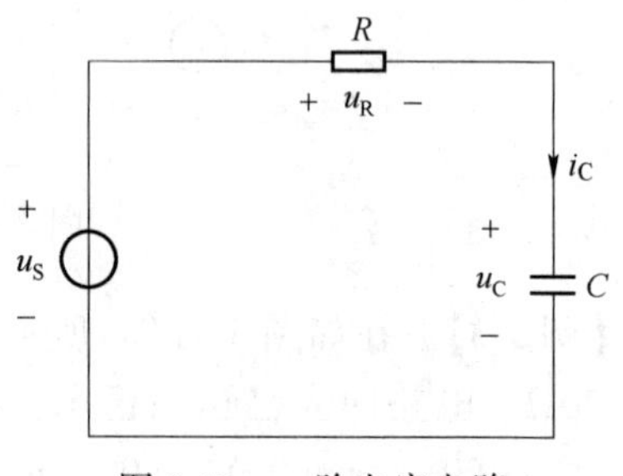

图 3-12　一阶电容电路

电路的 KVL 方程有：

$$u_R + u_C = u_S \tag{3-21}$$

由元件的约束关系 $u_R = Ri_C$、$i_C = C\dfrac{du_C}{dt}$，得到：

$$RC\frac{du_C}{dt} + u_C = u_S \tag{3-22}$$

由式(3-22)可见，该电路的动态过程能用一阶微分方程来描述，“一阶电路”因此而得名。同理对于含有一个电感的电路也可以用一个一阶微分方程来描述。

3.4.1.2　零输入响应

在一阶动态电路中，如果储能元件在换路前已储能，根据换路定律，那么即使在换路后电路中没有激励源存在，仍将会有电流、电压。这是因为储能元件所储存的能量要通过电路中的电阻以热能的形式放出。把这种没有独立电源作用、仅由储能元件初始储能所引起的响应，称为零输入响应。

3.4.2　*RC* 串联电路的零输入响应

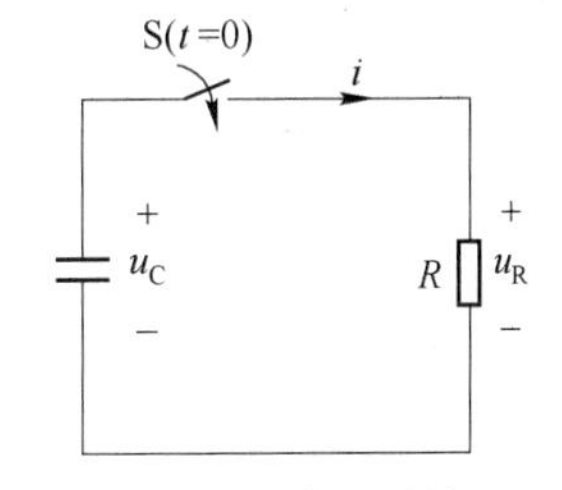

图 3-13　*RC* 电路的零输入响应

在图 3-13 所示电路中，设开关闭合前电容已充电到 $u_C = U_0$，现以开关动作时刻作为计时起点。令 $t = 0$，开关闭合后，即 $t \geqslant 0_+$ 时，根据 KVL 可得：

$$-u_R + u_C = 0 \tag{3-23}$$

将 $u_R = Ri$ 及 $i = -C\dfrac{du_C}{dt}$ 代入式(3-23)，有：

$$RC\frac{du_C}{dt} + u_C = 0 \tag{3-24}$$

式(3-24)为一阶齐次微分方程，分离变量为：

$$\frac{du}{u_C} = -\frac{1}{RC}dt \tag{3-25}$$

式(3-25)为两边积分，得：

$$\ln u_C = -\frac{1}{RC}t + C$$

即

$$u_C = e^{-\frac{1}{RC}t + C} = e^{-\frac{1}{RC}t}e^C = Ae^{-\frac{1}{RC}t} \tag{3-26}$$

式(3-26)中，待定系数 A 可由电路的初始条件 $u_C(0_+) = U_0$ 确定。令 $t = 0_+$，得：

$$u_C(0_+) = Ae^{-\frac{1}{RC}0_+} = Ae^0 = A = U_0 \tag{3-27}$$

电容的零输入响应电压为：

$$u_C(t) = U_0 e^{-\frac{t}{RC}} \quad (t > 0) \tag{3-28}$$

根据 $u_R + u_C = 0$，$i = \dfrac{u_R}{R}$，可得：

$$u_R(t) = -u_C(t) = -U_0 e^{-\frac{t}{RC}} \quad (t > 0) \tag{3-29}$$

$$i(t) = \frac{u_R}{R} = \frac{-U_0 e^{-\frac{t}{RC}}}{R} = -\frac{U_0}{R}e^{-\frac{t}{RC}} \quad (t > 0) \tag{3-30}$$

式(3-29)和式(3-30)中，负号说明 u_R、i 的方向与所选参考方向相反。

u_C、u_R、i 随时间变化的曲线如图 3-14 所示。

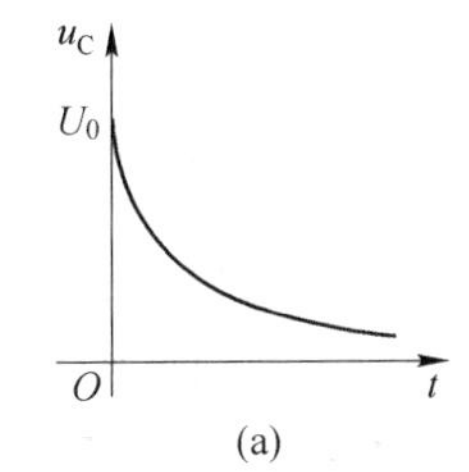

(a)

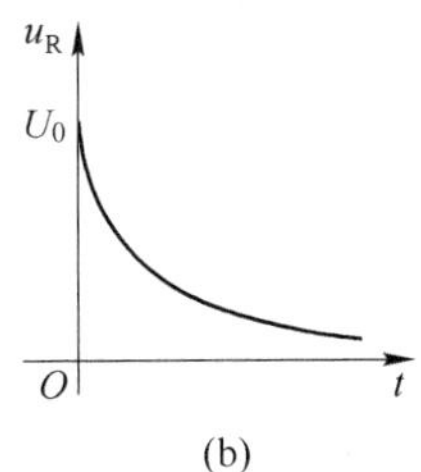

(b)

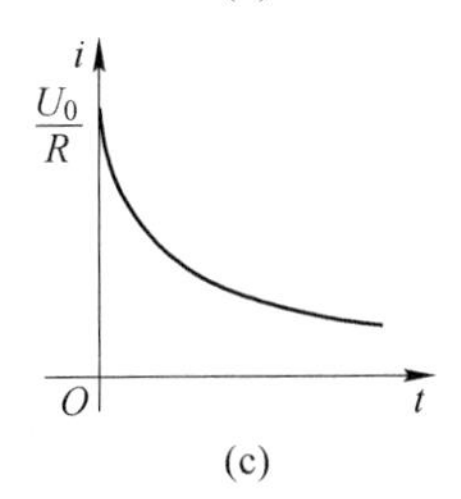

(c)

图 3-14　u_C、u_R、i 随时间变化的曲线

（a）u_C 随时间变化曲线；

（b）u_R 随时间变化曲线；

（c）i 随时间变化曲线

从上述分析可见，*RC* 电路的零输入响应 u_C、u_R、i 都

是按照同样的指数规律衰减的。若记 $\tau = RC$，u_C、i_C 可进一步表示为：

$$u_C = U_0 e^{-\frac{t}{\tau}} \tag{3-31}$$

$$i_C = \frac{U_0}{R} e^{-\frac{t}{\tau}} \tag{3-32}$$

当 R 的单位为 Ω（欧姆），C 的单位为 F（法拉）时，τ 的单位为 s（秒），此时称 τ 为电路的时间常数。表 3-1 列出了电容电压在 $t = 0$，$t = \tau$，$t = 2\tau$，…，时刻的值。

表 3-1　电容电压的值

时刻	t	0	τ	2τ	3τ	4τ	5τ	…	∞
电容电压	$u_C(t)$	U_0	$0.368U_0$	$0.135U_0$	$0.05U_0$	$0.018U_0$	$0.0067U_0$	…	0

提示

在理论上要经过无限长时间 u_C 才能衰减到零值，但换路后经过 $3\tau \sim 5\tau$ 时间，响应已衰减到初始值的 0.67% ~5%，一般在工程上即认为过渡过程结束。

从表 3-1 可见，时间常数 τ 就是响应从初始值衰减到初值的 36.8% 所需的时间。事实上，在过渡过程中从任意时刻开始算起，经过一个时间常数 τ 后响应都会衰减 63.2%。例如，在 $t = t_0$ 时，响应为：

$$u_C(t_0) = U_0 e^{-\frac{t_0}{\tau}} \tag{3-33}$$

经过一个时间常数 τ，即在 $t = t_0 + \tau$ 时，响应变化为：

$$u_C(t_0 + \tau) = U_0 e^{-\frac{t_0+\tau}{\tau}} = e^{-1} \cdot U_0 e^{-\frac{t_0}{\tau}} = 0.368 u_C(t_0)$$

即经过一个时间常数 τ 后，响应衰减了 63.2%，也即衰减到原值的 36.8%。可以证明，响应曲线上任一点的次切距都等于时间常数 τ，如图 3-15(a) 所示。工程上可用示波器观测 u_C 等曲线，并利用作图法测出时间常数 τ。

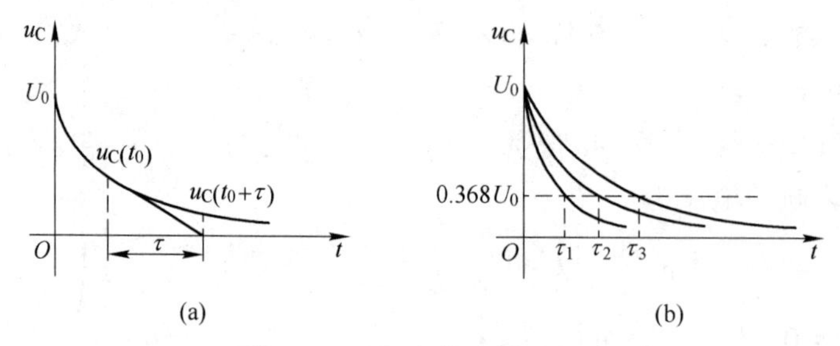

图 3-15　时间常数的物理意义

（a）任一点的次切距等于 τ 下的电容电压随时间的变化曲线；（b）不同 τ 值下电容电压随时间的变化曲线

时间常数 τ 的大小决定了一阶电路过渡过程的进展速度，它仅取决于电路的结构和电路参数，而与电路的初始值无关。因此称电路响应的性状是电路所固有的，又称零输入响应为电路的固有响应。

τ 越小，响应衰减得越快，过渡过程的时间越短。由 $\tau = RC$ 知，R、C 值越小，τ 越小。当 U_0 一定时，C 越小，电容储存的初始能量就越少，同样条件下放电的时间也就越短；R 越小，放电电流越大，同样条件下能量消耗得越快。所以改变电路参数 R 或 C 即可控制过渡过程的快慢。图 3-15(b)给出了不同 τ 值下的电容电压随时间的变化曲线。

在放电过程中，电容不断放出能量，电阻则不断地消耗能量。最后储存在电容中的电场能量全部被电阻吸收转换成热能，即：

$$W_R = \int_0^{\infty} i^2(t) R\mathrm{d}t = \int_0^{\infty} \left(\frac{U_0}{R}\mathrm{e}^{-\frac{t}{RC}}\right)^2 R\mathrm{d}t = \frac{U_0^2}{R}\int_0^{\infty} \mathrm{e}^{-\frac{2t}{RC}}\mathrm{d}t = \frac{1}{2}CU^2 = W_C$$

【例 3-4】 换路前电路如图 3-16(a)所示，开关 S 长时间接到 “1” 位置，$t = 0$ 时开关由 “1” 打向 “2”。求 $t > 0$ 的电容电压和电流 i_C、i_R，并计算电阻在电容放电过程中消耗的能量。

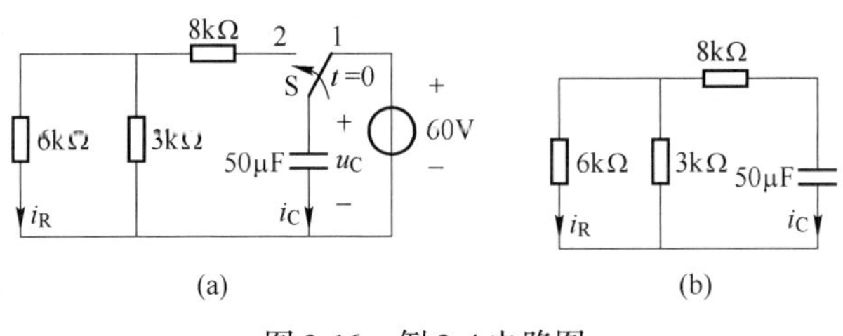

图 3-16　例 3-4 电路图
（a）换路前；（b）换路后

【解】 该电路是零输入响应。由于开关长时间置于 “1” 位置，所以电容电压等于电源电压，即 $u_C(0_-)= 60\text{V}$。

换路后的电路如图 3-16(b) 所示，由换路定律有：

$$u_C(0_+)= u_C(0_-)= 60\text{V}$$

换路后，电容两端的等效电阻为：

$$R = \left(8 + \frac{6\times3}{6 + 3}\right)\text{k}\Omega = 10\text{k}\Omega$$

电路时间常数为：

$$\tau = RC = (10 \times 10^3)\Omega \times (50 \times 10^{-6})\text{F} = 0.5\text{s}$$

根据式(3-31)和式(3-32)，得：

$$u_C(t)= U_0\mathrm{e}^{-\frac{t}{\tau}}= 60\mathrm{e}^{-2t}\text{V}$$

$$i_C(t)= C\frac{\mathrm{d}u_C}{\mathrm{d}t} = -\frac{U_0}{R}\mathrm{e}^{-\frac{t}{\tau}} = -\frac{60\text{V}}{(10\times10^3)\Omega}\mathrm{e}^{-2t} = -6\mathrm{e}^{-2t}\text{mA}$$

由分流公式有：

$$i_R(t)= -\frac{3}{3 + 6}i_C(t)= \left(\frac{1}{3}\times6\mathrm{e}^{-2t}\right)\text{mA} = 2\mathrm{e}^{-2t}\text{mA}$$

电阻在电容放电过程中消耗的能量，就是电容中储存的全部能量。则电容初始储能为：

$$W_C = \frac{1}{2}Cu_C^2(0_+)= 0.09\text{J}$$

在电容放电过程中，这些能量全部在电阻上消耗，因此 $W_R = 0.09\text{J}$。

3.4.3　*RL* 串联电路的零输入响应

如图 3-17 所示，电路中开关 S 原来闭合，电路已处于稳定状态，则电感中电流 $I_0 =$

$\frac{U_S}{R_S} = i(0_-)$。在 $t = 0$ 时，将开关打开，这时电感 L 将通过电阻 R 释放换路前储存的能量，在电路中将产生电流和电压。该电路中产生的响应是由电感 L 的初始储能产生的，因此也是零输入响应。

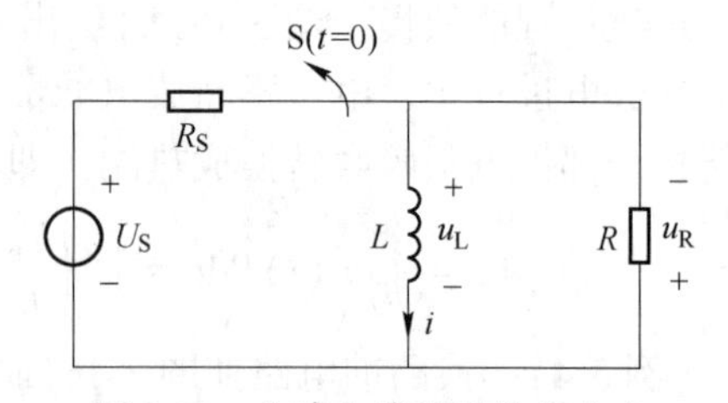

图3-17　电感电路的零输入响应

取各元件电流和电压为关联参考方向，根据KVL，列写换路后的电路方程，得：

$$u_L + u_R = 0 \tag{3-34}$$

把电感、电阻元件的VCR关系 $u_L = L\frac{di}{dt}, u_R = Ri$ 代入式(3-34)，得：

$$L\frac{di}{dt} + Ri = 0 \tag{3-35}$$

式(3-35)为一个一阶常系数线性齐次微分方程，分离变量

$$\frac{di}{i} = -\frac{R}{L}dt$$

两边同时积分，得：

$$\ln i = -\frac{R}{L}t + C$$

$$i_L = e^{-\frac{R}{L}t + C} = e^{-\frac{R}{L}t}e^C = Ae^{-\frac{R}{L}t} \tag{3-36}$$

式(3-36)中待定系数 A 可由电路的初始条件 $i_L(0_+) = I_0$ 确定，令 $t = 0_+$，得：

$$i_L(0_+) = Ae^{-\frac{R}{L}0_+} = Ae^0 = A = I_0$$

电感的零输入响应电流为：

$$i_L(t) = I_0 e^{-\frac{R}{L}t} \quad (t > 0)$$

根据 $u_R + u_L = 0$，$u_R = Ri$，可得：

$$u_R(t) = Ri(t) = RI_0 e^{\frac{-R}{L}t} \quad (t > 0) \tag{3-37}$$

$$u_L = -u_R(t) = -RI_0 e^{-\frac{R}{L}t} \quad (t > 0) \tag{3-38}$$

式(3-37)和式(3-38)中，负号说明 u_L 的方向与所选参考方向相反。

图3-18分别为 i、u_L、u_R 随时间变化的曲线。在 $\tau = \frac{L}{R}$ 中，当 R 的单位为欧姆，L 的单位为亨利时，τ 的单位为秒，此时称 τ 为 RL 电路的时间常数，它具有和 RC 电路中 $\tau = RC$ 一样的物理意义。在整个过渡过程中，储存在电感中的磁场能量 $W_L = \frac{1}{2}LI_0^2$ 全部被电阻吸收转换成热能。

将 RC 电路电容的零输入响应电压与 RL 电路电感的零输入响应电流进行对照，可以看到它们之间存在的对应关系。若令 $f(t)$ 表示零输入响应 u_C 或 i_L，$f(0_+)$ 表示变量的初始值 $u_C(0_+)$ 或 $i_L(0_+)$，τ 为时间常数 RC 或 L/R，则有零输入响应的通解表达式：

$$f(t) = f(0_+)e^{-\frac{t}{\tau}} \quad (t > 0) \tag{3-39}$$

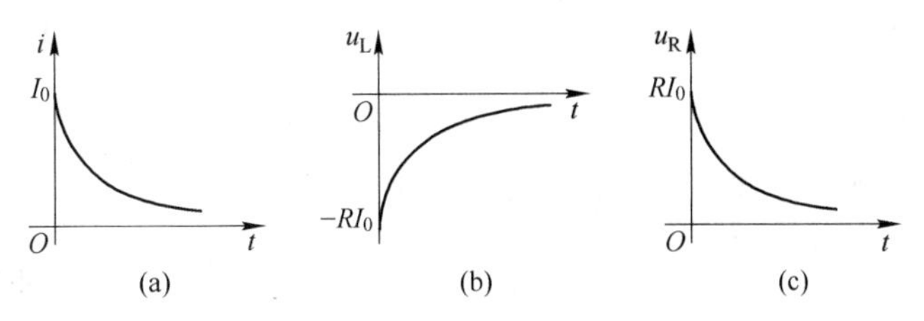

图 3-18　i、u_L、u_R 随时间变化的曲线

（a）i 随时间变化曲线；（b）u_L 随时间变化曲线；（c）u_R 随时间变化曲线

由式(3-39)可见，一阶电路的零输入响应是与初始值呈线性关系的。此外，式(3-39)不仅适用于本节所示电路 u_C、i_L 的零输入响应的计算，还适用于任何一阶电路任意变量的零输入响应的计算。

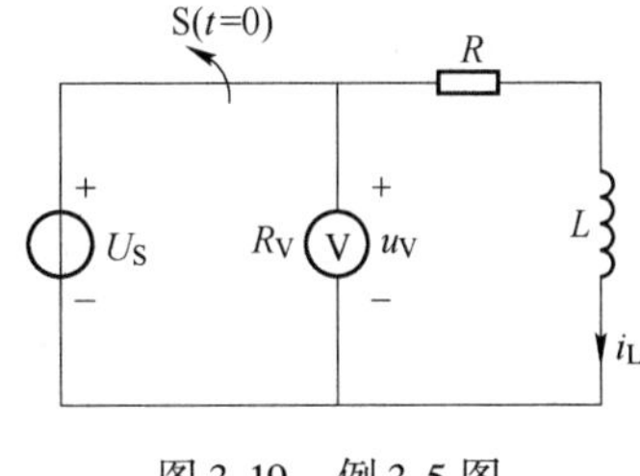

图 3-19　例 3-5 图

【例 3-5】　图 3-19 所示电路中，$U_S = 30V$，$R = 40\Omega$，电压表内阻 $R_V = 5k\Omega$，$L = 0.4H$。求 $t > 0$ 时的电感电流 i_L 及电压表两端的电压 u_V。

【解】　开关打开前电路为直流稳态，忽略电压表中的分流有：

$$i_L(0_-) = \frac{U_S}{R} = 7.5A$$

换路后电感通过电阻 R 及电压表释放能量，有：

$$i_L(0_+) = i_L(0_-) = 7.5A$$

$$\tau = \frac{L}{R + R_V} \approx 8 \times 10^{-5}s$$

由式(3-39)可写出 $t > 0$ 时的电感电流 i_L 及电压表两端的电压 u_V 分别为：

$$i_L = i_L(0_+)e^{-\frac{t}{\tau}} = 7.5e^{-1.25 \times 10^4 t}A$$

$$u_V = -R_V i_L = -3.75 \times 10^4 e^{-1.25 \times 10^4 t}V$$

由上式可得：

$$u_V(0_+) = 3.75 \times 10^4 V$$

由此可见，换路瞬间电压表和负载要承受很高的电压，有可能会损坏电压表。此外，在打开开关的瞬间，这样高的电压会在开关两端造成空气击穿，引起强烈的电弧。因此，在切断大电感负载时必须采取必要的措施，避免高电压的出现。

任务 3.5　一阶电路的零状态响应

3.5.1　零状态响应的概念

若换路前电路中的储能元件的初始状态为零，则称电路处于零初始状态。电路在零初始状态下的响应称为零状态响应。此时储能元件的初始储能为零，响应单纯由外加电源激励，因此该过渡过程即为能量的建立过程。

3.5.2　RC 串联电路的零状态响应

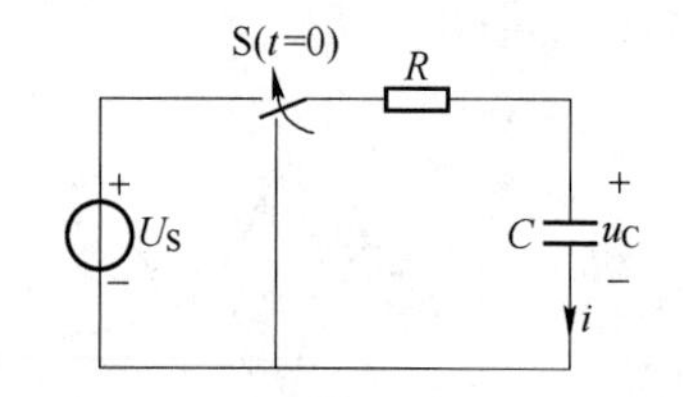

图3-20　RC 电路的零状态响应

如图3-20所示电路，设开关S合上之前电容 C 电压为 $u_C(0_-)=0$。根据换路定律，开关合上之后，列换路之后的电路方程，取各元件的电压、电流为关联参考方向，由KVL得：

$$u_R+u_C=U_S \tag{3-40}$$

$$u_R=iR, i=C\frac{du}{dt} \tag{3-41}$$

把式(3-41)代入式(3-40)得：

$$RC\frac{du}{dt}+u_C=U_S \tag{3-42}$$

式(3-42)为一个关于 $u_C(t)$ 的一阶常系数线性非齐次微分方程，此方程的解由式(3-43)解得：

$$u_C(t)=u_C'(t)+u_C''(t) \tag{3-43}$$

式(3-43)中，$u_C'(t)$ 为方程的一个特解，与外加激励有关（称为强制分量）。由方程可以看出，U_S 为该方程的一个特解，因此取 $u_C'(t)=U_S$。$u_C''(t)$ 与该方程对应的齐次方程为：

$$RC\frac{du}{dt}+u_C=0 \tag{3-44}$$

式(3-44)中，所求得的通解相同，与外加激励无关，因此又可称为自由分量。

由任务3.4内容可知，

$$u_C''(t)=Ae^{-\frac{t}{\tau}} \tag{3-45}$$

式(3-45)中，τ 的求法与零输入响应相同，即 $\tau=RC$。A 为待定系数，由电路的初始条件求得：

$$u_C(t)=U_S+Ae^{-\frac{t}{\tau}}$$

代入初始条件 $u_C(0_+)=u_C(0_-)=0$，得：

$$0=U_S+Ae^0=U_S+A$$

$$A=-U_S$$

最后解得电容上的电压为：

$$u_C(t)=U_S-U_Se^{-\frac{t}{\tau}}=U_S(1-e^{-\frac{t}{\tau}})\quad(t>0)$$

由 $u_R+u_C=U_S$，$u_R=iR$ 可得：

$$u_R(t)=U_S-u_C(t)=U_Se^{-\frac{t}{\tau}}\quad(t>0)$$

$$i(t)=\frac{u_R(t)}{R}=\frac{U_S}{R}e^{-\frac{t}{\tau}}$$

$u_C(t)$、$u_R(t)$、$i(t)$ 的波形如图3-21所示。

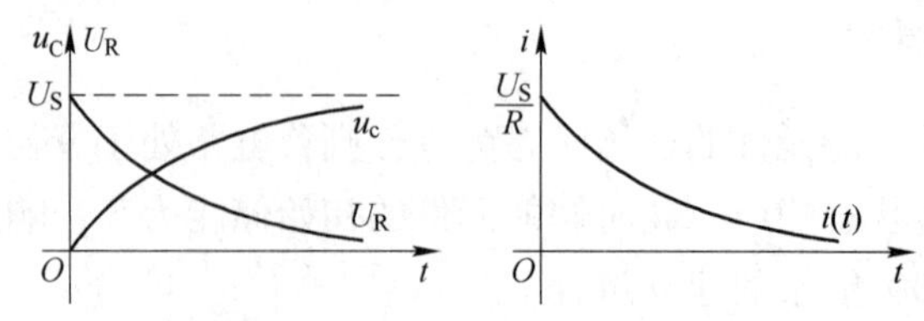

图3-21　RC 电路的零状态响应

由图 3-21 可知，在电容充电过程中，电容电压 u_C 由零按照指数规律逐渐增加，最终趋于外加电源电压 U_S。电路中的电流 i 则开始充电时最大，为 U_S/R，然后逐渐减小，最终减小到零，电阻上的电压 u_R 则与 u_C 变化规律相反。电容充电结束后，电路达到新的稳态，相当于直流电路中的电容元件，即 $u_C = U_S$，$i = 0$，$u_R = 0$，电容储存的磁场能为$\frac{1}{2}CU^2$。

与 RC 电路的零输入响应相似，从理论上来讲，当 t 为∞时，电容充电才能结束。实际上，当 $t = 5\tau$ 时，电容已充电至 $0.997U_0$，可以认为充电已经完成。

【例 3-6】 如图 3-20 所示电路中，已知 $U_S = 10\text{V}$，$R = 200\Omega$，$C = 0.25\mu\text{F}$，电容的初始电压为零。当 $t = 0$ 时合上开关 S，试求：

（1）电路的时间常数；

（2）电容上电压 u_C 和电流 i；

（3）开关合上后 200μs 时的电压 u_C 和电流 i 值。

【解】（1）电路的时间常数为：

$$\tau = RC = 200\Omega \times (0.25 \times 10^{-6})\text{F} = 5 \times 10^{-5}\text{s} = 50\mu\text{s}$$

（2）电容上的电压和电流分别为：

$$u_C(t) = U_S(1-\mathrm{e}^{-\frac{t}{\tau}}) = 10(1-\mathrm{e}^{-\frac{\tau}{5\times 10^{-5}}})\text{V} = 10(1-\mathrm{e}^{-2\times 10^4 t})\text{V}$$

$$i(t) = \frac{U_S}{R}\mathrm{e}^{-\frac{t}{\tau}} = \frac{10\text{V}}{200\Omega}\mathrm{e}^{-2\times 10^4 t} = 0.05\mathrm{e}^{-2\times 10^4 t}\text{A} = 50\mathrm{e}^{-2\times 10^4 t}\text{mA}$$

（3）将 $t = 200\mu\text{s}$ 分别代入电容电压、电流表达式中，得：

$$u_C(200\mu\text{s}) = 10(1-\mathrm{e}^{-2\times 10^4\times 200\times 10^{-6}})\text{V} = 10(1-\mathrm{e}^{-4})\text{V} = 9.82\text{V}$$

$$i(200\mu\text{s}) = 50\mathrm{e}^{-2\times 10^4\times 200\times 10^{-6}}\text{A} = 50\mathrm{e}^{-4}\text{A} = 0.916\text{mA}$$

3.5.3　*RL* 串联电路的零状态响应

如图 3-22 所示的 R、L 串联电路，设外施激励为直流电压源 U_S，电感 $i_L(0_-) = 0$。当 $t = 0$ 时合上开关 K，该电路实际上就是电感从电源吸收能量转换为磁场能储存起来的响应过程。分析图 3-22，各元件电压、电流参考方向如图所示，换路后，由 KVL 得：

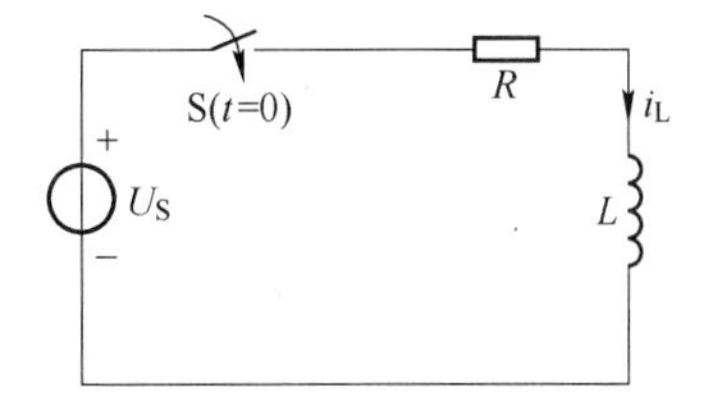

图 3-22　*RL* 电路的零状态响应

$$u_R + u_L = U_S \tag{3-46}$$

把电阻、电感元件 VCR 关系式 $u_R = Ri, u_L = L\frac{\mathrm{d}i}{\mathrm{d}t}$代入式(3-46)，得：

$$L\frac{\mathrm{d}i}{\mathrm{d}t} + Ri = U_S \tag{3-47}$$

式(3-47)为一个 $i_L(t)$的一阶常系数线性非齐次微分方程，此方程的解由式(3-48)解得：

$$i_L(t) = i'_L(t) + i''_L(t) \tag{3-48}$$

式(3-48)中，$i'_L(t)$ 为方程的一个特解，与外加激励有关，与 RC 电路零状态响应相似，因此也称为强制分量。由方程可以看出，U_S/R 为该方程的一个特解，因此取 $i'_L(t) = U_S/R$。$i''_L(t)$ 为与该方程对应齐次方程 $L\frac{\mathrm{d}i}{\mathrm{d}t} + Ri = 0$ 所求得的通解相同，与外加激励无关，因此也称为自由分量，即：

$$i''_L(t) = Ae^{-\frac{t}{\tau}} \tag{3-49}$$

式(3-49)中，τ 的求法与 RL 电路零输入响应相同，A 为待定系数，得：

$$i_L(t) = \frac{U_S}{R} + Ae^{-\frac{t}{\tau}} \tag{3-50}$$

代入初始条件 $i_L(0_-) = i_L(0_+) = 0$，得：

$$0 = \frac{U_S}{R} + Ae^0 = \frac{U_S}{R} + A$$

$$A = -\frac{U_S}{R}$$

最后解得电感上的电流为：

$$i_L(t) = \frac{U_S}{R}(1 - e^{-\frac{t}{\tau}}) \quad (t > 0) \tag{3-51}$$

由 $u_R + u_L = U_S$，$u_R = iR$，可得：

$$u_R(t) = U_S(1 - e^{-\frac{t}{\tau}}) \quad (t > 0) \tag{3-52}$$

$$u_L(t) = U_S - u_R(t) = U_Se^{-\frac{t}{\tau}} \quad (t > 0) \tag{3-53}$$

$i_L(t)$、$u_L(t)$、$u_R(t)$ 的波形如图3-23所示。

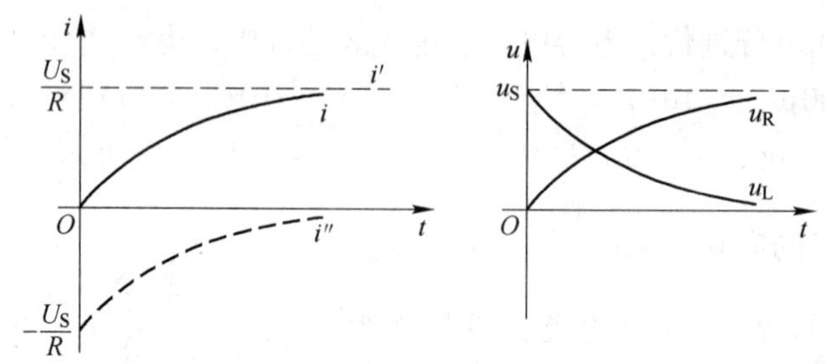

图3-23　RL 电路的零状态响应波形

电感电流由零按照指数规律逐渐增大，最终接近稳定值 U_S/R。电感电压开始时最大，为电源电压 U_S，然后逐渐减小，最终衰减到零。电阻电压变化则与电感电压变化规律相反。电路达到新的稳态后，电感相当于短路，其储存的能量为$\frac{1}{2}L\left(\frac{U_S}{R}\right)^2$。

【例3-7】 电路如图3-22所示，已知 $U_S = 20V$，$R = 20\Omega$，$L = 5H$，开关S闭合前电感未储能，在 $t = 0$ 时开关S闭合。求换路后的电感电流 $i(t)$ 及电感元件上的电压 $u_L(t)$，分别计算 $t = 0$、$t = \tau$、$t = 5\tau$ 和 $t = \infty$ 时的电感电流、电感电压值，并计算电感储存的最大能量值。

【解】 $\tau = L/R = 1/4s$，电感上电流和电压分别为：

$$i_L = \frac{U_S}{R}(1 - e^{-\frac{t}{\tau}}) = (1 - e^{-4t})A$$

$$u_L = U_Se^{-t/\frac{L}{R}} = 20e^{-4t}V$$

当 $t = 0$ 时，$i(0) = 0A, u_L(0) = 20e^0V = 20V$；

当 $t = \tau$ 时，$i(\tau)=(1-e^{-1})A = 0.632A, u_L(\tau)= 20e^{-1}V = 7.36V$；

当 $t = 5\tau$ 时，$i(5\tau)=(1-e^{-5})A = 0.993A, u_L(5\tau)= 20e^{-5}V = 0.14V$；

当 $t = \infty$ 时，$i(\infty)=(1-e^{-\infty})A = 1A, u_L(\infty)= 20e^{-\infty}V = 0V$。

电感储存的最大能量为：

$$W_L = \frac{1}{2}Li_{L_{max}}^2 = \frac{1}{2}Li_L^2(\infty) = 2.5J$$

任务 3.6　一阶电路的全响应

3.6.1　全响应

由储能元件的初始储能和独立电源共同引起的响应称为全响应。RC 电路的全响应电路如图 3-24 所示。在电路中，电容已充电到 U_0，在 $t = 0$ 时将开关 S 合上。

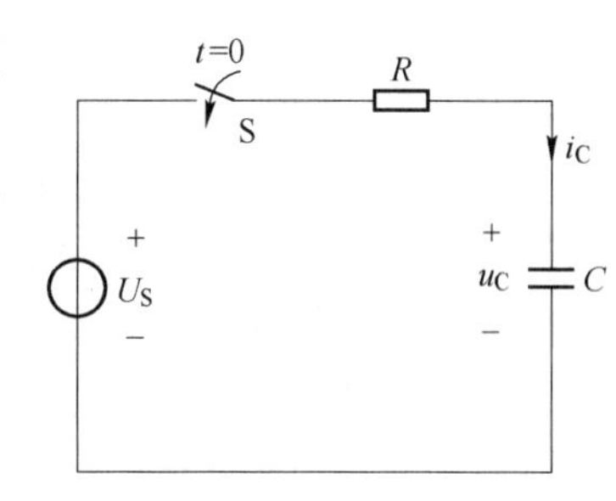

图 3-24　RC 电路全响应

换路后电路的 KVL 方程为：

$$u_C + u_R = U_S \tag{3-54}$$

由 $u_R = Ri_C$ 的 $i_C = C\frac{du_C}{dt}$ 得到：

$$RC\frac{du_C}{dt} + u_C = U_S \tag{3-55}$$

解微分方程，代入初始值和稳态值，得电容上的全响应为：

$$u_C = U_0e^{-\frac{t}{RC}} + U_S(1 - e^{\frac{t}{RC}}) = U_0e^{-\frac{t}{\tau}} + U_S(1 - e^{-\frac{t}{\tau}}) \tag{3-56}$$

$$i = \frac{U_S}{R}e^{-\frac{t}{\tau}} - \frac{U_0}{R}e^{-\frac{t}{\tau}} \tag{3-57}$$

式(3-56)中右边的第一项为初始状态单独作用引起的零输入响应，第二项为激励源单独作用引起的零状态响应。也就是说，电路的全响应等于零输入响应与零状态响应之和，即：

$$全响应 = 零输入响应 + 零状态响应 \tag{3-58}$$

由式(3-58)可见，线性动态电路的响应也满足叠加关系，即电路中各处的响应等于储能元件初始储能引起的响应和外加激励源引起的响应的叠加。

提示

零输入响应和零状态响应都可以看作是全响应的特例。

式(3-56)还可以写成：

$$u_C = U_S + (U_0 - U_S)e^{-\frac{t}{\tau}} = u'_C + u''_C \tag{3-59}$$

式(3-59)中右边的第一项 u'_C 由外加激励源决定，形式与外加激励源相同。当外加激励源为直流量时，u'_C 也是直流量；当外加激励源为周期量时，u'_C 也是同频率的周期量，并且 u'_C 长期存在，一般称它为强制分量。当电路进入新的稳态时，该分量就是新稳态的响应，所以也称为稳态分量。式中的第二项 u''_C 只存在于过渡过程中，当电路进入新的稳态时，这一分量就衰减为零，它不受外加激励源约束，称为自由分量。一般过渡过程比较短暂，这一分量存在时间短暂，也叫作暂态分量。因此全响应可以表示为：

全响应 = 强制分量 + 自由分量

全响应 = 稳态分量 + 暂态分量

图3-25所示为u_C的全响应曲线及稳态分量和暂态分量的响应曲线。在电容电路中，通过分析得到的电容电压的全响应，可以表示为零输入响应和零状态响应和叠加，或者表示为稳态分量和暂态分量的叠加。同理，在电感电路中，电感电流的全响应也可以表示为零输入响应和零状态响应的叠加，或者表示为稳态分量和暂态分量的叠加。

对于图3-22所示的电路，如果开关闭合前电感已经储能，设电流初始值为I_0，$t=0$时，开关闭合，那么电流的响应就是由电感初始储能和外加激励源共同作用的全响应，因此有：

$$i_L = I_0 e^{-\frac{t}{\tau}} + \frac{U_S}{R}(1 - e^{-\frac{t}{\tau}}) \quad 或 \quad i_L = \frac{U_S}{R} + \left(I_0 - \frac{U_S}{R}\right)e^{-\frac{t}{\tau}}$$

【例3-8】 在图3-26所示电路中，已知$U_S = 10V$，$R = 10k\Omega$，$C = 0.1\mu F$，$u_C(0_-) = -4V$。当$t = 0$时开关S闭合，求$t \geqslant 0$的电容电压u_C。

【解】 解法1：全响应为零输入响应与零状态响应之和。

电路的时间常数为：

$$\tau = RC = 10 \times 10^3 \times 0.1 \times 10^{-6}s = 10^{-3}s$$

由电容初始储能单独作用引起的零输入响应为：

$$U_0 = u_C(0_+) = u_C(0_-) = -4V$$

$$u_{C1} = U_0 e^{-\frac{t}{\tau}} = -4e^{-1000t}V$$

由外加激励U_S单独作用引起的零状态响应为：

$$u_{C_2} = U_S(1 - e^{-\frac{t}{\tau}}) = (10 - 10e^{-1000t})V$$

根据式(3-56)，全响应为：

$$u_C = U_0 e^{-\frac{t}{\tau}} + U_S(1 - e^{-\frac{t}{\tau}}) = -4e^{-1000t}V + 10(1 - e^{-1000t})V = (10 - 14e^{-1000t})V$$

解法2：全响应为稳态分量与暂态分量之和，根据式(3-59)可得：

$$u_C = U_S + (U_0 - U_S)e^{-\frac{t}{\tau}} = (10 - 14e^{-1000t})V$$

【例3-9】 在图3-27所示的电路中，$U_S = 100V$，$R_0 = 150\Omega$，$R = 50\Omega$，$L = 2H$，开关S闭合前电路已处于稳定状态。求开关闭合后通过电感的电流i_L及其两端的电压u_L。

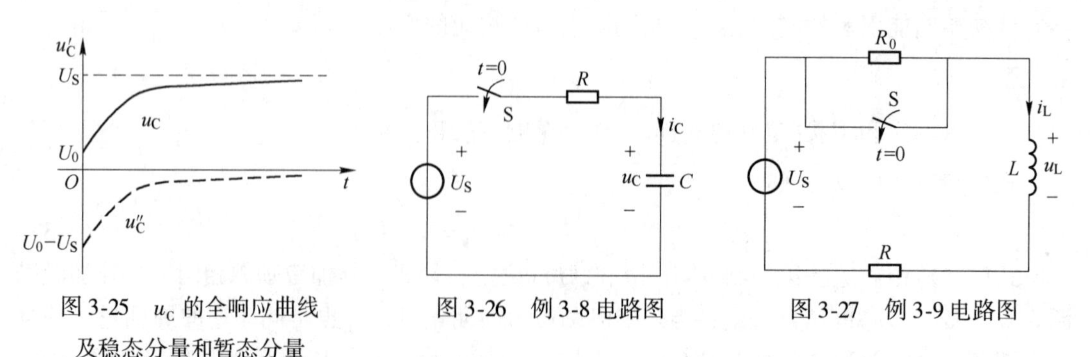

图3-25　u_C的全响应曲线及稳态分量和暂态分量的响应曲线

图3-26　例3-8电路图

图3-27　例3-9电路图

【解】 i_L 的初始值为：

$$I_0 = i_L(0_+) = i_L(0_-) = \frac{U_S}{R_0 + R} = 0.5\text{A}$$

电路的时间常数为：

$$\tau = \frac{L}{R} = \frac{2\text{H}}{50\Omega} = 0.04\text{s}$$

电感电流的全响应表达式为：

$$\begin{aligned} i_L &= I_0 e^{-\frac{t}{\tau}} + \frac{U_S}{R}(1-e^{-\frac{t}{\tau}}) \\ &= \left[0.5e^{-\frac{t}{0.04}} + \frac{100}{50}(1-e^{-\frac{t}{0.04}})\right]\text{A} \\ &= (2-1.5e^{-25t})\text{A} \end{aligned}$$

电感电压响应为：

$$u_L = L\frac{\mathrm{d}i_L}{\mathrm{d}t} = 75e^{-25t}\text{V}$$

3.6.2　三要素法

三要素法是分析计算一阶动态电路的简便方法。三要素是电压电流的初始值、稳态值和电路的时间常数。通过对一阶电路零输入响应、零状态响应、全响应的分析，将各种响应用一个公式来描述。如 RC 串联电路中电容电压的全响应表达式，式中，U_0 是电路在换路瞬间电容的初始值 $u_C(0_+)$；U_S 是电路在时间 $t\to\infty$ 时电容的稳态值，可记为 $u_C(\infty)$；τ 是电路的时间常数，于是有：

$$u_C = U_S + (U_0 - U_S)e^{-\frac{t}{\tau}} = u_C(\infty) + [u_C(0_+) - u_C(\infty)]e^{-\frac{t}{\tau}} \tag{3-60}$$

同样地，RL 串联电路电感电流的全响应表达式可写成：

$$i_L = I_S + (I_0 - I_S)e^{-\frac{t}{\tau}} = i_L(\infty) + [i_L(0_+) - i_L(\infty)]e^{-\frac{t}{\tau}} \tag{3-61}$$

若以 $f(t)$ 表示待求电路变量的全响应，$f(0_+)$ 表示待求电路变量的初始值，$f(\infty)$ 表示待求电路变量的稳态值，τ 为电路的时间常数，则式(3-60)和式(3-61)可写成：

$$f(t) = f(\infty) + [f(0_+) - f(\infty)]e^{-\frac{t}{\tau}} \tag{3-62}$$

由式(3-62)可见，一阶电路的全响应取决于 $f(0_+)$、$f(\infty)$ 和 τ 这 3 个要素。只要分别计算出这 3 个要素，就能够确定全响应，也就是说根据式(3-62)可以写出响应的表达式以及画出全响应曲线，而不必建立和求解微分方程。其中，式(3-62)称为求解一阶电路动态响应的三要素公式。这种应用三要素公式计算一阶电路响应的方法称为三要素法。

三要素法适用于求解一阶电路所有元件的电压、电流响应，不仅限于电容电压和电感电流。只要求出各个电压和电流初始值、稳态值和电路的时间常数，就都可以按照式(3-62)直接写出响应表达式。三要素法是按照全响应等于稳态响应与暂态响应之和的观点归纳出的，但也可用于计算零输入响应和零状态响应。

在同一个一阶电路中，各处电压电流响应的时间常数 τ 都是相同的。在只有一个电容元件的电路中，$\tau = RC$；在只有一个电感元件的电路中，$\tau = L/R$。R 为换路后的电路中去掉独立电源、在储能元件（电容或电感）两端的等效电阻。

注意

式(3-62)是在外加激励源为直流的情况下求得的，只适用于在直流激励下的一阶电路。激励源为非直流量的情况这里不进行讨论。

【例3-10】 图3-28(a)所示电路，$t = 0$ 时开关S闭合，闭合前电路已处于稳态。求 $t > 0$ 时的电容电压 $u_C(t)$ 和电阻 R_2 中的电流 $i_2(t)$。

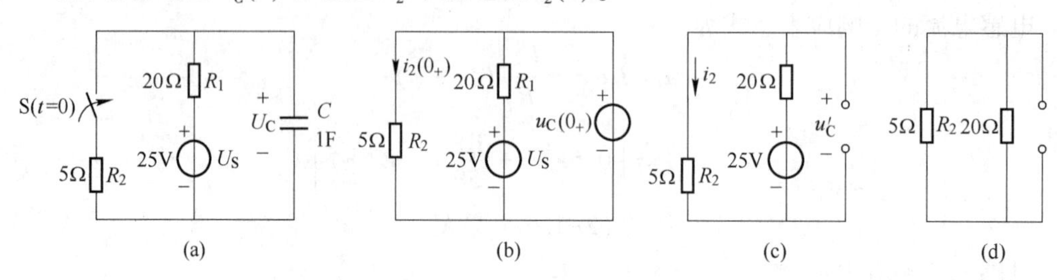

图3-28　例3-10电路图

(a) 原电路；(b) 等效电路1；(c) 等效电路2；(d) 等效电路3

【解】 (1) 求全响应的初始值 $u_C(0_+)$、$i_2(0_+)$。

开关闭合前电路已处于稳态，电容相当于开路，$u_C(0_-) = 25V$，根据换路定律，得：

$$u_C(0_+) = u_C(0_-) = 25V$$

$i_2(0_+)$不能由 $i_2(0_-)$求得，而需通过作出如图3-28(b)所示 $t = 0_+$时的等效电路图来求。在 $t = 0_+$的等效电路中，电容相当于一个25V的电压源，根据欧姆定律，得：

$$i_2(0_+) = \frac{u_C(0_+)}{R_2} = \frac{25V}{5\Omega} = 5A$$

(2) 求稳定响应 u'_C、i'_2。

$t \to \infty$ 的等效电路如图3-28(c)所示。此时电容相当于开路，其两端的电压就是电阻 R_2 两端的电压，即：

$$u'_C = \frac{R_2}{R_1 + R_2}U_S = \frac{5\Omega}{(20 + 5)\Omega} \times 25V = 5V$$

电流 i_2 的稳态值为：

$$i'_2 = \frac{U_S}{R_1 + R_2} = \frac{25V}{(20 + 5)\Omega} = 1A$$

(3) 求时间常数 τ。

换路后从电容 C 看过去的戴维南等效电阻 R_{eq} 如图3-28(d)所示，即：

$$R_{eq} = \frac{R_1R_2}{R_1 + R_2} = \frac{20 \times 5}{20 + 5}\Omega = 4\Omega$$

所以时间常数 $\tau = R_{eq} \times C = 4\Omega \times 1F = 4s$。

(4) 根据三要素公式求 $u_C(t)$和 $i_2(t)$：

$$u_C(t) = u'_C + [u_C(0_+) - u'_C]e^{-\frac{t}{\tau}} = [5 + (25 - 5)e^{-\frac{t}{4}}]V$$

$$= 5 + 20e^{-\frac{t}{4}}V \quad (t > 0)$$

$$i_2(t) = i'_2 + [i_2(0_+) - i'_2]e^{-\frac{t}{\tau}} = [1 + (5 - 1)e^{-\frac{\tau}{4}}]V$$

$$= 1 + 4e^{-\frac{t}{4}}A \quad (t > 0)$$

【例 3-11】　电路如图 3-29(a)所示，已知直流电压源的电压 $U_S = 6V$，电流源 $I_S = 2A$，$R_1 = 2\Omega$，$R_2 = R_3 = 1\Omega$，$L = 0.1H$。电路原已稳定，试求换路后电感电流 $i(t)$ 和电阻 R_2 上的电压 $u(t)$。

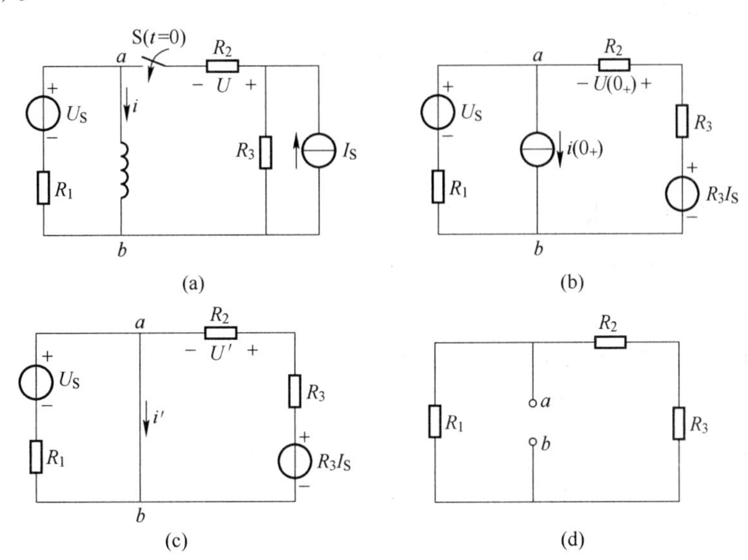

图 3-29　例 3-11 电路图

(a) 实际电路；(b) 等效电路 1；(c) 等效电路 2；(d) 等效电路 3

【解】　(1) 求 $i(0_+)$ 和 $u(0_+)$。

电路原已稳定，电感相当于短路，所以

$$i(0_+) = \frac{U_S}{R_1} = \frac{6V}{2\Omega} = 3A$$

$u(0_+)$需在换路后最初一瞬间来求，作 $t = 0_+$时的等效电路图，在图 3-29(b)所示的等效电路图中，电感相当于电流源（其中 I_S、R_3 并联组合已变换为 R_3I_S 与 R_3 的串联组合)。根据弥尔曼定理有：

$$u_{ab}(0_+) = \frac{\frac{U_S}{R_1} - i(0_+) + \frac{R_3I_S}{R_2 + R_3}}{\frac{1}{R_1} + \frac{1}{R_2 + R_3}} = \frac{\frac{6}{2} - 3 + \frac{1 \times 2}{1 + 1}}{\frac{1}{2} + \frac{1}{1 + 1}}V = 1V$$

根据 $R_2 = R_3$ 可知：

$$u_{ab}(0_+) = -2u(0_+) + R_3I_S = -2u(0_+) + 2$$

$$u(0_+) = \frac{2 - 1}{2}V = 0.5V$$

(2) 求稳态响应 i'、u'。

在稳态电路中，电感相当于短路，如图 3-29(c)所示，显然：

$$i' = \frac{U_S}{R_1} + \frac{R_3I_S}{R_1 + R_2} = \left(3 + \frac{1 \times 2}{1 + 1}\right)A = 4A$$

$$u' = \frac{R_3 I_S}{R_1 + R_2} R_2 = (1 \times 1)\text{V} = 1\text{V}$$

（3）求时间常数 τ。

从 L 两端看过去的戴维南等效电阻 R_{eq} 如图 3-29(d)所示，将电压源看成短路、电流源看成开路，R_{eq} 相当于 R_2 和 R_3 串联后再和 R_1 并联，即：

$$R_{eq} = \frac{R_1(R_2 + R_3)}{R_1 + R_2 + R_3} = \frac{2 \times 2}{2 + 2}\Omega = 1\Omega$$

$$\tau = \frac{L}{R_{eq}} = \frac{0.1}{1}\text{s} = 0.1\text{s}$$

（4）根据三要素公式求 $i(t)$ 和 $u(t)$：

$$i(t) = i' + [i(0_+) - i']\text{e}^{-\frac{t}{\tau}} = [4 + (3 - 4)\text{e}^{-\frac{t}{0.1}}]\text{A} = (4 - \text{e}^{-10t})\text{A}$$

$$u(t) = u' + [u(0_+) - u']\text{e}^{-\frac{t}{\tau}} = [1 + (0.5 - 1)\text{e}^{-\frac{t}{0.1}}]\text{A} = (1 - 0.5\text{e}^{-10t})\text{V}$$

【例 3-12】 在如图 3-30 所示的电路中，已知 $R_1 = R_3 = 10\Omega$，$R_2 = 40\Omega$，$L = 0.1\text{H}$，$U_S = 180\text{V}$。$t = 0$ 时开关 S 闭合。试用三要素法求开关合上后电感电流 i_L 的变化规律。

图 3-30　例 3-12 电路图

【解】

$$i_L(0_+) = i_L(0_-) = \frac{U_S}{R_1 + R_2} = \frac{180\text{V}}{10\Omega + 40\Omega} = 3.6\text{A}$$

$$i_L(\infty) = \frac{U_S}{R_1 + R_2//R_3}\frac{R_3}{R_2 + R_3} = 2\text{A}$$

换路后去掉所有独立源，电容两端的等效电阻为：

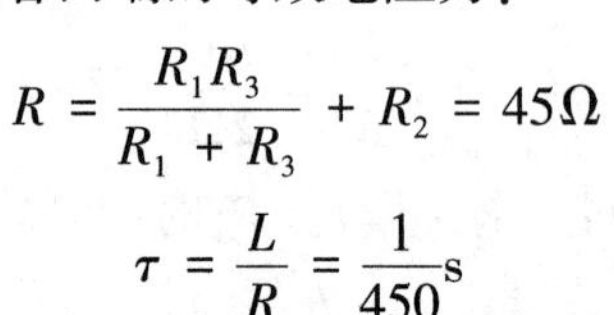

$$R = \frac{R_1 R_3}{R_1 + R_3} + R_2 = 45\Omega$$

$$\tau = \frac{L}{R} = \frac{1}{450}\text{s}$$

$$i_L = i_L(\infty) + [i_L(0_+) - i_L(\infty)]\text{e}^{-\frac{t}{\tau}} = (2 + 1.6\text{e}^{-450t})\text{A}$$

任务 3.7　阶跃函数和阶跃响应

3.7.1　阶跃函数

阶跃函数是一种特殊的连续时间函数，它在信号与系统分析以及电路分析中具有重要作用。单位阶跃函数定义为：

$$\varepsilon(t) = \begin{cases} 0, & t < 0 \\ 1, & t > 0 \end{cases} \tag{3-63}$$

单位阶跃函数的波形如图 3-31(a)所示，在 $t = 0_-$ 及之前为 0，在 $t = 0_+$ 及之后为 1，在 $t = 0$ 时刻发生了跳变，在跳变点 $t = 0$ 处，它的函数值无定义。当跃变不是发生在 $t = 0$ 时刻，而是发生在 $t = t_0$ 时，可以用延迟阶跃函数 $\varepsilon(t - t_0)$ 来表示，其波形如图 3-31(b)所示。$\varepsilon(t-t_0)$数学式为：

$$\varepsilon(t-t_0)=\begin{cases}0, & t<t_0\\1, & t>t_0\end{cases}\tag{3-64}$$

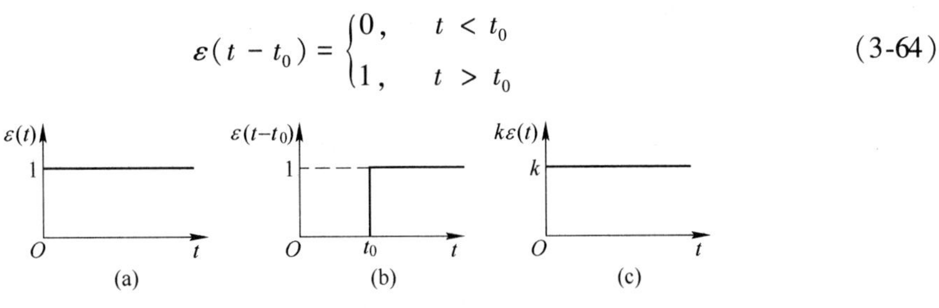

图 3-31　阶跃函数的波形

（a）单位阶跃函数的波形；（b）延迟阶跃函数 $\varepsilon(t-t_0)$ 的波形；（c）阶跃函数 $k\varepsilon(t)$ 的波形

将单位阶跃函数乘以常数 k,可构成幅值为 k 的阶跃函数 $k\varepsilon(t)$，其波形如图 3-31(c)所示。电源开关闭合电路的电压函数如图 3-32 所示。单位阶跃函数可用来描述开关的动作，实际电路如图 3-32(a)所示，在 $t=0$ 时闭合电源开关，在 $t<0$ 时电路电压 $u=0$，$t>0$ 时 $u=U_S$，因此可以写成 $u(t)=U_S\varepsilon(t)$。等效电路如图 3-32(b)所示。

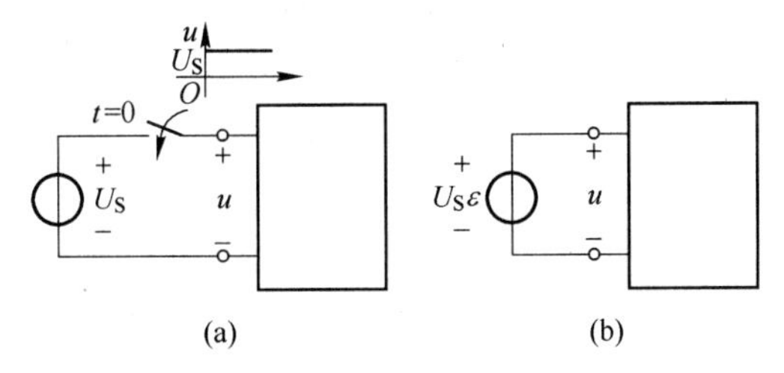

图 3-32　电源开关闭合电路的电压函数

（a）实际电路；（b）等效电路

单位阶跃函数还可以方便地表示分段函数，起到截取波形的作用，如图 3-33(a)所示，从 $t=0$ 起始的波形可以用阶跃函数表示为：

$$f(t)\varepsilon(t)=\begin{cases}f(t), & t>0\\0, & t<0\end{cases}\tag{3-65}$$

若只需取$f(t)$ 的 $t>t$ 部分，则可得到如图 3-33(b)所示的波形，该函数表达式为：

$$f(t)\varepsilon(t-t_0)=\begin{cases}f(t) & ,t>t_0\\0 & ,t<t_0\end{cases}\tag{3-66}$$

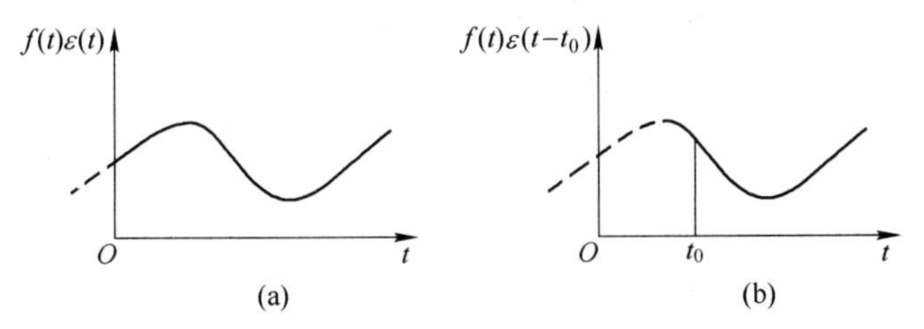

图 3-33　单位阶跃函数截取波形的作用

(a) $f(t)\varepsilon(t)$；(b) $f(t)\varepsilon(t-t_0)$

阶跃函数还可用来分解波形。比如一个矩形脉冲，可表示为一个阶跃函数和一个延迟

的阶跃函数的叠加。矩形脉冲的组成如图 3-34 所示，并有

$$f(t) = K[\varepsilon(t) - \varepsilon(t - t_0)]$$

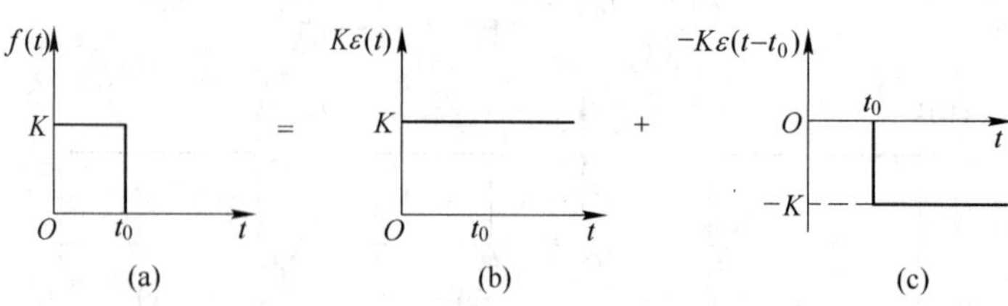

图 3-34　矩形脉冲的组成

(a)$f(t)$；(b)$k\varepsilon(t)$；(c) $-k\varepsilon(t-t_0)$

3.7.2　阶跃响应

电路在（单位）阶跃电压或电流激励下的零状态响应，称为（单位）阶跃响应，用符号 $S(t)$ 表示，它可以利用三要素法计算出来。对于图 3-35(a) 所示的 *RC* 串联电路，其初始值 $u_C(0_+) = 0V$，稳态值 $u_C(\infty) = 1V$，时间常数 $\tau = RC$。用三要素公式得到电容电压 $u_C(t)$ 的阶跃响应为：

$$S(t) = (1 - e^{-\frac{t}{RC}})\varepsilon(t) = (1 - e^{-\frac{t}{\tau}})\varepsilon(t) \tag{3-67}$$

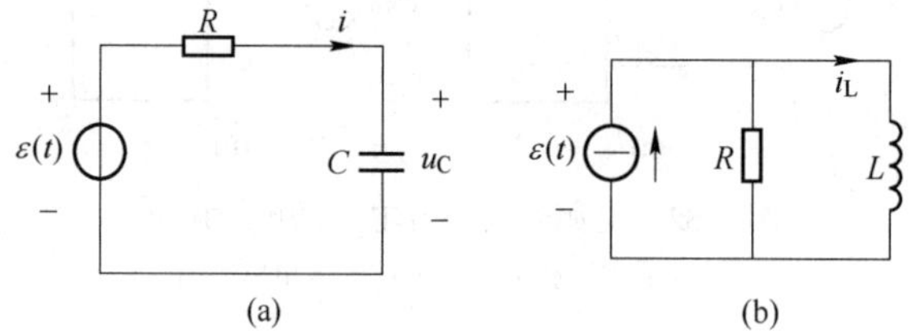

图 3-35　*RC* 串联电路和 *RL* 并联电路的阶跃响应

(a) *RC* 串联电路；(b) *RL* 并联电路

对于如图 3-35(b) 所示的 *RL* 并联电路，其初始值 $i_L(0_+) = 0$，稳态值 $i_L(\infty) = 1$，时间常数 $\tau = L/R$。利用三要素公式得到电感电流 $i_L(t)$ 的阶跃响应为 $S(t) = (1 - e^{-t/\frac{L}{R}})\varepsilon(t) = (1 - e^{-\frac{t}{\tau}})\ \varepsilon\ (t)$。

如果阶跃激励不是在 $t = 0$ 而是在 $t = t_0$ 时施加的，那么就将电路阶跃响应中的 t 改为 $t - t_0$，即得到电路延迟的阶跃响应。例如，上述 *RC* 电路和 *RL* 电路的延迟阶跃响应为：

$$S(t) = (1 - e^{-\frac{t-t_0}{\tau}})\varepsilon(t - t_0)$$

式中，$\tau = RC$ 或 $\tau = L/R$。

【例 3-13】　在图 3-36(a) 所示的电路中，激励源 $u(t)$ 为矩形脉冲，其波形如图 3-36(b) 所示。已知 $R = 39k\Omega$，$C = 10\mu F$，脉冲的幅值为 2V，$t_0 = 2s$。求电容电压和电阻电压的响应，并画出响应波形。

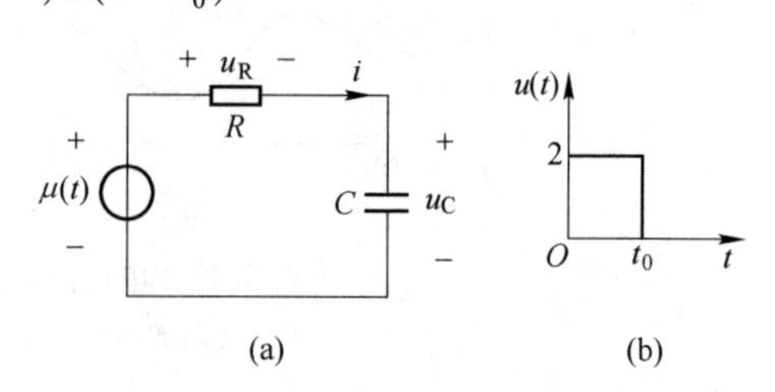

图 3-36　例 3-13 电路图

(a) 实际电路；(b) 波形

【解】　矩形脉冲表示为：

$$u(t) = 2[\varepsilon(t) - \varepsilon(t-2)]$$

时间常数为：

$$\tau = RC = 0.39\text{s}$$

阶跃响应为：

$$S(t) = (1 - e^{-2.56t})\varepsilon(t)\text{V}$$

延迟的阶跃响应为：

$$S(t) = (1 - e^{-2.56(t-2)})\varepsilon(t-2)\text{V}$$

所以，矩形脉冲作用下的响应为：

$$u_C(t) = 2[(1 - e^{-2.56t})\varepsilon(t) - (1 - e^{-2.56(t-2)})\varepsilon(t-2)]\text{V}$$

电阻电压为：

$$u_R(t) = u(t) - u_C(t) = 2[e^{-2.56t}\varepsilon(t) - e^{-2.56(t-2)}\varepsilon(t-2)]\text{V}$$

本例电容电压和电阻电压的响应曲线如图 3-37 所示。

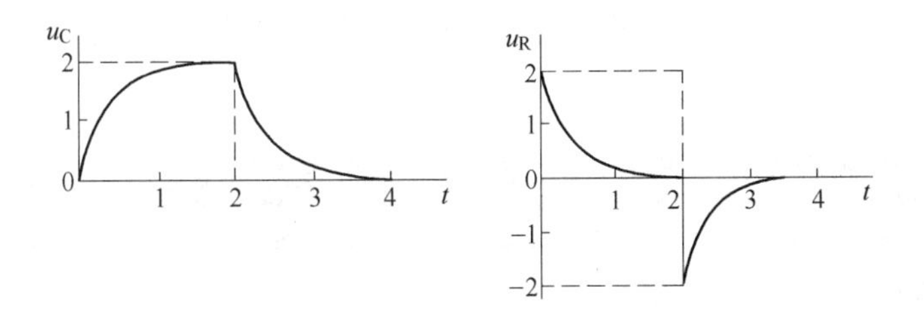

图 3-37　例 3-13 中电容电压和电阻电压的响应曲线

任务 3.8　实践——一阶电路的响应测试

3.8.1　任务目的

通过本项目，学习用 Multisim 对动态电路进行仿真分析、按要求设计电路、搭建实际电路；学习使用示波器观察和分析电路响应、研究 *RC* 电路响应的规律和特点。

3.8.2　设备材料

该实践任务所需要的设备材料有：

（1）计算机（装有 Multisim 10.0 电路仿真软件）1 台；

（2）函数信号发生器 1 台；

（3）双踪示波器 1 台；

（4）一阶、二阶动态电路实验板 1 块。

3.8.3　任务实施

3.8.3.1　Multisim 仿真软件的使用

在本任务里主要用到 Multisim 仿真软件中基础元件库里面的电阻、电容和信号源库里面的方波信号。电阻电容可以根据需要，在库里面选择不同参数值，而信号源的参数要手动设置。比如方波信号，在信号源库里面选择 CLOCK_VOLTAGE，放置在主窗体内，然后双击该元件，弹出对话框，可进行频率、占空比、电压幅值的设置，如图 3-38 所示，修改参数后单击“确定”按钮完成设置。

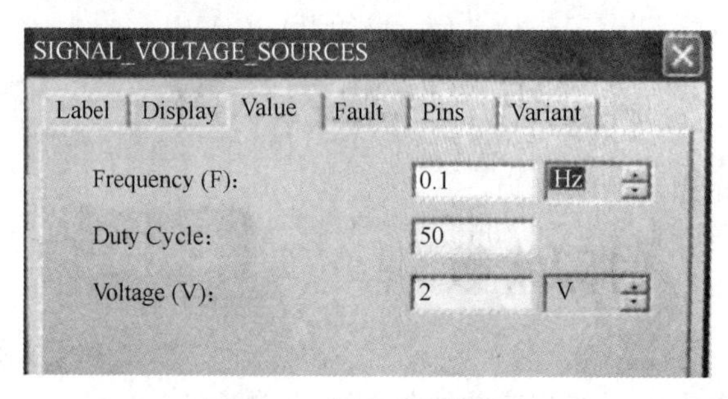

图 3-38　信号源参数设置

本任务中，主要用到 Multisim 的瞬态分析功能，该功能在菜单栏里面的 Simulate→Analyses 中，如图 3-39 所示。

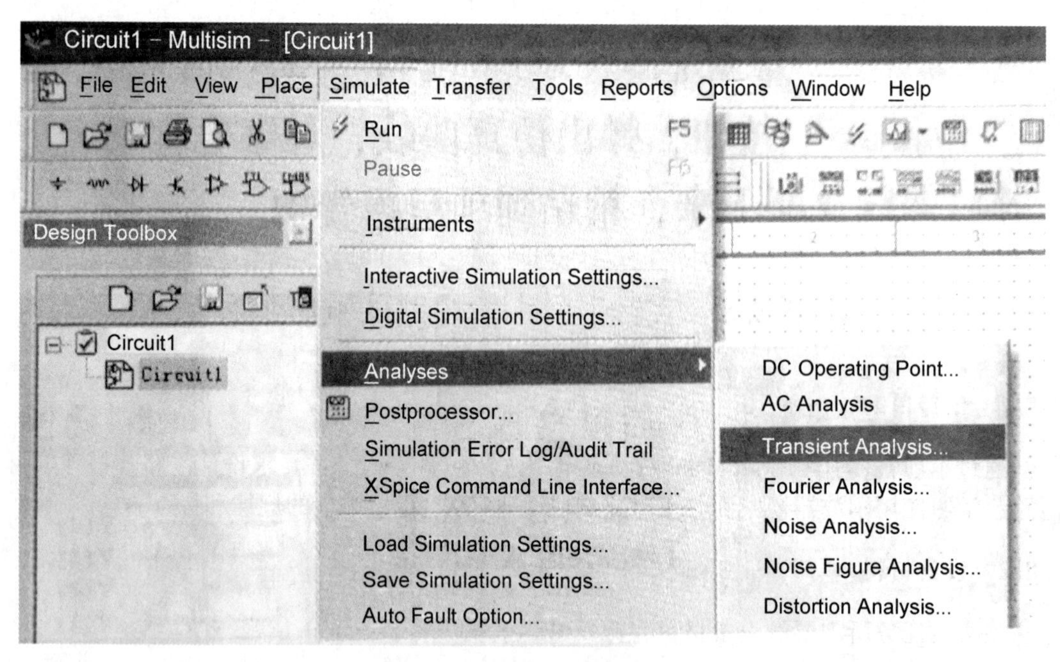

图 3-39　Simulate 菜单功能

3.8.3.2　观察电容的充电、放电过程

电容在充放电的过程中，电容电压按指数规律变化。本任务是通过对 *RC* 电路的充放电过程进行研究，了解电路充放电过程的现象及现象背后的原因，学习一阶电路的零输入响应。

其操作步骤如下：

(1) 设计一个 *RC* 串联电路，在 Multisim 中进行仿真分析，记录波形。仿真电路如图

3-40 所示，其对应电路原理图如图 3-41 所示。图 3-40 中给出 3 组电路参数，信号源选用 CLOCK_ VOLTAGE，幅值为 2V，频率为 1Hz（周期 1s）。定义信号源正极为节点 1；C_1、C_2、C_3 上端分别定义为节点 2、节点 3、节点 4。

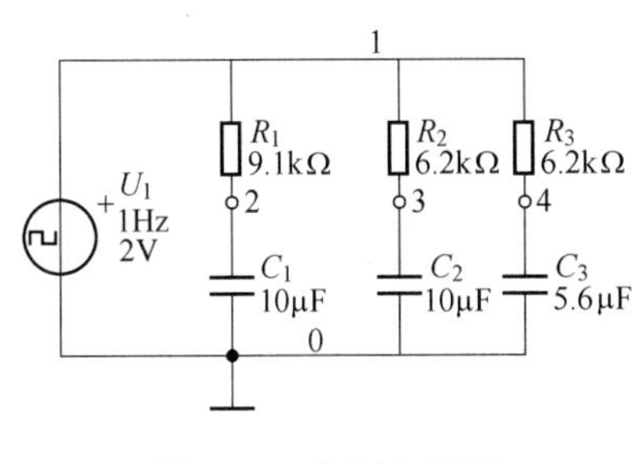

图 3-40　仿真电路图

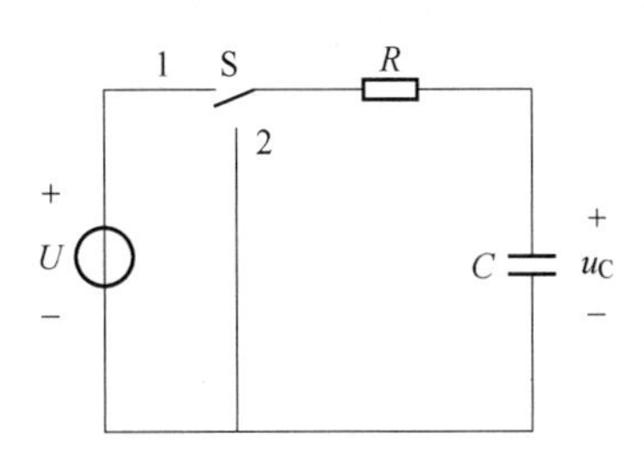

图 3-41　实际电路原理图

（2）在菜单栏上选择“Simulate→Analyses→Transient Analysis”命令，弹出 Transient Analysis 对话框。

Analysis Parameters 选项中的 Start time 设为 0Sec，End time 设为 0. 5Sec。

Output 选项中，Variable in circuit 选择 Voltage，把节点 1、2、3、4 的电压添加为仿真变量，其他选项默认。单击“Simulate”按钮，弹出仿真曲线窗口如图 3-42 所示。在仿真曲线窗口中，曲线背景默认是黑色的，为了观察曲线更清楚，可单击工具栏中的“反色”按钮，去掉反色效果，背景就变成白色；还可以单击工具栏中的“网格”按钮，给曲线区域添加网格；单击“游标”按钮，添加两个游标，弹出一个数据窗口，显示 4 个节点对应游标所在时刻的电压大小等信息。观察电容充电过程，分析电路参数对充电时间的影响，并将曲线复制下来，粘贴到项目报告。

（3）按照步骤（2）操作，只是把 Analysis Parameters 选项中的 Start time 设为 0. 5Sec，Endtime 设为 1Sec，单击“Simulate”按钮，弹出仿真曲线，观察电容放电过程，分析电路参数对放电过程的影响，并将曲线复制下来，粘贴到项目报告中。

（4）选择一组参数，在面板上搭建实际电路，原理图如图 3-41 所示。直流电压 2V，双踪示波器的两个输入通道分别接电源电压和电容电压，电源开关打到 1 位置，观察波形变化。

（5）开关在 1 位置足够长时间，电容充电完成后，把开关迅速打到 2 位置观察波形变化。

（6）计算各组参数对应的电路时间常数。

3. 8. 3. 3　用 Multisim 仿真方波输入响应

在 *RC* 电路中，当输入信号为方波时，电容和电阻上的电压波形将随着电路时间常数的不同而改变。本任务是观察不同时间常数时，电容和电阻上的电压响应，加深对时间常数作用的理解，并学习 *RC* 电路的特点以便今后更好地加以利用。

其操作步骤及方法如下：

（1）设计一个 *RC* 仿真电路，输入方波信号频率为 100Hz、幅度为 1V，分别观察电容电压和电阻电压的变化波形。由于在仿真分析中，不能直接看元件上的电压，只能看到节

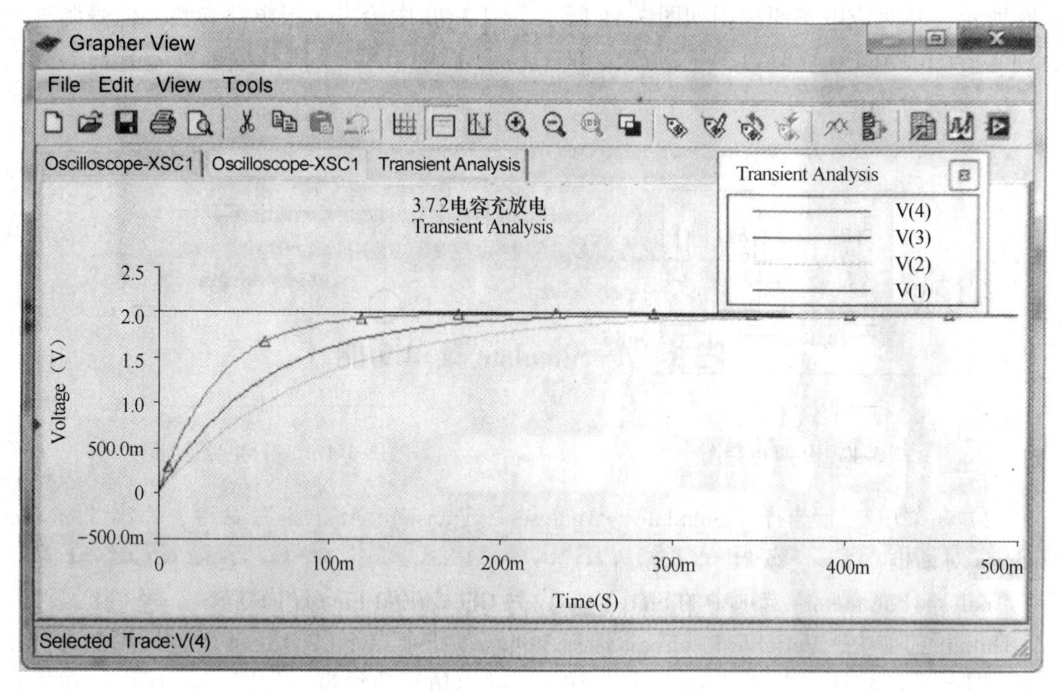

图 3-42　仿真曲线

点对参考点的电压，设计了仿真电路如图 3-43(a)所示。图中 $R_1 = R_2$、$C_1 = C_2$，节点 2 的电位就等于 R_1、R_2 上的电压，相当于图 3-43(b)中的 u_R；而节点 3 的电位就等于 C_1、C_2 上的电压，相当于图 3-43(b)的 u_C。

（2）把节点 1、节点 2、节点 3 的电压作为仿真变量，进行瞬态分析，方法同 3.8.3.2 中操作步骤的步骤(2)，观察 3～5 个周期的波形，复制仿真电路，记录对应的电路参数和波形。

（3）改变电路中的电容、电阻值，注意保持 $R_1 = R_2$、$C_1 = C_2$，观察不同电路参数时波形的变化情况，记录电路参数和波形。

（4）保持电路参数为图 3-43(a)的数值，改变方波信号源的频率，观察波形变化，记录频率和波形；保持信号源频率在 100Hz，改变方波信号源的占空比，观察波形变化，记录占空比和波形。

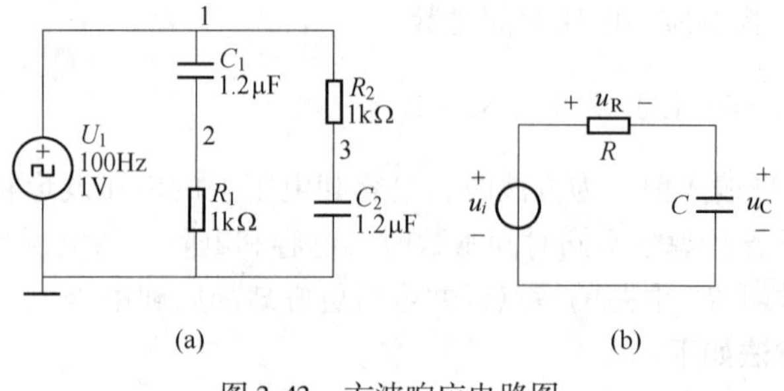

图 3-43　方波响应电路图
（a）实际电路；（b）节点 2 电路

3.8.3.4 *RC* 一阶电路响应测试

本任务是要用电阻和电容搭建一阶电路，并对电路的动态响应进行测量。一阶、二阶动态电路实验板如图 3-44 所示，利用该实验板上的电阻和电容来搭建一阶电路，用低频信号发生器产生输入信号，从电路板的激励输入端输入，用示波器观察响应端的波形。

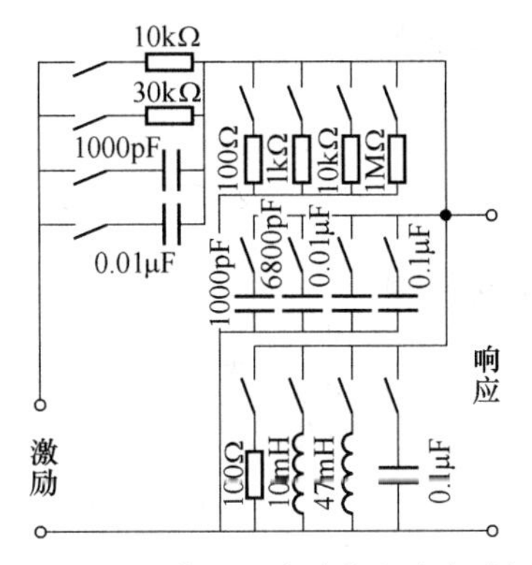

图 3-44 一阶、二阶动态电路实验板

其操作步骤及方法如下：

（1）从电路板上选 $R = 10\text{k}\Omega$，$C = 6800\text{pF}$ 组成如图 3-43(b)所示的 *RC* 充放电电路，输出信号。u_i 为函数信号发生器输出的 $U_m = 3V_{P-P}$、$f = 1\text{kHz}$ 的方波电压信号，并通过两根同轴电缆线，将激励源 u_i 和响应 u_C 的信号分别连至示波器的两个输入口 Y_A 和 Y_B。这时可在示波器的屏幕上观察到激励与响应的变化规律，测算时间常数 τ。少量地改变电容值或电阻值，定性地观察对响应的影响，记录观察到的现象。

（2）选择 $R = 10\text{k}\Omega$，$C = 0.1\mu\text{F}$，观察并描绘响应的波形，继续增大 C 的值，定性地观察对响应的影响。

（3）选择 $C = 0.01\mu\text{F}$，$R = 100\Omega$，把图 3-43(b)中的电阻和电容调换位置，电阻电压 u_R 作为输出响应信号。在同样的方波激励信号 u_i($U_m = 3V_{P-P}$、$f = 1\text{kHz}$) 作用下，观测并描绘激励与响应的波形。

其需要注意以下几点：

（1）当进行 *RC* 电路参数选择时，要注意时间常数的大小，避免充电过程太快，示波器难以观察到波形的变化。

（2）输入信号的数值不能过大，以免损坏元件和设备。

3.8.4 思考题

（1）在任何电路中换路都能引起过渡过程吗？

（2）电路的过渡过程持续时间与哪些量有关？

（3）电动机带负载运行时能不能直接切断电源开关，为什么？

（4）电路参数不变，改变方波信号的频率对输出信号有什么影响？

3.8.5 任务报告

（1）画出实验电路原理图，复制仿真电路和波形图，粘贴到项目报告中。

（2）计算各个电路参数对应的时间常数。

（3）记录通过仿真观察到的响应曲线，并记录响应曲线对应的时间常数和信号源幅值、频率、占空比等信息。

习　题

一、填空题

（1）电容充放电的快慢与________有关，其中 C 越大则充放电的速度越________。

（2）一阶电路的三要素法中的三要素指的是________、________、________。

二、选择题

（1）电容在直流电路中相当于断路，电感在直流电路中相当于短路。这句话是针对电路的（　　）来讲的。

A. 暂态　　B. 过渡过程　　C. 稳态

（2）下列电量在换路的瞬间可以发生跃变的是（　　），不能发生跃变的是（　　）。

A. 电感电压　　B. 电阻电流　　C. 电阻电压

D. 电容电压　　E. 电感电流　　F. 电容电流

（3）换路定律的本质是遵循（　　）。

A. 电荷守恒　　B. 电压守恒　　C. 电流守恒　　D. 能量守恒

三、计算题

（1）在如图3-45所示电路中，已知 $U_S = 5V$，$R_1 = 10\Omega$，$R_2 = 50\Omega$，开关S在闭合前电容没储能。试求开关合瞬间电容的初始电压 $u_C(0_+)$ 和电流 $i_C(0_+)$。

（2）在如图3-46所示电路中，已知 $U_S = 12V$，$R_1 = 4k\Omega$，$R_2 = 8k\Omega$，$C = 1\mu F$，电路已经稳定。当 $t = 0$ 时，开关S被打开。试求初始值 $u_C(0_+)$、$i_C(0_+)$、$i_1(0_+)$ 和 $i_2(0_+)$。

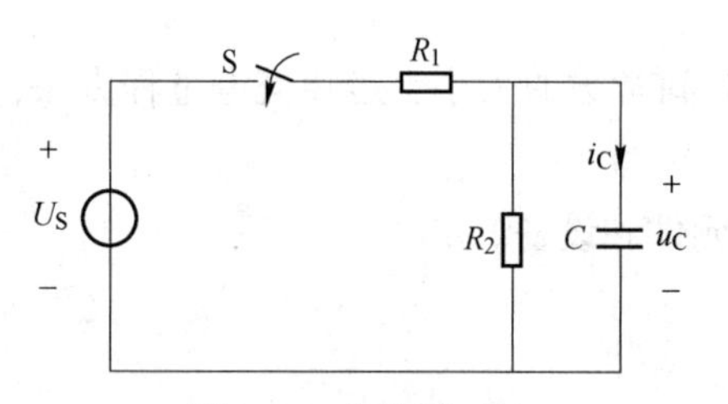

图3-45　电路图（1）

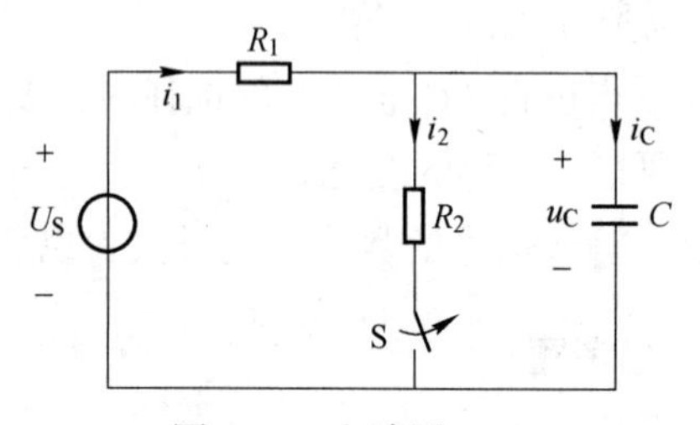

图3-46　电路图（2）

（3）在如图3-47所示电路中，已知 $U_S = 4V$，$R_1 = R_2 = 10\Omega$，电感元件没储能。$t = 0$ 时开关S被闭合。试求开关闭合后电路的初始值 $i(0_+)$、$i_1(0_+)$、$i_2(0_+)$ 和 $u_L(0_+)$。

（4）电路如图3-48所示，已知 $U_S = 12V$，$R_1 = 1k\Omega$，$R_2 = 2k\Omega$，$R_3 = 3k\Omega$，$C = 10\mu F$。开关动作前电路已处于稳态，$t = 0$ 时打开开关S。试求换路后电容两端电压 u_C 和电流 i_C。

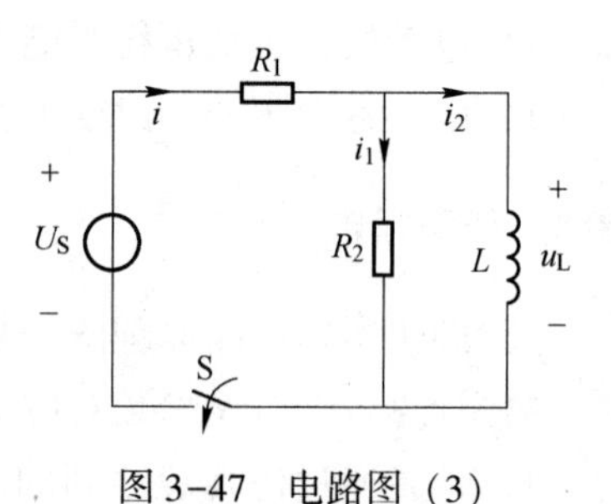

图3-47　电路图（3）

（5）在如图3-49所示电路中，已知 $C=100\mu F$，电容原先储存的电场能量为 $W_C=0.5J$，开关S被闭合后，$i(0_+)=0.1A$。试求电阻 R、时间常数 τ 及换路后的 u_C 和 $t=0.3s$ 时 u_C 的值。

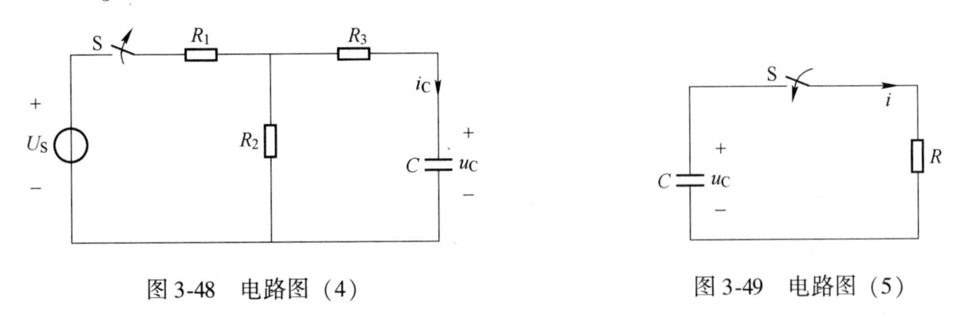

图3-48　电路图（4）　　图3-49　电路图（5）

（6）在如图3-50所示电路中，已知 $U_S=10V$，$R_1=20\Omega$，$R_2=40\Omega$，$L=20mH$，打开开关S前电路已处于稳态。$t=0$ 时开关被打开。试求开关打开后的 i_1、i_2 和 u_L。

（7）在如图3-51所示电路中，已知 $U=24V$，$R_1=2\Omega$，$R_2=10\Omega$，$L=100H$，换路前电路稳定。$t=0$ 时闭合开关。试求换路后的 u_L 和 i_L，以及当 i_L 减小到其初始值50%时所需的时间。

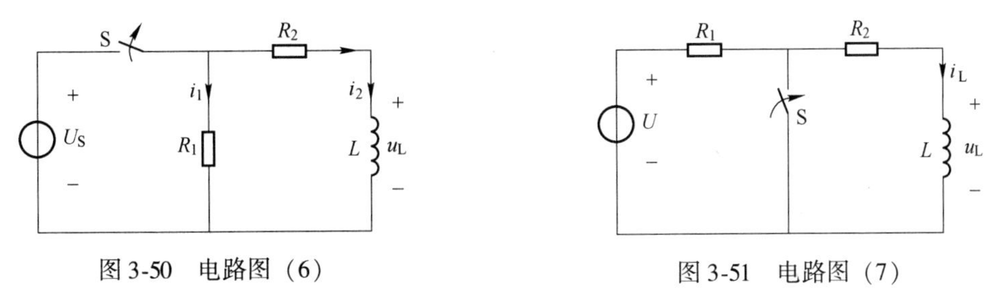

图3-50　电路图（6）　　图3-51　电路图（7）

（8）在如图3-52所示电路中，已知 $U_S=100V$，$R_1=R_3=10\Omega$，$R_2=20\Omega$，$C=50\mu F$，打开开关S前电路已处于稳态。在 $t=0$ 时开关被打开。试求当 $t\geqslant0$ 时电容电压 u_C 及电流 i_C。

（9）在如图3-53所示电路中，开关原来置于位置1上，电路处于稳态，在 $t=0$ 时将开关S置于位置2上。试求当 $t\geqslant0$ 时电感电流 i_L 和电感电压 u_L 的表达式。

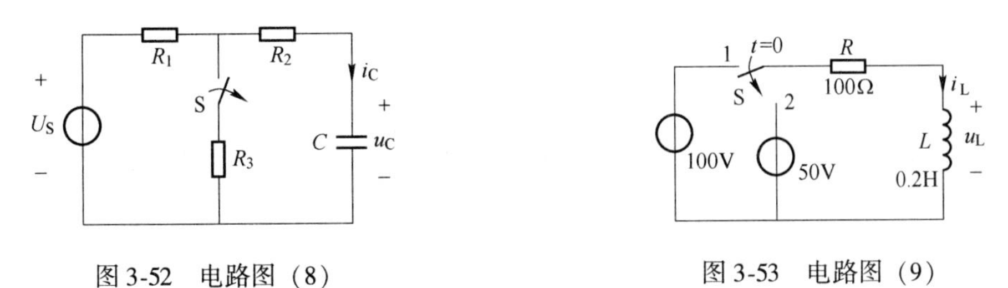

图3-52　电路图（8）　　图3-53　电路图（9）

（10）电路如图3-54所示，已知 $U_S=10V$，$R_1=R_2=10\Omega$，$L=0.5H$，电路原已稳定。$t=0$ 时开关S被闭合。试用三要素法求开关闭合后的 i_L、i_1 和 u_L 的响应。

（11）电路如图3-55所示，电路原已稳定，$t=0$ 时开关被闭合。试用三要素法求开关闭合后电流 i_1、i_2 的响应。

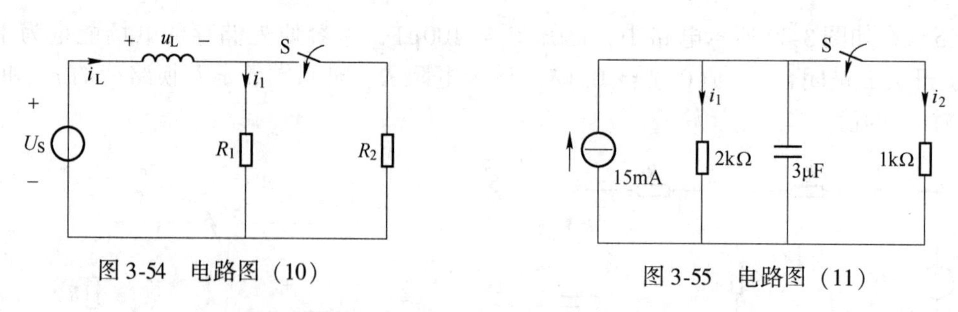

图3-54　电路图（10）　　　　图3-55　电路图（11）

（12）在如图3-56所示电路中，开关S被打开许久，$t = 0$时开关S被闭合。试用三要素法求当$t \geqslant 0$时电流i_L和电压u_R的表达式。

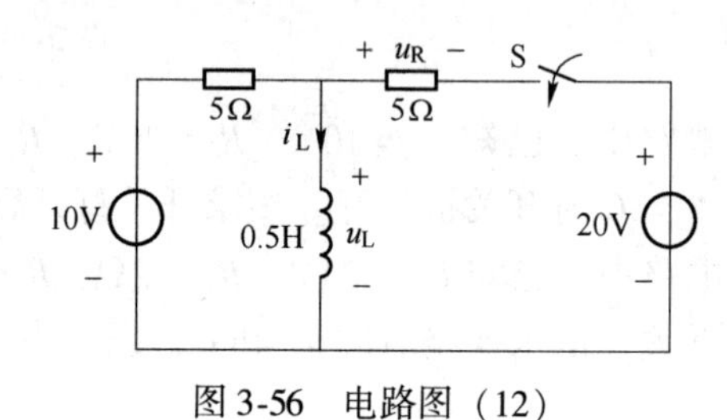

图3-56　电路图（12）

项目 4　正弦交流电路

项目要点

（1）熟悉正弦量三要素、相量、阻抗、谐振的概念；

（2）掌握正弦量的相量表示法；

（3）掌握正弦量交流电路中电阻、电感、电容元件上电压（电流）及功率的计算；

（4）掌握 R、L、C 串、并联电路的分析计算；

（5）掌握有用功功率和功率因数的计算，了解瞬时功率、无功功率、视在功率的概念；

（6）了解谐振电路的特性。

任务 4.1　正弦交流电的基本知识

4.1.1　正弦交流电的一般概念

随时间按正弦规律变化的电压或电流称为正弦交流电。正弦交流电广泛应用在人们日常的生产和生活中。大多数的用电设备、家用电器等使用的都是正弦交流电；对于非正弦的周期性变化的电信号，也可以将其分解成不同频率的正弦量的叠加。

凡大小和方向随时间按正弦规律变化的电压、电流、电动势等统称为正弦量。以电流为例，正弦电流的波形图如图 4-1 所示。其数学表达式为：

$$i = I_m \sin(\omega t + \varphi_i) \tag{4-1}$$

式中　I_m——振幅，也称为幅值、最大值；

ω——角频率；

φ_i——初相角，简称初相。

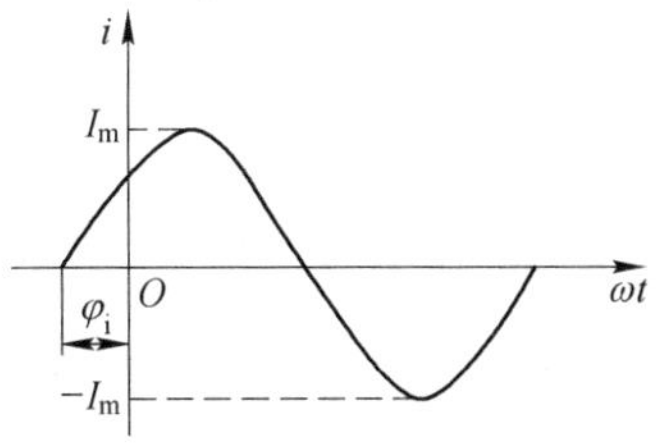

图 4-1　正弦电流的波形图

提示

电流 i 与时间 t 的关系由 I_m、ω、φ_i 决定，同时这 3 个量也是正弦量之间进行比较和区别的依据，因此最大值、角频率（或者频率 f）、初相称为正弦量的三要素。

4.1.2　瞬时值、最大值、有效值

瞬时值是指交流量任意瞬间的数值大小，用小写字母来表示。如电流 i、电压 u、电动势 e。电压和电动势的瞬时值表达式分别为：

$$u = U_m \sin(\omega t + \varphi_u) \tag{4-2}$$

$$e = E_m \sin(\omega t + \varphi_e) \tag{4-3}$$

在如图4-1所示的正弦电流波形图中，电流大小和方向随时间周期性变化。当电流值达到最大时称为振幅，也称为幅值、最大值，用大写字母加“m”下标表示，如用 I_m 表示电流的最大值，用 U_m、E_m 表示电压、电动势的最大值。

通常所讲的正弦电流或电压的大小，均是指有效值，而不是最大值。比如交流电压380V或220V都是指电压的有效值，它们的最大值分别为537V和311V。交流设备铭牌标注的电压、电流均为有效值；交流电压表和电流表的读数也是有效值。有效值用大写字母表示。

有效值是按能量等效的概念来定义的。以电流为例，设两个相同电阻 R 分别通入周期为 T 的交流电流 i 和直流电流 I。电流 i 通过 R 在一个周期 T 内消耗的能量为：

$$W = \int_0^T Ri^2 \mathrm{d}t \tag{4-4}$$

直流电流 I 通过 R 在相同时间 T 内电阻消耗的能量为：

$$W' = RI^2 T \tag{4-5}$$

如果以上两种情况下的能量相等，即 $W = W'$，则有：

$$RI^2 T = \int_0^T Ri^2 \mathrm{d}t \tag{4-6}$$

因此有：

$$I = \sqrt{\frac{1}{T}\int_0^T i^2 \mathrm{d}t} \tag{4-7}$$

提示

式中的 I 就被定义为交流电流的有效值。它表明，周期变化的交流电流的有效值等于它的瞬时值的平方在一个周期内取平均值后再开平方，因此有效值又称为方均根值。

类似地可以定义周期电压有效值为：

$$U = \sqrt{\frac{1}{T}\int_0^T u^2 \mathrm{d}t} \tag{4-8}$$

若周期电流为正弦量，即 $i = I_m \sin\omega t$，则有：

$$I = \sqrt{\frac{1}{T}\int_0^T i^2 \mathrm{d}t} = \sqrt{\frac{1}{T}\int_0^T I_m^2 \sin^2 \omega t \mathrm{d}t} = \sqrt{\frac{I_m^2}{T}\int_0^T \frac{1-\cos 2\omega t}{2}\mathrm{d}t} = \frac{I_m}{\sqrt{2}}$$

即：

$$I = \frac{I_m}{\sqrt{2}}(\text{或 } I_m = \sqrt{2}I) \tag{4-9}$$

同理，对于正弦交流电压、电动势有：

$$U = \frac{U_m}{\sqrt{2}}(\text{或 } U_m = \sqrt{2}U) \tag{4-10}$$

$$E = \frac{E_m}{\sqrt{2}}(\text{或 } E_m = \sqrt{2}E) \tag{4-11}$$

【例4-1】 已知电源电压的瞬时值表达式为 $u = 220\sqrt{2}\sin(314t + 30°)\mathrm{V}$。试写出电压有效值和最大值。有一耐压为300V的电容，能否接在该电源上？

【解】 电压有效值 $U = 220\text{V}$，最大值 $U_m = \sqrt{2}U = 311\text{V} > 300\text{V}$，所以不能将这个电容接在该电源上。

4.1.3　周期、频率、角频率

正弦量完成一次变化所需要的时间称为周期，用 T 表示，单位是 s（秒）。正弦量每秒变化的次数称为正弦量的频率，用字母 f 表示，单位是 Hz（赫兹）。我国和其他大多数国家都采用 50Hz 作为电力工业标准频率，简称为工频；少数国家（如日本、美国等）采用 60Hz 作为电力工业标准频率。

由定义可知，频率和周期互为倒数，即：

$$f = \frac{1}{T} \tag{4-12}$$

正弦量每秒变化的弧度数称为正弦量的角频率，用 ω 表示，单位是 rad/s（弧度每秒）。角频率同周期、频率的关系为：

$$\omega = \frac{2\pi}{T} = 2\pi f \tag{4-13}$$

对于工频 50Hz 的正弦量，它的周期是 0.02s，角频率是 314rad/s。

提示

正弦量的周期、频率、角频率反映的是正弦量变化的快慢。

4.1.4　相位、初相、相位差

正弦电流的一般表达式为 $i = I_m\sin(\omega t + \varphi_i)$。式中的 $\omega t + \varphi_i$ 称为相位，相位反映了正弦量随时间变化的进程。当 $t = 0$ 时，相位为 φ_i（称为初相）。初相的范围规定为 $-180° \sim 180°$。正弦量是随时间不断变化的，在研究正弦量时，计时起点选择不同，正弦量的初相也就不同。

在线性电路中的同一正弦电源作用下，各处的电压电流均为同频率的正弦量。对于两个同频率的正弦量，如电压 $u = U_m\sin(\omega t + \varphi_u)$ 和电流 $i = I_m\sin(\omega t + \varphi_i)$，它们的相位分别为 $(\omega t + \varphi_u)$ 和 $(\omega t + \varphi_i)$，则电压和电流的相位差为：

$$\varphi = (\omega t + \varphi_u) - (\omega t + \varphi_i) = \varphi_u - \varphi_i \tag{4-14}$$

提示

对于同频率的正弦量，相位差就等于初相之差。

正弦量的相位关系如图 4-2 所示。两个同频率的正弦量，当电压和电流相位之差 $\varphi > 0$ 时，电压 u 的相位超前电流 i 的相位一个角度 φ（简称电压 u 超前电流 i），如图 4-2(a) 所示；反之，当 $\varphi<0$ 时，电压 u 的相位滞后电流 i 的相位一个角度 φ；当 $\varphi = 0$ 时，电压 u 和电流 i 同相位，如图 4-2(b) 所示；当 $\varphi = \pm\pi/2$ 时，称为正交，如图 4-2(c) 所示；当 $\varphi = \pi$ 时，称为反相，如图 4-2(d) 所示。

在比较两个正弦量的相位关系时，为了使计算简单，通常选择其中的一个正弦量作为参考正弦量，并设它的初相为零。对于同频率的两个正弦量，相位差是一个定数，与计时

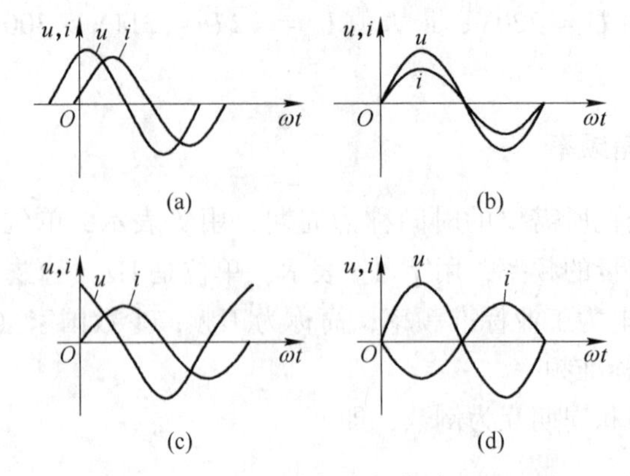

图4-2　正弦量的相位关系

（a）$\varphi > 0$，u 相位超前 i 相位一个 φ；（b）$\varphi<0$，u 相位滞后 i 相位一个 φ；（c）$\varphi = 0$，u 和 i 同相位；（d）$\varphi = \pm\frac{\pi}{2}$

起点的选择无关。

由于正弦量的初相与设定的参考方向有关，当改变某一正弦量的参考方向时，则该正弦量的初相将改变 π，它与其他正弦量的相位差也将相应地改变 π。

注意

只有两个同频率正弦量之间的相位差才有意义。

【例4-2】 电流的波形如图4-3所示。试写出电流的周期、频率、角频率及瞬时值表达式，并求当 $t = 1.5\text{ms}$ 时的电流值。

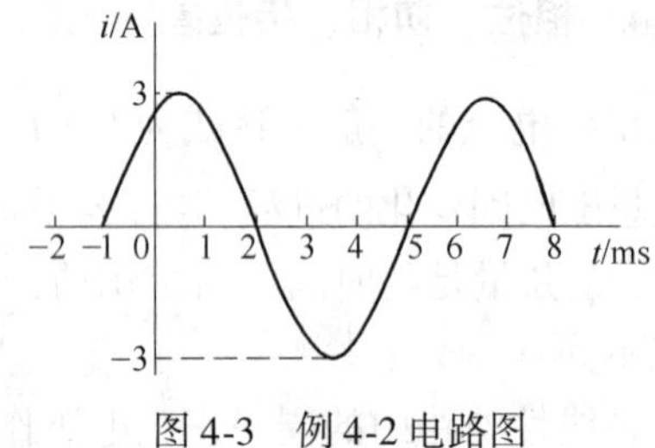

图4-3　例4-2电路图

【解】 从波形图中看出电流最大值 $I_m = 3\text{A}$；周期 $T = 6\text{ms}$，频率、角频率、瞬时值表达式分别为：

$$f = \frac{1}{T} = 166.67\text{Hz}$$

$$\omega = \frac{2\pi}{T} = \frac{\pi}{3} \times 10^3\text{rad/s} = 1047.2\text{rad/s}$$

$$\varphi_i = \omega t_{(1\text{ms})} = \frac{\pi}{3} \times 10^3 \times 1 \times 10^{-3} = \frac{\pi}{3} = 60°$$

$$i = I_m \sin(\omega t + \varphi_i) = 3\sin\left(\frac{\pi}{3} \times 10^3 t + \frac{\pi}{3}\right)\text{A} = 3\sin(1047.2t + 60°)\text{A}$$

$$i_{(1.5\text{ms})} = 3\sin\left(\frac{\pi}{3} \times 1.5 + \frac{\pi}{3}\right) = 1.5\text{A}$$

【例4-3】 已知电压和电流的瞬时值表达式分别为 $u = 220\sqrt{2}\sin(314t + 60°)\text{V}$ 和 $i = 5\sqrt{2}\sin(314t + 90°)\text{A}$。试判断电压和电流的相位关系。若以电流为参考正弦量，则电压的初相是多少？

【解】 由表达式可知：$\varphi_u = 60°$，$\varphi_i = 90°$，$\varphi_u - \varphi_i = -30°$。因此电流超前电压30°。

如果以电流为参考正弦量，电流的初相就为零，电压和电流的相位差不变，故电压的初相位为−30°。

任务 4.2 正弦量的相量表示及运算

4.2.1 复数及其四则运算

复数可以有多种表示形式，设复数为 A，则可以表示为：

$$A = a + \mathrm{j}b \tag{4-15}$$

式(4-15)称为代数式，式中的 $\mathrm{j} = \sqrt{-1}$ 为虚数单位。

设一个复平面的横坐标为实轴，纵坐标为虚轴。可以把复数用一个相量在复平面上表示出来，复平面上的复数如图 4-4 所示。A 在实轴的投影 a 称为实部；虚轴的投影 b 称为虚部；与实轴的正半轴夹角 φ 为该复数的辐角，该相量的长度 $|A|$ 称为复数 A 的模。

由图 4-4 所示可见，$a = |A|\cos\varphi$，$b = |A|\sin\varphi$。把 a、b 代入代数式 $A = a + \mathrm{j}b$ 转化为三角函数式，得：

$$A = |A|(\cos\varphi + \mathrm{j}\sin\varphi)$$

并且有

$$|A| = \sqrt{a^2 + b^2}, \quad \tan\varphi = \frac{b}{a}, \quad \varphi = \arctan\frac{b}{a}$$

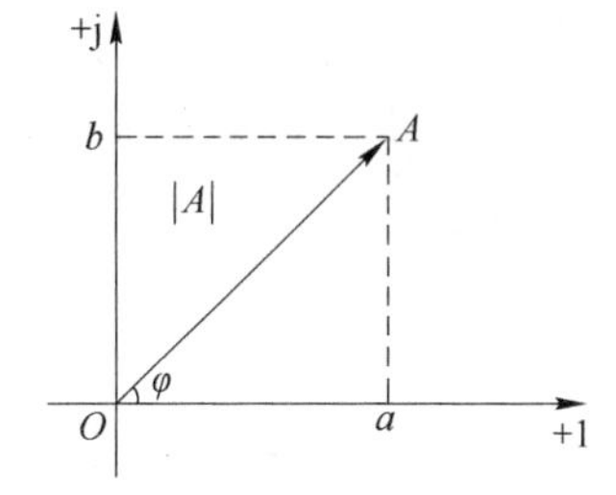

图 4-4 复平面上的复数

根据欧拉公式 $\mathrm{e}^{\mathrm{j}\varphi} = \cos\varphi + \mathrm{j}\sin\varphi$，复数的三角函数式转化为指数形式，得：

$$A = |A|\mathrm{e}^{\mathrm{j}\varphi} \tag{4-16}$$

还有极坐标形式

$$A = |A|\angle\varphi$$

复数可以进行四则运算。在一般情况下，复数的加减运算用代数式进行；复数的乘除运算用指数式或者极坐标式。

在进行复数相加减时，实部和实部相加（减）等于和（差）的实部，虚部和虚部相加（减）等于和（差）的虚部。

设有两个复数

$$A = a_1 + \mathrm{j}b_1, \quad B = a_2 + \mathrm{j}b_2 \tag{4-17}$$

则

$$A \pm B = (a_1 \pm a_2) + \mathrm{j}(b_1 \pm b_2) \tag{4-18}$$

复数的加减运算也可在复平面上用平行四边形法则、三角形法则作图完成。图 4-5(a)所示为复数加法运算，图 4-5(b)所示为复数减法运算。

【例 4-4】 已知复数 $A = 32\angle{-120°}$，$B = 38\angle{45°}$。试写出它们的代数式，并计算它们的和。

【解】

$$A = 32\angle{-120°} = 32\cos(-120°) + \mathrm{j}32\sin(-120°) = -16-\mathrm{j}27.7$$

$$B = 38\angle{45°} = 38\cos45° + \mathrm{j}38\sin45° = 26.87 + \mathrm{j}26.87$$

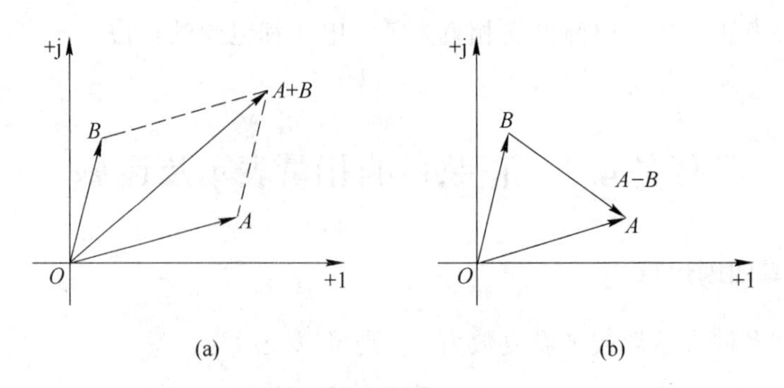

图4-5　复数的加减法运算

（a）复数加法运算；（b）复数减法运算

$$A+B=-16+26.87-j27.7+j26.87=10.87-j0.9=10.9\angle -4.7°$$

提示

在进行复数相乘时，模和模相乘等于积的模，辐角和辐角相加，等于积的辐角；在进行复数相除时，模和模相除等于商的模，辐角和辐角相减，等于商的辐角。

设有复数

$$A=|A|\angle \varphi_a，B=|B|\angle \varphi_b$$

乘法

$$AB=|A|\angle \varphi_a\times|B|\angle \varphi_b=|A|\cdot|B|\angle(\varphi_a+\varphi_b)$$

除法

$$\frac{A}{B}=\frac{|A|\angle \varphi_a}{|B|\angle \varphi_b}=\frac{|A|}{|B|}\angle(\varphi_a-\varphi_b)$$

把模等于“1”的复数（如 $e^{j\varphi}$、$e^{j\frac{\pi}{2}}$、$e^{j\pi}$ 等）称为旋转因子，如图4-6所示。例如，把任意复数 A 乘以 j（$j=e^{j\frac{\pi}{2}}$）就等于把复数 A 在复平面上逆时针旋转90°，表示为 jA，故把 j 称为旋转90°的旋转因子。

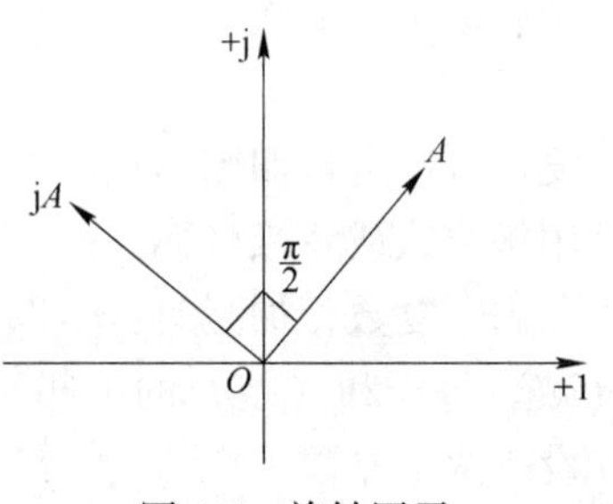

图4-6　旋转因子

【例4-5】　复数 $A=8+j10$，$B=13-j21$。写出它们的极坐标式，并求它们的乘积和商。

【解】

$$A=8+j10=12.8\angle 51.3°$$
$$B=13-j21=24.7\angle -52.8°$$
$$AB=12.8\times24.7\angle(51.3°-58.2°)=316.3\angle -6.9°$$
$$\frac{A}{B}=\frac{12.8\angle 51.3°}{24.7\angle -58.2°}=0.52\angle 109.6°$$

4.2.2　正弦量的相量表示法

对于任意一个正弦量，都能找到一个与之相对应的复数，由于这个复数与一个正弦量相对应，所以把这个复数称为相量。以极坐标表示法为例，用复数的模表示正弦量的大小，用复数的辐角表示正弦量的初相位，在大写字母上加一点就用来表示正弦量的相量。

如电流、电压和电动势，最大值相量符号分别为 $\dot{I}_m$、$\dot{U}_m$和 $\dot{E}_m$；有效值相量符号分别为 $\dot{I}$ 、$\dot{U}$ 和 $\dot{E}$ 。

对于正弦量 $i = I_m\sin(\omega t + \varphi_i)$ ，它的有效值相量式为：

$$\dot{I} = I\angle\varphi_i \tag{4-19}$$

它包含了正弦量三要素中的两个要素——有效值（大小）和初相（计时起点），但没有体现频率（变化快慢）这一要素。一个实际的线性正弦稳态电路，它的频率决定于激励源的频率，因此，在电路中各处的频率相等且保持不变，用相量来表示正弦量、并对正弦稳态电路进行分析计算是合理的。

注意

用相量表示正弦量，虽然它与正弦量有一一对应的关系，但相量不等于正弦量。如 $\dot{I}$ 表示正弦电流 i，但不能写成 $\dot{I} = i$。

相量的计算与复数的计算一样，可以在复平面上用矢量表示。相量之间的运算可用复数间的运算完成。

【例 4-6】 已知两个正弦电流 $i_1 = 70.7\sin(314t-30°)$ A，$i_2 = 60\sin(314t + 60°)$ A，求 $i = i_1 + i_2$。

【解】

$$\dot{I}_{1m} = 70.7\angle -30° \text{ A}$$

$$\dot{I}_{2m} = 60\angle 60° \text{ A}$$

$$\dot{I}_m = \dot{I}_{1m} + \dot{I}_{2m} = 92.7\angle 10.3° \text{ A}$$

因此

$$i = 92.7\sin(314t + 10.3°) \text{ A}$$

在多个同频率的正弦量运算时，同样可以转换成对应相量的代数运算，如基尔霍夫定律的相量表达形式为：

$$\Sigma i = 0 \rightarrow \Sigma\dot{I} = 0,\quad \Sigma u = 0 \rightarrow \Sigma\dot{U} = 0$$

注意

正弦交流量的瞬时值表达式和相量表达式都满足基尔霍夫定律，但有效值和最大值不满足这一定律。

【例 4-7】 电路如图 4-7 所示，已知 $\dot{I}_1 = 5\angle 53.1°$ A，$\dot{I}_2 = 4\angle -30°$ A，$\dot{U}_1 = 2\angle -30°$ V，$\dot{U}_2 = 4\angle 60°$ V。求电流 $\dot{I}$ 和电压 $\dot{U}$ 。

【解】 根据基尔霍夫定律写出电流相量的关系，即：

$$\dot{I}_1 = 5\angle 53.1° = 3 + \text{j}4$$

$$\dot{I}_2 = 4\angle -30° = 3.46-\text{j}2$$

$$\dot{I} = \dot{I}_1 + \dot{I}_2$$
$$= (6.64 + \mathrm{j}2)\,\mathrm{A} = 6.76\angle 17.2^\circ\ \mathrm{A}$$

电压相量的关系为：

$$\dot{U}_1 = 2\angle -30^\circ = 1.732 - \mathrm{j}1$$

$$\dot{U}_2 = 4\angle 60^\circ = 2 + \mathrm{j}3.464$$

$$\dot{U} = \dot{U}_1 + \dot{U}_2$$
$$= (3.73 + \mathrm{j}2.46)\,\mathrm{V} = 4.47\angle 33.4^\circ\ \mathrm{V}$$

4.2.3　相量图

将正弦量的相量画在复平面上就成为相量图。当几个正弦量为同频率时，可以画在同一个相量图中。例如：$\dot{I}_1 = 2\angle 30^\circ$ A，$\dot{I}_2 = 3\angle 70^\circ$ A，$\dot{U} = 2.5\angle -45^\circ$ A。将它们画在同一个相量图中，正弦量的相量图如图4-8所示。图中的坐标可省略。也可以利用相量图进行正弦量的加减运算，方法与复数的运算相同。

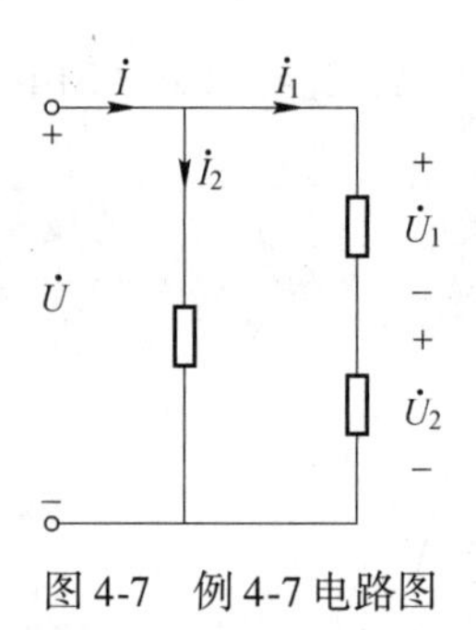

图4-7　例4-7电路图

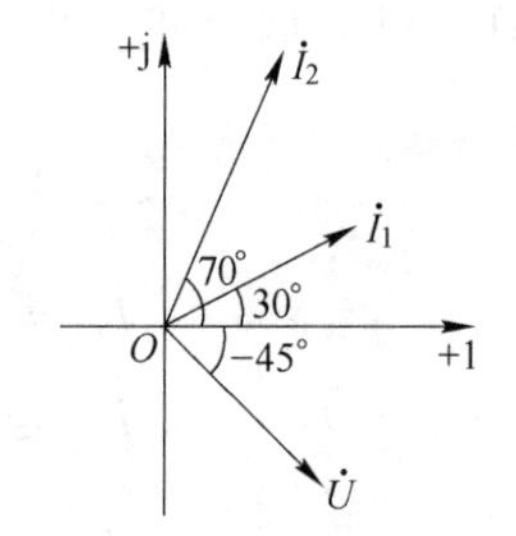

图4-8　正弦量的相量图

注意

当几个正弦量的频率不相同时，它们的相位关系不定，不能表示在同一个相量图中。

任务4.3　正弦交流电路的元器件

4.3.1　正弦电路中的基本元器件

4.3.1.1　正弦电路中的电阻元件

在如图4-9(a)所示的电阻电路中，假设正弦交流电压 u 和电流 i 为相关联参考方向，设电阻中流过的正弦电流瞬时值表达式为 $i = \sqrt{2}I\sin(\omega t + \varphi_i)$，根据欧姆定律有：

$$u = iR = \sqrt{2}RI\sin(\omega t + \varphi_i) = \sqrt{2}U\sin(\omega t + \varphi_u) \tag{4-20}$$

从式(4-20)可看出，u、i 频率相同，相位相同，电压与电流的相位差 $\varphi = \varphi_u - \varphi_i = 0^\circ$。电阻的电压和电流波形如图4-9(b)所示。

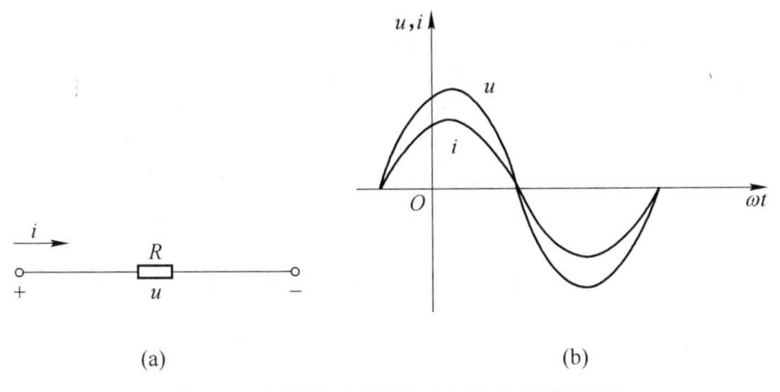

图 4-9　电阻的电路图和电压电流波形图
（a）电阻的电路图；（b）电压电流波形图

根据电流以及电压表达式，分别写出 i、u 的有效值相量为：

$$\dot{I} = I\angle\varphi_{\mathrm{i}} \tag{4-21}$$

$$\dot{U} = U\angle\varphi_{\mathrm{u}} \tag{4-22}$$

由式(4-20)可知，$U = IR$，因此有：

$$\frac{\dot{U}}{\dot{I}} = \frac{U}{I}\angle\varphi_{\mathrm{u}} - \varphi_{\mathrm{i}} = R(\text{或}\ \dot{U} = \dot{I}R) \tag{4-23}$$

由式(4-23)可见，电阻元件的相量模型与时域模型相同。电阻元件电压和电流的相量图，如图 4-10 所示。

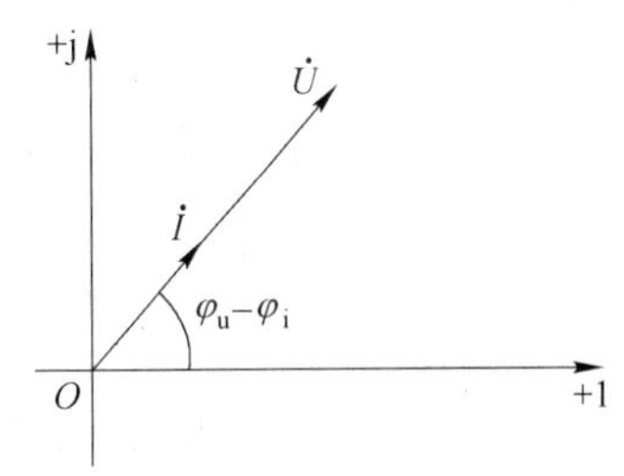

图 4-10　电阻元件电压和电流的相量图

4.3.1.2　正弦电路中的电感元件

在电感电路中，若正弦交流电压 u 和电流 i 为相关联参考方向，则设电感中流过的正弦电流为 $i = \sqrt{2}I\sin(\omega t + \varphi_{\mathrm{i}})\mathrm{A}$，根据电感元件约束关系式，有：

$$u = L\frac{\mathrm{d}i}{\mathrm{d}t} = \sqrt{2}\omega LI\sin\left(\omega t + \varphi_{\mathrm{i}} + \frac{\pi}{2}\right) = \sqrt{2}U\sin(\omega t + \varphi_{\mathrm{u}}) \tag{4-24}$$

由式(4-24)可见，电压和电流是频率相同的正弦量，并且电感电压的相位超前电感电流的相位为 90°。

由式(4-24)可得到电压和电流的相位关系与大小关系。相位关系满足：

$$\varphi_{\mathrm{u}} = \varphi_{\mathrm{i}} + \frac{\pi}{2}(\text{或}\ \varphi = \varphi_{\mathrm{u}} - \varphi_{\mathrm{i}} = 90°) \tag{4-25}$$

电压和电流的有效值关系为：

$$U = \omega LI\left(\text{或}\frac{U}{I} = \omega L = 2\pi fL = X_{\mathrm{L}}\right) \tag{4-26}$$

式(4-26)中，$X_L = \omega L = 2\pi fL$，称为电感电抗（简称感抗）。当频率的单位为 Hz、电感的单位为 H 时，感抗的单位为 Ω。由式(4-26)可见，当 U 不变时，I 的大小与频率成反比。电流、感抗与频率的关系如图 4-11 所示。

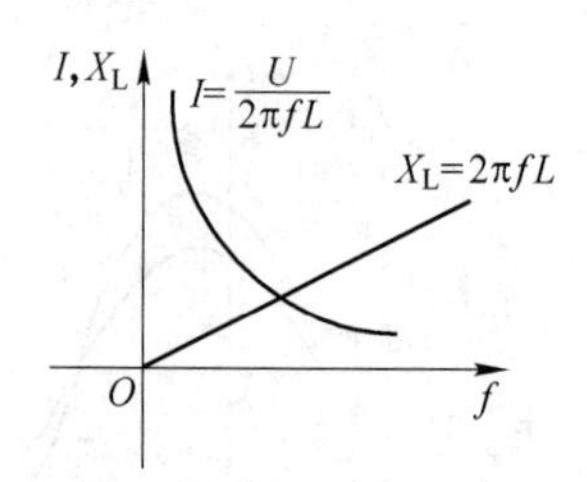

图4-11　电流、感抗与频率的关系

提示

感抗是用来表示电感元件对电流阻碍作用的一个物理量。在电压一定的条件下，感抗越大，电路中的电流越小，其值正比于频率f。

电感元件电压和电感电流的相量分别为：

$$\dot{I} = I\angle\varphi_i \tag{4-27}$$

$$\dot{U} = U\angle\varphi_u = \omega LI\angle\left(\varphi_i + \frac{\pi}{2}\right) = j\omega L\dot{I} \tag{4-28}$$

电感元件电压和电流相量的比为：

$$\frac{\dot{U}}{\dot{I}} = \omega L\angle\frac{\pi}{2} = j\omega L = jX_L(\text{或 }\dot{U} = \dot{I}j\omega L = \dot{I}jX_L) \tag{4-29}$$

由式(4-29)可见，电感元件的相量模型为$j\omega L$或jX_L，如图4-12(a)所示。

由以上分析可知，电感元件电压的大小是其电流的X_L倍，电感元件电压的相位超前其电流相位90°，相量图如图4-12(b)所示。

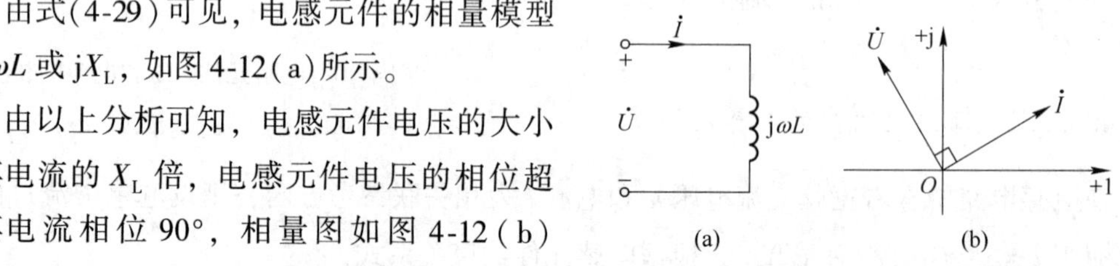

图4-12　电感元件的相量模型和电压电流相量图

(a) 电感元件的相量模型；(b) 电压电流相量图

【例4-8】　将一线圈接到有效值为12V、频率为50Hz的正弦交流电源上，已知线圈的等效电感为5mH，忽略等效电阻。试求线圈中的电流。若电流的初相为37°，则画出电压和电流的相量图。

【解】

$$X_L = 2\pi fL = 1.57\Omega$$

$$I = \frac{U}{X_L} = \frac{12}{1.57}\text{A} \approx 7.64\text{A}$$

$$\dot{I} = I\angle\varphi_i = 7.64\angle 37°\ \text{A}$$

$$\dot{U} = j\dot{I}X_L = 12\angle 127°\ \text{V}$$

电压和电流的相量图如图4-13所示。

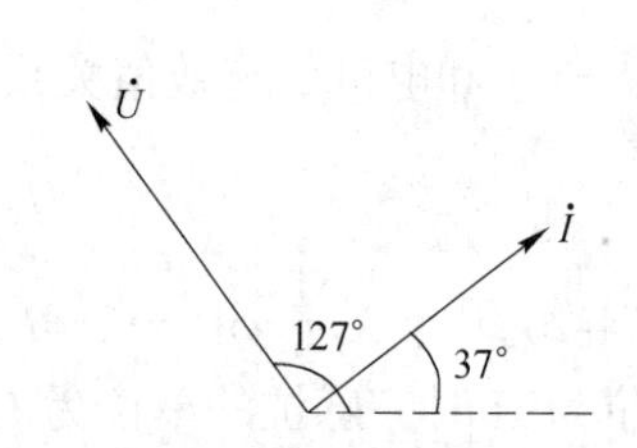

图4-13　例4-8电压和电流的相量图

4.3.1.3　正弦电路中的电容元件

在电容电路中，当正弦交流电压 u 和电流 i 为相关联参考方向时，设电容两端电压为 $u = \sqrt{2}U\sin(\omega t + \varphi_u)$，由 $i = C\frac{\mathrm{d}u}{\mathrm{d}t}$可得：

$$i = C\frac{\mathrm{d}u}{\mathrm{d}t} = \sqrt{2}\omega CU\sin\left(\omega t + \varphi_u + \frac{\pi}{2}\right) = \sqrt{2}I\sin(\omega t + \varphi_i) \tag{4-30}$$

由式(4-30)可见，电压和电流是频率相同的正弦量，并且有电容电压的相位滞后电流的相位 90°。

由式(4-30)可得到电压和电流的相位关系与大小关系，相位关系满足：

$$\varphi_u = \varphi_i - \frac{\pi}{2}(\text{或}\ \varphi = \varphi_u - \varphi_i = -90°) \tag{4-31}$$

电压和电流的有效值关系为：

$$I = \omega CU\left(\text{或}\frac{U}{I} = \frac{1}{\omega C} = \frac{1}{2\pi fC} = X_C\right) \tag{4-32}$$

式(4-32)中，X_C 称为电容电抗（简称容抗）。容抗与频率成反比，当频率的单位为 Hz、电容的单位为 F 时，容抗的单位为 Ω。由式中可见，当 U 不变时，I 的大小与频率成正比。电流、容抗与频率的关系如图 4-14 所示。

电感的电压和电流的相量分别为：

$$\dot{U} = U\angle\varphi_u \tag{4-33}$$

$$\dot{I} = I\varphi_i = \omega CU\angle\left(\varphi_u + \frac{\pi}{2}\right) = \omega C\angle\frac{\pi}{2}U\angle\varphi_u = \mathrm{j}\omega C\dot{U} \tag{4-34}$$

电容元件的电压和电流相量的比为：

$$\frac{\dot{U}}{\dot{I}} = \frac{1}{\mathrm{j}\omega C} = -\mathrm{j}X_C\left(\text{或}\ \dot{U} = \dot{I}\frac{1}{\mathrm{j}\omega C} = -\dot{I}\mathrm{j}X_C\right) \tag{4-35}$$

由式(4-35)可见，电容元件的相量模型为 $1/\mathrm{j}\omega C$ 或$-\mathrm{j}X_C$，如图 4-15(a)所示。

由以上分析可知，电容元件电压大小是其电流的 X_C 倍，电容元件电压的相位滞后其电流相位 90°。电容元件的电压电流相量图如图 4-15(b)所示。

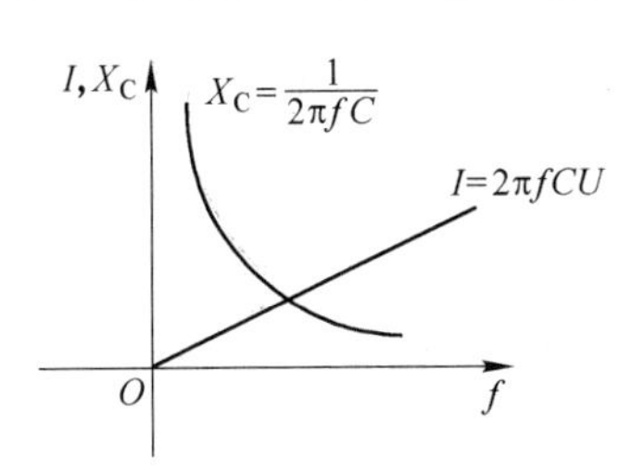

图 4-14　电流、容抗与频率的关系

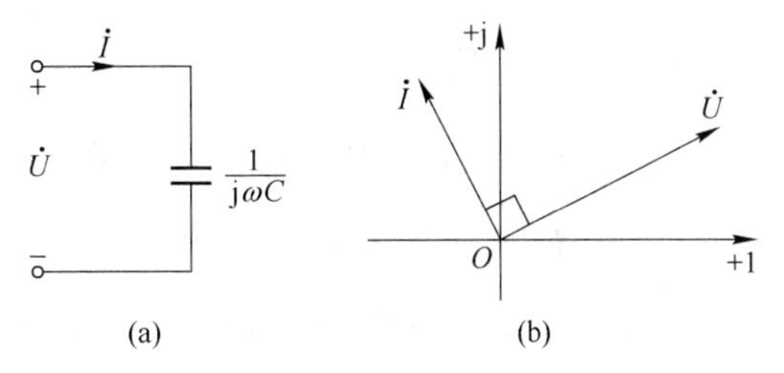

图 4-15　电容元件的相量模型和电压相量图
（a）电容元件的相量模型；（b）电压相量图

4.3.2　阻抗

若把电阻、电感串联起来，构成图 4-16 所示的 RL 串联电路，则电压和电流关系为：

$$\dot{U}_R = \dot{I}R \tag{4-36}$$

$$\dot{U}_L = j\dot{I}X_L \tag{4-37}$$

$$\dot{U} = \dot{U}_R + \dot{U}_L = \dot{I}R + j\dot{I}X_L = \dot{I}(R + jX_L) \tag{4-38}$$

$$\frac{\dot{U}}{\dot{I}} = R + jX_L \tag{4-39}$$

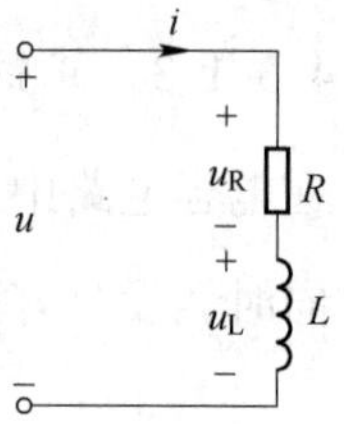

图 4-16　*RL* 串联电路

令 $Z = R + jX_L$，该式称为电路的等效复阻抗，简称阻抗。阻抗的单位同电阻、感抗一样，也是 Ω（欧姆），它的实部为电阻，虚部为感抗。阻抗为电路端电压的相量与电流的相量之比，即：

$$Z = \frac{\dot{U}}{\dot{I}} \tag{4-40}$$

注意

Z 是一个复数，而不是正弦量的相量。

阻抗的极坐标式为：

$$Z = |Z|\angle\varphi$$

$|Z|$称为阻抗的模，大小为：

$$|Z| = \sqrt{R^2 + X_L^2}$$

辐角 φ 称作阻抗角，大小为：

$$\varphi = \arctan(X_L/R)$$

又因为

$$\frac{\dot{U}}{\dot{I}} = \frac{U}{I}\angle(\varphi_u - \varphi_i)$$

所以有 $U/I = |Z|$，$\varphi_u - \varphi_i = \varphi$，即阻抗角就是电压超前电流的角度。

显然有

$$R = |Z|\cos\varphi,\ X_L = |Z|\sin\varphi$$

如果设电流的初相为零，即 $\dot{I} = I\angle 0°$，那么有

$$\begin{cases} \dot{U}_R = \dot{I}R = IR\angle 0° = U_R\angle 0° \\ \dot{U}_L = j\dot{I}X_L = LX_L\angle 90° = U_L\angle 90° \end{cases}$$

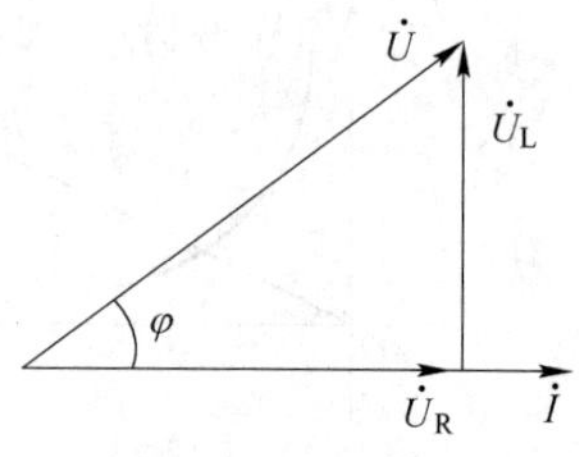

图 4-17　*RL* 串联电路的相量图

RL 串联电路的相量图如图 4-17 所示。由 $\dot{U} = \dot{U}_R + \dot{U}_L$ 可绘出总电压 $\dot{U}$ 的相量图。图中可见，电阻电压、电感电压和总电压之间满足直角三角形关系，称为电压三角形；且电压总是超前电流 φ 角度；阻抗角 φ 的范围为 0 ~ 90°。

由式(4-40)有 $\dot{U} = \dot{I}Z = I|Z|\angle\varphi = U\angle\varphi$，将电压相量三角形每边的大小同时除以电流 I，便得到一个新的与电压三角形相似的直角三角形，即阻抗、电压三角形，如图 4-18

所示。该三角形清楚地表示出 R、X_L、$|Z|$ 之间的关系(称为阻抗三角形)。

以上从电阻、电感串联的电路中引出阻抗的概念，对于任意的无源二端网络（见图 4-19），都有阻抗等于端电压和电流的相量之比。

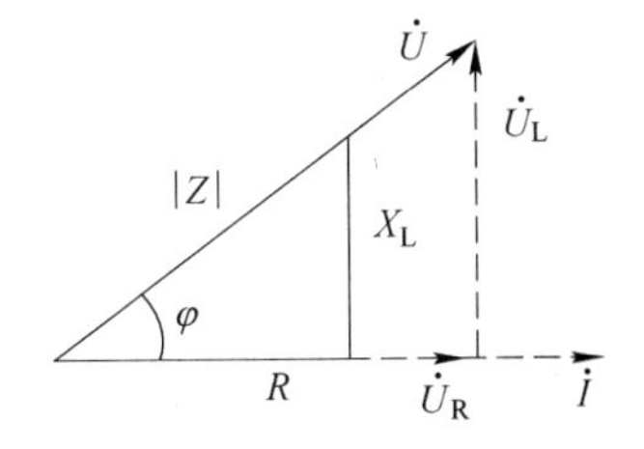

图 4-18　阻抗、电压三角形

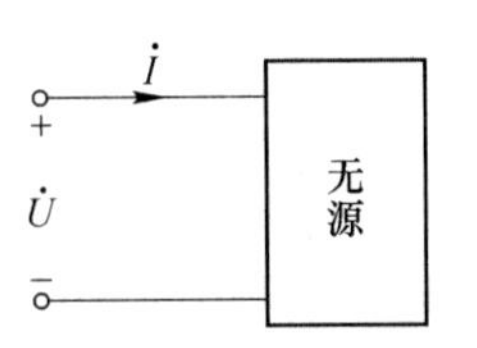

图 4-19　无源二端网络

显然，对于一个电阻、一个电感和一个电容的电路复阻抗分别有：

$$Z_R = \frac{\dot{U}}{\dot{I}} = R \tag{4-41}$$

$$Z_L = \frac{\dot{U}}{\dot{I}} = jX_L = j\omega L \tag{4-42}$$

$$Z_C = \frac{\dot{U}}{\dot{I}} = -jX_C = \frac{1}{j\omega C} \tag{4-43}$$

而 RC 串联电路和 RLC 串联电路的电路复阻抗分别为：

$$Z_1 = \frac{\dot{U}}{\dot{I}} = R - jX_C = R + \frac{1}{j\omega C} \tag{4-44}$$

$$Z_2 = \frac{\dot{U}}{\dot{I}} = R + jX_L - jX_C = R + j(X_L - X_C) = R + jX \tag{4-45}$$

式(4-44)和式(4-45)中，Z_1 的实部为电阻，虚部为容抗；Z_2 的实部为电阻，虚部 X 为感抗和容抗之差（称为电抗）。

提示

综上所述，阻抗的实部为“阻”，虚部为“抗”。

【例 4-9】　有一电阻为 40Ω、电感为 50mH 的线圈在与一个容量为 5μF 的电容串联后接到 220V、500Hz 的交流电源上，电路如图 4-20(a)所示。

(1) 求电路的阻抗、电路电流以及各元件上的电压。

(2) 设电流的初相为零，画出电压电流的相量图及阻抗三角形。

【解】　(1) $X_L = \omega L = 2\pi fL = (2 \times 3.14 \times 500 \times 50 \times 10^{-3})\Omega = 157\Omega$

$$X_C = \frac{1}{\omega C} = \frac{1}{3140 \times 5 \times 10^{-6}}\Omega = 63.7\Omega$$

根据基尔霍夫电压定律的相量式，有：

$$\dot{U} = \dot{U}_R + \dot{U}_L + \dot{U}_C = \dot{I}(R + jX_L - jX_C)$$

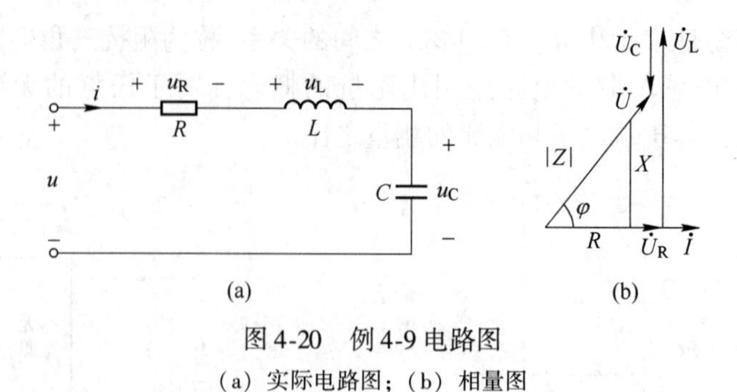

图4-20　例4-9电路图

(a) 实际电路图；(b) 相量图

等效阻抗为端电压和电流相量之比，即：

$$Z = \frac{\dot{U}}{\dot{I}} = R + \mathrm{j}(X_L - X_C) = R + \mathrm{j}X$$

$$= (40 + \mathrm{j}93.3)\,\Omega = 101.5\angle 66.8°\,\Omega$$

(2)

$$I = \frac{U}{|Z|} = \frac{220}{101.5}\mathrm{A} = 2.17\mathrm{A}$$

由电流 i 的初相为零有：

$$\dot{I} = 2.17\angle 0°\ \mathrm{A}$$

$$\dot{U} = 220\angle 66.8°\ \mathrm{V}$$

$$\dot{U}_R = \dot{I}R = 86.8\angle 0°\ \mathrm{V}$$

$$\dot{U}_L = \mathrm{j}\dot{I}X_L = 340.7\angle 90°\ \mathrm{V}$$

$$\dot{U}_C = -\mathrm{j}\dot{I}X_C = 138.3\angle -90°\ \mathrm{V}$$

电压电流的相量图和阻抗三角形如图4-20(b)所示。

在 RLC 串联电路中，$Z = R + \mathrm{j}(X_L - X_C) = |Z|\angle\varphi$。当 $X_L > X_C$ 时，$\varphi > 0$，电路呈感性，如例4-9所示的情况；当 $X_L = X_C$ 时，$\varphi = 0$，$Z = R$，电路呈电阻性，负载呈阻性的相量图如图4-21(a)所示；当 $X_L < X_C$ 时，$\varphi < 0$，电路呈容性，负载呈容性的相量图如图4-21(b)所示。

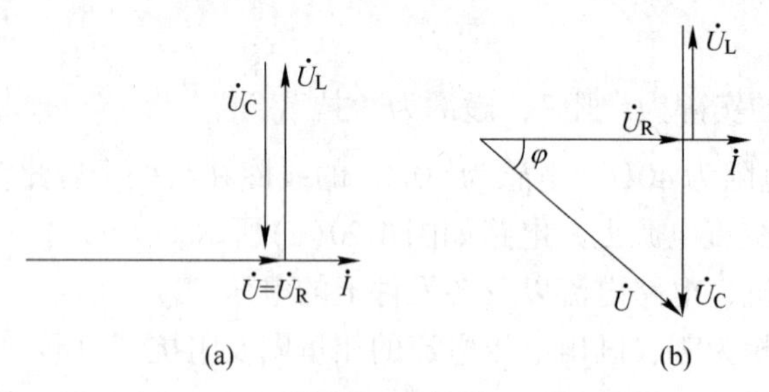

图4-21　负载呈阻性和呈容性的相量图

(a)负载呈阻性的相量图；(b)负载呈容性的相量图

4.3.3　导纳

同阻抗类似，导纳为无源二端网络的电流相量与端电压相量之比，用字母 Y 表示，即：

$$Y = \frac{\dot{I}}{\dot{U}} \tag{4-46}$$

由式(4-10)可知，对于同一网络，导纳与阻抗有互为倒数的关系，即：

$$Y = \frac{1}{Z} \tag{4-47}$$

由此可见，导纳是具有电导的量纲，单位为 S。导纳也是一个复数。

对于如图 4-22 所示的 *RLC* 并联电路，有：

$$\dot{I} = \dot{I}_R + \dot{I}_L + \dot{I}_C$$
$$= \dot{U}\left(\frac{1}{R} + \frac{1}{jX_L} - \frac{1}{jX_C}\right)$$
$$= \dot{U}\left[\frac{1}{R} + j\left(-\frac{1}{X_L} + \frac{1}{X_C}\right)\right]$$

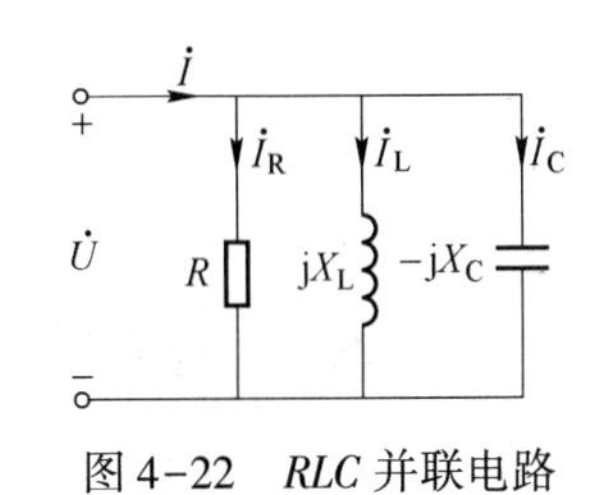

图 4-22　*RLC* 并联电路

所以

$$\frac{\dot{I}}{\dot{U}} = \frac{1}{R} + j\left(-\frac{1}{X_L} + \frac{1}{X_C}\right)$$

$$Y = \frac{1}{R} + j\left(-\frac{1}{X_L} + \frac{1}{X_C}\right) = \frac{1}{R} + \left(\frac{1}{j\omega L} + j\omega C\right)$$

由于电阻的倒数是电导，所以 $1/R = G$；令 $1/X_L = B_L$，感抗的倒数称为感纳，单位与电导相同，为 S；令 $1/X_C = B_C$，容抗的倒数为容纳，单位也是 S，则 $B = -B_L + B_C$ 称为电纳，所以有：

$$Y = G + j(-B_L + B_C) = G + jB = |Y|\angle\varphi' \tag{4-48}$$

式(4-48)中，$|Y| = \sqrt{G^2 + B^2}$ 为导纳的模，$\varphi' = \arctan B/G$ 称为导纳角。且有：

$$G = |Y|\cos\varphi', \quad B = |Y|\sin\varphi'$$

由式(4-47)有：

$$Z = \frac{1}{Y} = \frac{1}{|Y|\angle\varphi'} = \frac{1}{|Y|}\angle-\varphi' = Z\angle\varphi$$

显然，导纳的模与阻抗的模互为倒数，导纳角 φ' 等于负的阻抗角 $-\varphi$，等于 $\varphi_i - \varphi_u$。由于阻抗与导纳互为倒数，所以有：

$$Z = \frac{1}{Y} = \frac{1}{G + jB} = \frac{G}{G^2 + B^2} - j\frac{B}{G^2 + B^2} = R' + jX'$$

$$R' = \frac{G}{G^2 + B^2}, \quad X' = -\frac{B}{G^2 + B^2}$$

注意

一般情况下，导纳实部的倒数不等于阻抗实部，导纳虚部的倒数也不等于阻抗虚部的倒数，即 $R' \neq 1/G$，$X' \neq 1/B$。

【例 4-10】　*R*、*L*、*C* 并联电路如图 4-23 所示，已知电源频率为 5000Hz，电阻为 5Ω，

电感为 1. 25mH，电容为 10μF。求电路的等效复导纳和等效复阻抗。

【解】

$$G = \frac{1}{R} = 0.2\text{S}$$

$$B_L = \frac{1}{\omega L} = 0.025\text{S}$$

$$B_C = \omega C = 0.314\text{S}$$

$$Y = G + \text{j}(-B_L + B_C) = (0.2 + \text{j}0.289)\text{S} \approx 0.35\angle 55.3^\circ\ \text{S}$$

$$Z = \frac{1}{Y} = 2.86\angle -55.3^\circ\ \Omega$$

4.3.4　阻抗与导纳的串并联

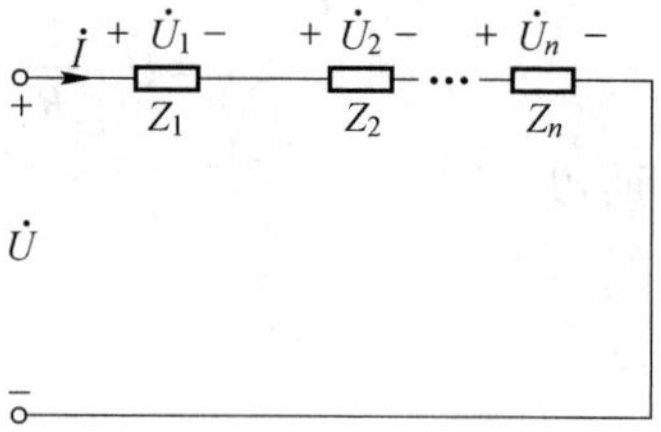

与电阻的串并联类似，在有 n 个阻抗串联时，阻抗串联电路如图 4-23 所示，等效阻抗 Z 等于 n 个串联的阻抗之和，即：

$$Z = Z_1 + Z_2 + \cdots + Z_n \tag{4-49}$$

$\dot{I}$ + $\dot{U}_1$ − + $\dot{U}_2$ − + $\dot{U}_n$ −

Z_1 Z_2 … Z_n

+ $\dot{U}$ −

图 4-23　阻抗串联电路

对于两个阻抗串联，同样与两个电阻串联类似。根据分压公式，每个阻抗上分得的电压分别为：

$$\dot{U}_1 = \frac{Z_1}{Z_1 + Z_2}\dot{U} \tag{4-50}$$

$$\dot{U}_2 = \frac{Z_2}{Z_1 + Z_2}\dot{U} \tag{4-51}$$

在有 n 个阻抗并联时，阻抗并联电路如图 4-24 所示。等效阻抗 Z 的倒数等于 n 个并联的阻抗倒数之和，即：

$$\frac{1}{Z} = \frac{1}{Z_1} + \frac{1}{Z_2} + \cdots + \frac{1}{Z_n} \tag{4-52}$$

等效导纳等于并联 n 个导纳之和，即：

$$Y = Y_1 + Y_2 + \cdots + Y_n \tag{4-53}$$

式中，$Y_1 = \frac{1}{Z_1}$，$Y_2 = \frac{1}{Z_2}$，…，$Y_n = \frac{1}{Z_n}$。

在两个阻抗并联的情况下，等效阻抗为：

$$Z = \frac{Z_1 Z_2}{Z_1 + Z_2} \tag{4-54}$$

根据分流公式有：

$$\dot{I}_1 = \frac{Z_2}{Z_1 + Z_2}\dot{I} \tag{4-55}$$

$$\dot{I}_2 = \frac{Z_1}{Z_1 + Z_2}\dot{I} \tag{4-56}$$

【例 4-11】　二端网络如图 4-25 所示，已知电阻 15Ω，感抗 35Ω，容抗 25Ω。求端口的等效复阻抗。

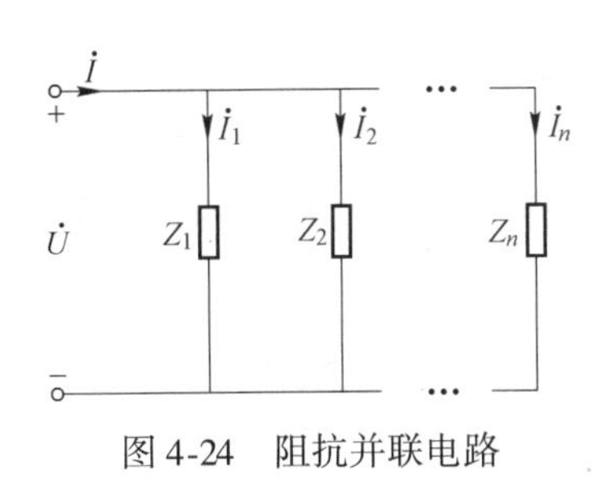

图 4-24　阻抗并联电路

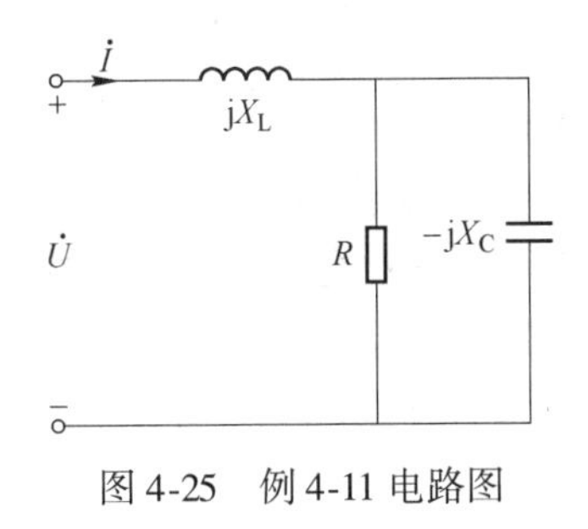

图 4-25　例 4-11 电路图

【解】　设电阻和电容并联部分的导纳为 Y_1，则：

$$Y_1 = \frac{1}{R} = j\frac{1}{X_C} = \frac{1}{15} + j\frac{1}{25} = 0.078\angle 31^\circ$$

$$Z_1 = \frac{1}{Y_1} = 12.8\angle -31^\circ = 10.97 - j6.25$$

$$Z = Z_1 + jX_L = 30.5\angle 68.9^\circ\ \Omega$$

任务 4.4　正弦交流电路的分析

4.4.1　正弦交流电路的相量分析法

在交流电路中电压、电流采用相量表示，因此分析线性电阻电路的各种定律、定理和分析方法，如 KCL、KVL，电阻串、并联的规则和等效变换方法，支路电流法、节点电压法、网孔电流法、叠加定理及戴维南定理等，均可推广应用于正弦交流电路中，在交流电路中用复数计算。

在对电路进行分析时，如果不知道电压电流的初相，就需要做一个假设。对于串联电路，一般假设电流的初相为零运算比较简单。这样，每个串联元件上流过同一电流都是初相为零，电压的初相就等于该元件等效复阻抗的阻抗角。而对于并联电路，一般假设电压的初相为零运算比较简单。这样，每条并联支路上的电压初相为零，每条支路电流的初相就等于该支路等效复导纳的导纳角。对于混联电路，则需根据已知条件进行综合考虑。

【例 4-12】　如图 4-26(a)所示，$\dot{U}_S = 100\angle 45^\circ$ V，$\dot{I}_S = 4\angle 0^\circ$ A，$Z_1 + Z_2 = 50\angle 30^\circ$ Ω，$Z_3 = 50\angle 30^\circ$ Ω，用叠加定理计算电流 $\dot{I}_2$。

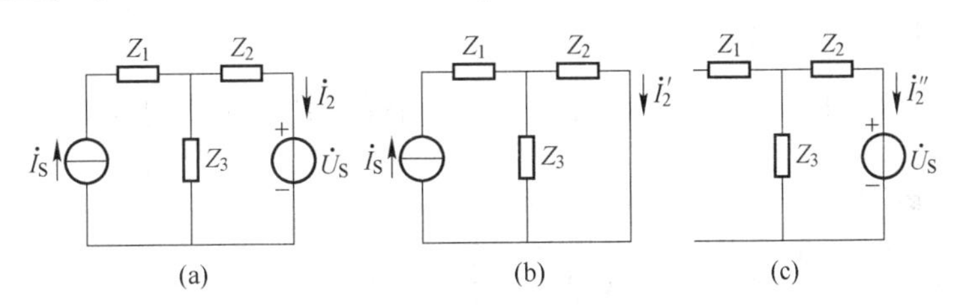

图 4-26　例 4-12 电路图

(a) 实际电路；(b) 等效电路 1；(c) 等效电路 2

【解】　如图 4-26(b)和(c)所示，应用叠加定理有：

$$\dot{I}_2 = \dot{I}'_2 + \dot{I}''_2$$

其中

$$\dot{I}'_2 = \dot{I}_S \frac{Z_3}{Z_2 + Z_3} = 4\underline{/0^\circ} \times \frac{50\underline{/30^\circ}}{50\underline{/-30^\circ} + 50\underline{/30^\circ}}\text{A} = \frac{200\underline{/30^\circ}}{50\sqrt{3}}\text{A} = 2.31\underline{/30^\circ}\ \text{A}$$

$$\dot{I}''_2 = -\frac{\dot{U}_S}{Z_2 + Z_3} = \frac{-100\underline{/45^\circ}}{50\sqrt{3}}\ \text{A} = 1.155\underline{/-135^\circ}\ \text{A}$$

则

$$\dot{I}_2 = \dot{I}'_2 + \dot{I}''_2 = (2.31\underline{/30^\circ} + 1.155\underline{/-135^\circ})\ \text{A} = 1.23\underline{/-15.9^\circ}\ \text{A}$$

【例 4-13】 电路如图 4-27(a)所示。已知电源电压为 20V，频率为 500Hz，$R_1 = 400\Omega$，$R_2 = 30\Omega$，$C = 8\mu\text{F}$。求各支路中的电流和总电流，并画相量图。

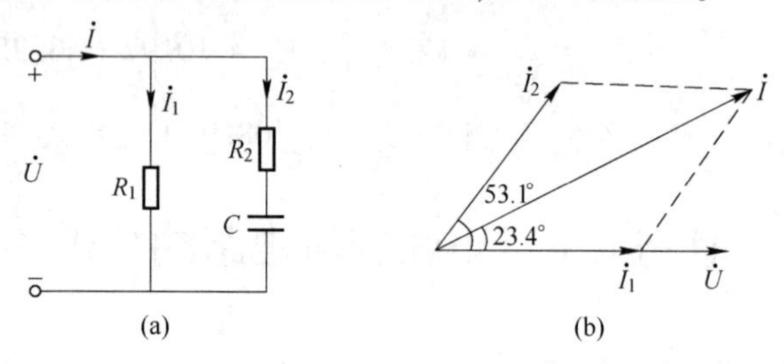

图 4-27　例 4-13 电路图和相量图

（a）实际电路；（b）相量图

【解】 设电压的初相为零 $\dot{U} = 20\underline{/0^\circ}$ V，则：

$$X_C = \frac{1}{2\pi fC} = \frac{1}{3140 \times 8 \times 10^{-6}}\Omega \approx 40\Omega$$

$$\dot{I}_1 = \frac{\dot{U}}{R_1} = \frac{20\underline{/0^\circ}}{40}\text{A} \approx 0.5\underline{/0^\circ}\ \text{A}$$

$$\dot{I}_2 = \frac{\dot{U}}{R_2 - \text{j}X_C} = \frac{20\underline{/0^\circ}}{30-\text{j}40}\text{A} \approx 0.4\underline{/53.1^\circ}\ \text{A}$$

$$\dot{I}_3 = \dot{I}_1 + \dot{I}_2 = (0.5 + 0.4\underline{/53.1^\circ})\text{A} \approx 0.8\underline{/23.4^\circ}\ \text{A}$$

相量图如图 4-27(b)所示。

【例 4-14】 电路如图 4-28(a)所示，$Z = 5 + \text{j}5\Omega$。用戴维南定理求 $\dot{I}$。

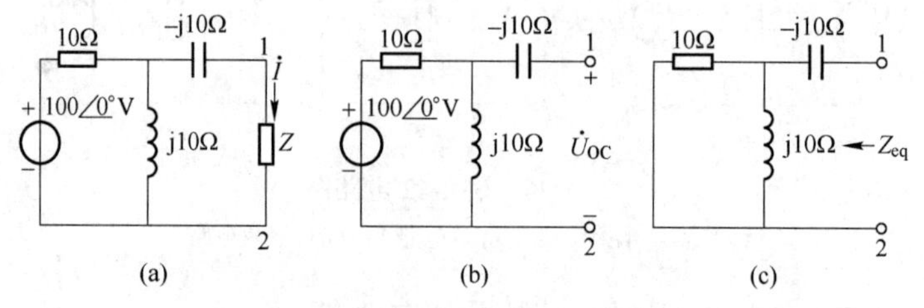

图 4-28　例 4-14 电路图

（a）实际电路；（b）等效电路 1；（c）等效电路 2

【解】 如图 4-28(b)所示电路，将负载断开，开路电压为：

$$\dot{U}_{\mathrm{OC}}=\left(\frac{100\angle 0^{\circ}}{10+\mathrm{j}10}\times \mathrm{j}10\right)\mathrm{V}=50\sqrt{2}\angle 45^{\circ}\ \mathrm{V}$$

如图 4-28(c) 所示，求等效内阻抗 Z_{eq}，得：

$$Z_{\mathrm{eq}}=\left[\frac{10\times \mathrm{j}10}{10+\mathrm{j}10}+(-\mathrm{j}10)\right]\Omega=5\sqrt{2}\angle -45^{\circ}\ \Omega$$

戴维南等效电路如图 4-29 所示，电流为：

$$\dot{I}=\frac{U_{\mathrm{OC}}}{Z_{\mathrm{eq}}+Z}=\frac{50\sqrt{2}\angle 45^{\circ}}{5\sqrt{2}\angle -45^{\circ}+5+\mathrm{j}5}\mathrm{A}=5\sqrt{2}\angle 45^{\circ}\ \mathrm{A}$$

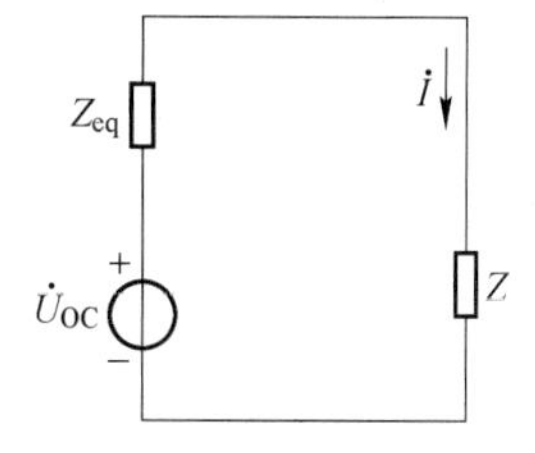

图 4-29　图 4-28(a)的等效电路

4.4.2　正弦交流电路的相量图解法

用相量图分析电路的主要依据是：

(1) 电路中各个元件的电压和电流相量关系既有大小关系，又有相位关系，这些关系可以表示在相量图中。

(2) 在任一线性电路中，各处的电压和电流都是同频率的正弦量，它们可以用相量图表示，画在同一个相量图中，并且可以用相量图进行运算。

(3) 基尔霍夫电压、电流定律的相量形式反映在相量图上，应为闭合多边形。

在应用相量图对电路进行求解时，参考相量的选择很重要。对于串联电路，应选择电流为参考相量；而并联电路，则应选择电压为参考相量；在混联电路中，可根据已知条件综合进行考虑；当电路为复杂混联电路时，应选择末端电压或电流为参考相量。

【例 4-15】 已知在如图 4-30(a)所示的电路中，电压表 V_1 读数为 15V，V_2 读数为 80V，V_3 读数为 100V。求电路端电压 U_{S} 的大小。

【解】 设电流 $\dot{I}$ 为参考相量，$\dot{U}_{\mathrm{R}}$ 与 $\dot{I}$ 同相，$\dot{U}_{\mathrm{L}}$ 比 $\dot{I}$ 超前 90°，$\dot{U}_{\mathrm{C}}$ 比 $\dot{I}$ 滞后 90°，相量图如图 4-30(b)所示。由直角三角形有：

$$U_{\mathrm{S}}=\sqrt{U_{\mathrm{R}}^{2}+(U_{\mathrm{C}}-U_{\mathrm{L}})^{2}}=\sqrt{15^{2}+20^{2}}\ \mathrm{V}=25\mathrm{V}$$

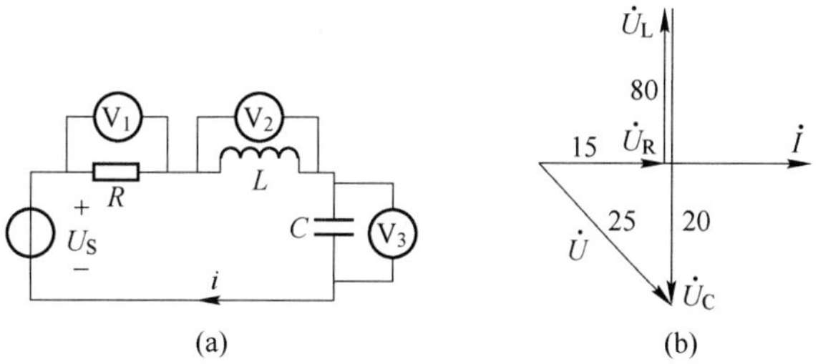

图 4-30　例 4-15 电路图和相量图
(a)实际电路；(b)相量图

【例 4-16】 在如图 4-31(a)所示电路中，已知 $U_{\mathrm{S}}=5\mathrm{V}$，$I_1=I_2=5\mathrm{A}$，总电流 I 与电源电压同相。求总电流 I 和电路参数 R、X_{L}、X_{C}。

【解】 选择 $\dot{I}_{\mathrm{C}}$作参考相量，如图 4-31(b)所示，电阻上的电流 $\dot{I}_1$，与 $\dot{U}_{\mathrm{C}}$同相，电容上的电流 $\dot{I}_2$比 $\dot{U}_{\mathrm{C}}$ 超前 90°，它们合成为 $\dot{I}$ 。由图可知 $I=\sqrt{I_1^2+I_2^2}\mathrm{A}=5\sqrt{2}\mathrm{A}$，并且 $\dot{I}$ 的

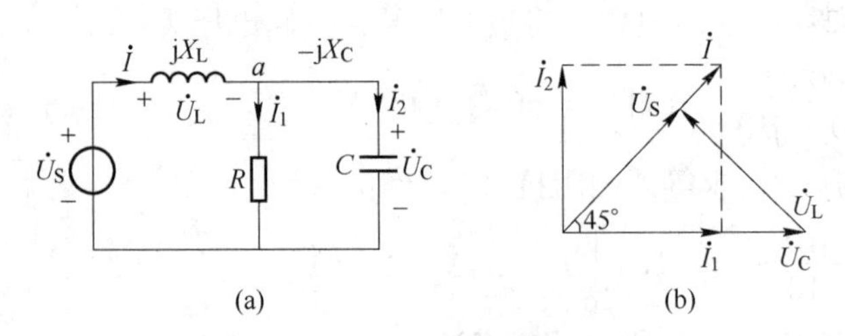

图4-31　例4-16电路图和相量图

相位比 $\dot{I}_1$ 超前45°。$\dot{U}_S$ 与 $\dot{I}$ 同相，$\dot{U}_L$ 比 $\dot{I}$ 超前90°，与 $\dot{U}_C$、$\dot{U}_S$ 构成直角三角形，相量图如图4-31(b)所示。

由相量图可知：

$$U_L = U_S = 5\text{V}$$

$$U_C = \sqrt{U_L^2 + U_S^2} = \sqrt{2}U_S = 5\sqrt{2}\text{V}$$

$$R = \frac{U_C}{I_1} = \frac{5\sqrt{2}}{5}\Omega = \sqrt{2}\Omega$$

$$X_L = \frac{U_L}{I} = \frac{5}{5\sqrt{2}}\Omega = \frac{\sqrt{2}}{2}\Omega$$

$$X_C = \frac{U_C}{I_2} = \frac{5\sqrt{2}}{5}\Omega = \sqrt{2}\Omega$$

任务4.5　正弦交流电路的功率

4.5.1　正弦交流电路的功率

4.5.1.1　瞬时功率

如图4-32(a)所示无源 *RLC* 单端口电路，在正弦稳态情况下，设端口电压、电流分别为：

$$u = \sqrt{2}U\cos(\omega t + \varphi_u)$$

$$i = \sqrt{2}I\cos(\omega t + \varphi_i)$$

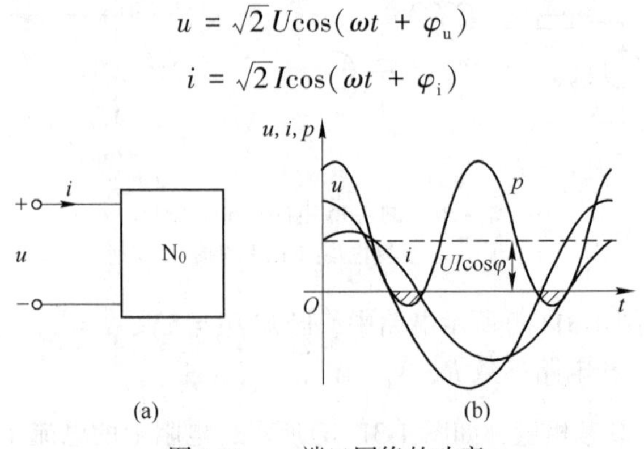

图4-32　一端口网络的功率

(a) *RLC* 单端口电路；(b) 瞬时功率波形图

则 N_0 吸收的瞬时功率 p 等于电压 u 与电流 i 的乘积，即：

$$p = ui = 2UI\cos(\omega t + \varphi_u)\cos(\omega t + \varphi_i)$$

据三角公式，得：

$$2\cos\alpha\cos\beta = \cos(\alpha + \beta)\cos(\alpha - \beta)$$

则：

$$p = UI\cos\varphi + UI\cos(2\omega t + \varphi_u + \varphi_i) \tag{4-57}$$

图 4-32(b)是瞬时功率的波形图。由式(4-57)可以看出，瞬时功率有两个分量，第一个为恒定分量，第二个为正弦量，其频率为电压或电流频率的两倍。

由三角函数公式，得：

$$\begin{aligned}\cos(2\omega t + \varphi_u + \varphi_i) &= \cos[(2\omega t + 2\varphi_i) + (\varphi_u - \varphi_i)] \\ &= \cos2(\omega t + \varphi_i)\cos(\varphi_u - \varphi_i) - \sin 2(\omega t + \varphi_u)\sin(\varphi_u - \varphi_i)\end{aligned}$$

代入式(4-57)，则可用另一种形式表示为：

$$p = UI\cos\varphi[1 + \cos2(\omega t + \varphi_i)] - UI\sin\varphi\sin 2(\omega t + \varphi_i) \tag{4-58}$$

式(4-58)表示一端口网络吸收的瞬时功率。式中第一项始终大于零$\left(\varphi \leqslant \frac{\pi}{2}\right)$，表示一端口网络吸收的能量；第二项是时间的正弦函数，其值正负交替，这说明能量在外施电源与一端口之间来回交换进行。

4.5.1.2　平均功率、功率因数、视在功率

瞬时功率不便于测量，且有时为正，有时为负，在工程中实际意义不大。是故通常又引入平均功率的概念，来衡量功率的大小。

平均功率又称为有功功率，是瞬时功率在一个周期 T 内的平均值，用大写字母 P 表示。其计算式为：

$$P \stackrel{\text{def}}{=} \frac{1}{T}\int_0^T p\mathrm{d}t = \frac{1}{T}\int_0^T UI[\cos\varphi + \cos(2\omega t + \varphi_u + \varphi_i)]\mathrm{d}t = UI\cos\varphi \tag{4-59}$$

有功功率代表一端口网络实际消耗的功率，是式(4-57)的恒定分量，单位为 W（瓦特）。它不仅与电压、电流有效值的乘积有关，还与它们之间的相位差有关。定义 $\cos\varphi$ 为功率因数，并用 λ 表示，则：

$$\lambda = \cos\varphi \tag{4-60}$$

式(4-60)中，$\varphi = \varphi_u - \varphi_i$，$\varphi$ 称为功率因数角，对于不含独立源的网络，$\varphi = \varphi_z$。

由此可见，平均功率并不等于电压、电流有效值的乘积，而是要乘以一个小于 1 的系数。通常工程上用这一电压、电流有效值的乘积来表示某些电气设备的容量，并称为视在功率或表现功率，并用 S 表示，即 $S \stackrel{\text{def}}{=} UI_0$。

提示

为了与平均功率相区别，视在功率直接用 VA（伏安）作单位。

4.5.1.3　无功功率

式(4-58)中的右端第二项反映一端口与电源交换能量，其交换能量的最大速率定义为

无功功率，用 Q 表示为：

$$Q = UI\sin\varphi \tag{4-61}$$

当电压 u 超前电流 i 时，阻抗为感性，Q 值代表感性无功功率；反之，阻抗为容性时，电压 u 滞后于电流 i，Q 值代表容性无功功率。无功功率并非一端口所实际消耗的功率，而仅仅是为了衡量一端口与电源之间能量交换的速度，所以单位上也应与有功功率有所区别，无功功率的单位为 var（乏），即无功伏安。

4.5.1.4　复功率

设一端口网络的电压相量为 $\dot{U}$，电流相量为 $\dot{I}$，即：$\dot{U} = U\angle\varphi_u$，$\dot{I} = I\angle\varphi_i$，$\dot{I}^* = I\angle-\varphi_i$，$\dot{I}^*$ 为 $\dot{I}$ 的共轭复数，则在关联参考方向下有：

$$\dot{U}\dot{I}^* = UI\angle\varphi_u - \varphi_i = UI(\cos\varphi + \mathrm{j}\sin\varphi) = P + \mathrm{j}Q \tag{4-62}$$

称复数 $\dot{U}\dot{I}^*$ 为复功率，用 $\bar{S}$ 表示，即：

$$\bar{S} \overset{\mathrm{def}}{=} \dot{U}\dot{I}^* = P + \mathrm{j}Q \tag{4-63}$$

显然

$$|\bar{S}| = \sqrt{P^2 + Q^2} = \sqrt{(UI\cos\varphi)^2 + (UI\sin\varphi)^2} = UI = S \tag{4-64}$$

$$\arg\bar{S} = \arctan\frac{Q}{P} = \varphi \tag{4-65}$$

提示

复功率是将正弦稳态电路的三个功率和功率因数统一为一个公式表示出来，只是一个辅助计算功率的复数量。它不代表正弦量，没有任何物理意义。复功率的概念既适用于一端口，也适用于单个元件。

复功率的单位为 VA（伏安）。三种基本电路元件的复功率分别为：

$$\bar{S}_R = P, \bar{S}_L = \mathrm{j}Q_L = \mathrm{j}UI, \bar{S}_C = \mathrm{j}Q_C = -\mathrm{j}UI$$

4.5.1.5　单个元件的各种功率

A　电阻元件 R

因为 $\varphi = 0$，所以电阻的瞬时功率为 $p = UI[1 + \cos2(\omega t + \varphi_u)]$。$p$ 始终大于或等于零，这说明电阻一直在吸收能量。平均功率为：

$$P_R = UI = RI^2 = GU^2 \tag{4-66}$$

式中　P_R——电阻所消耗的功率，电阻的无功功率为零。

B　电感元件 L

因为 $\varphi = \frac{\pi}{2}$，所以电感的瞬时功率为 $p = UI\sin\varphi\sin2(\omega t + \varphi_u)$。电感的平均功率为零，所以它不消耗能量，但是 p 正负交替变化，说明有能量的往返交换。电感的无功功率为：

$$Q_L = UI\sin\varphi = UI = \omega LI^2 = 2\omega\left(\frac{1}{2}LI^2\right) = 2\omega W_L \tag{4-67}$$

C　电容元件 C

因为 $\varphi=-\frac{\pi}{2}$，所以电容的瞬时功率为：

$$p=UI\sin\varphi\sin2(\omega t+\varphi_u)=-UI\sin2(\omega t+\varphi_u) \tag{4-68}$$

电容的平均功率为零，所以电容也不消耗能量。但 p 正负交替变化，说明有能量的往返交换。电容的无功功率为：

$$Q_C=-UI\sin\varphi=-UI=-\frac{1}{\omega C}I^2=-\omega CU^2=-2\omega\frac{1}{2}CU^2=-2\omega W_C \tag{4-69}$$

4.5.2　功率因数的提高

在交流电路中，由于电压和电流之间存在相位差 φ，因此有功功率 P 不等于电压与电流有效值的乘积，为 $P=UI\cos\varphi$，式中 $\cos\varphi$ 是电路的功率因数。对于纯电阻负载电路，电压与电流同相，$\cos\varphi=1$。但在交流电路中，一般负载多为感性负载，功率因数为 0 ~ 1。

功率因数过低的危害主要有以下两个方面：

（1）电源设备的容量不能得到充分利用。发电设备在保证其输出的电压和电流不超过额定值的情况下，$\cos\varphi$ 越低，发电设备输出的有功功率越小，则设备容量利用越不充分。

（2）增加了线路上的功率损耗和电压降。根据电流 $I=P/U\cos\varphi$，当电路的有功功率 P 和电压 U 一定时，$\cos\varphi$ 越小，线路中电流就越大，这就增加了线路和设备上的功率损耗。

功率因数不高的根本原因是由于感性负载的存在。为了提高 $\cos\varphi$，通常在感性负载两端并联电容器，利用电容的无功功率来补偿电感的无功功率。感性负载并联电容时的电路图和相量图，如图 4-33 所示。

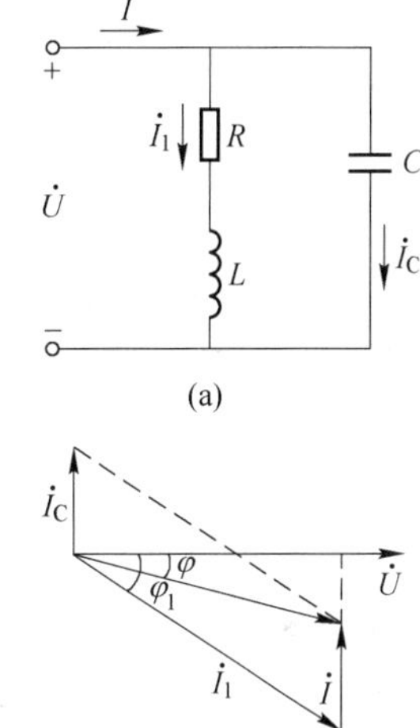

图 4-33　功率因数的提高
（a）电路图；（b）相量图

由图4-33 可见，未并联电容之前，总电流 $\dot{I}$ 就是 RL 支路的电流 $\dot{I}_1$，功率因数为 $\cos\varphi_1$。并联电容后，由于端电压 $\dot{U}$ 不变，则负载电流 $\dot{I}_1$ 也没有变化，但电容支路的电流 $\dot{I}_C$ 相位超前电压 90°，使电路的总电流 $\dot{I}$ 发生了变化。此时 $\dot{I}=\dot{I}_1+\dot{I}_C$，且 $I<I_1$，即总电流在数值上减小了，同时总电流 $\dot{I}$ 与电压 $\dot{U}$ 的相位角也从 φ_1 减小到 φ，从而使总电路的功率因数得到了提高。

注 意

感性负载在并联电容前后，端电压不变，其工作状态不受影响，负载本身的电流、有功功率均无变化。

并联电容前：

$$P=UI_1\cos\varphi_1,\quad I_1=\frac{P}{U\cos\varphi_1}$$

并联电容后：

$$P = UI\cos\varphi,\quad I = \frac{P}{U\cos\varphi}$$

由图4-33(b)的相量图可得：

$$I_C = I_1\sin\varphi_1 - I\sin\varphi = \frac{P\sin\varphi_1}{U\cos\varphi_1} - \frac{P\sin\varphi}{U\cos\varphi} = \frac{P}{U}(\tan\varphi_1 - \tan\varphi)$$

又因为

$$I_C = \frac{U}{X_C} = \omega CU$$

所以

$$\omega CU = \frac{P}{U}(\tan\varphi_1 - \tan\varphi)$$

$$C = \frac{P}{\omega U^2}(\tan\varphi_1 - \tan\varphi) \tag{4-70}$$

以上可以求出把功率因数从 $\cos\varphi_1$ 提高到 $\cos\varphi$ 所需电容值。

【例4-17】 一电感性负载，其功率 $P = 40\text{W}$，接在电压 $U = 220\text{V}$ 的电源上，已知电流 $I = 0.4\text{A}$，频率 $f = 50\text{Hz}$。求：

(1) 此感性负载的功率因数；

(2) 若要将功率因数提高到0.9，并联电容器的电容值为多少？

【解】 (1) 因为 $P = UI\cos\varphi_1$

所以

$$\cos\varphi_1 = \frac{P}{UI} = \frac{40}{220 \times 0.4} = 0.455$$

(2) 因为 $\cos\varphi_1 = 0.455$，所以 $\varphi_1 = 63°$。

因为 $\cos\varphi = 0.9$，所以 $\varphi = 26°$。

由式(4-70)可得：

$$C = \left[\frac{40}{314 \times 220^2}\times(\tan 63° - \tan 26°)\right]\text{F} = (3.88 \times 10^{-6})\text{F} = 3.88\mu\text{F}$$

4.5.3 正弦交流电路负载获得最大功率的条件

如图4-34(a)所示电路，有源单端口 N_S 向负载 Z 传输功率，在不考虑传输效率时，研究负载获得最大功率（有功功率）的条件。利用戴维南定理将电路简化为图4-34(b)所示电路。

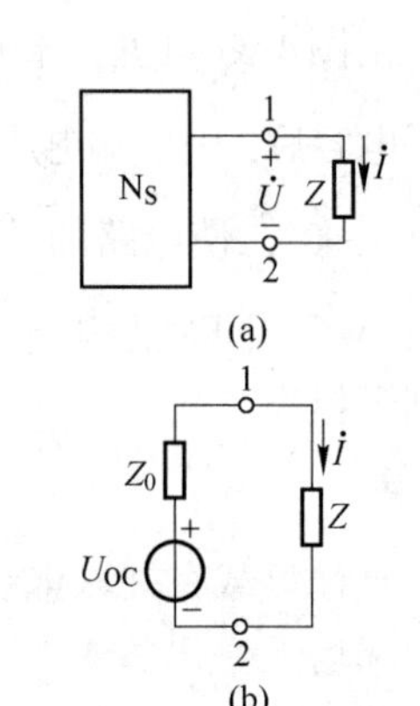

图4-34 最大功率传输
(a) 实际电路；(b) 等效电路

设 $Z_0 = R_0 + jX_0$，$Z = R + jX$，因为 $I = \dfrac{U}{\sqrt{(R_0 + R)^2 + (X_0 + X)^2}}$，所以负载 Z 获得的有功功率为：

$$P = I^2R = \frac{U^2R}{(R_0 + R)^2 + (X_0 + X)^2} \tag{4-71}$$

由式(4-71)可见，当 $X = -X_0$ 时，对任意的 R，负载获得的功率最大，其表达式为：

$$P = \frac{U^2R}{(R_0 + R)^2} \tag{4-72}$$

此时改变 R 可使 P 最大，可以证明 $R = R_0$ 时，负载获得最大功率，于是有：

$$P_{max} = \frac{U^2}{4R_0} \tag{4-73}$$

因此负载获得最大功率的条件为：$X = -X_0$，$R = R_0$，即 $Z = Z_0^*$。

提 示

还可证明，当电路用诺顿等效电路表示时，获最大功率的条件可表示为 $Y = Y_0^*$。上述获得最大功率的条件称为最佳匹配，此时电路的传输效率为50%。

【例 4-18】 电路如图 4-35(a)所示，Z_1 的实部、虚部均可变。若使 Z_L 获得最大功率，Z_L 应取何值，功率最大，其最大功率是多少？

【解】 首先求出 ab 以左的戴维南等效电路，如图 4-35(b)所示。

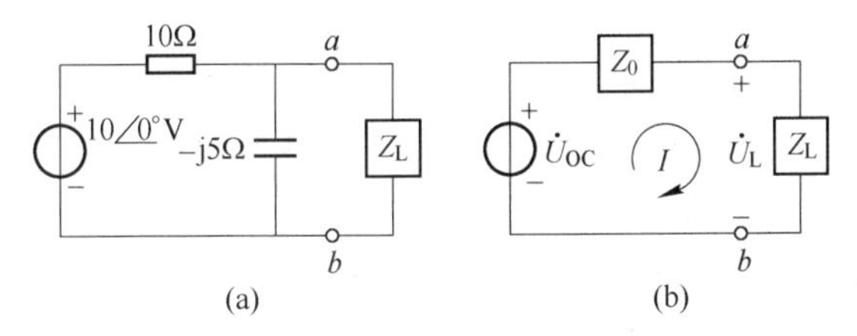

图 4-35　例 4-18 电路图

(a) 实际电路；(b) 等效电路

$$\dot{U}_{OC} = \frac{-j5}{10-j5} \times 10\angle 0° = \frac{50\angle -90°}{11.18\angle -26.57°} V = 4.47\angle -63.43° \ V$$

$$Z_0 = \frac{-10 \times j5}{10-j5} \Omega = 4.47\angle 116.57° \ \Omega = (2-j4)\Omega$$

当 $Z_L = Z_0^* = (2 + j4)\Omega$ 时，可获得最大功率，最大功率的值为：

$$P_{max} = \frac{U_{OC}^2}{4R_0^2} = \frac{4.47^2}{4 \times 2} W = 2.5W$$

任务 4.6　正弦交流电路中的谐振现象

在含有电阻、电感和电容的交流电路中，一般情况下电路的端电压和电流是不同相位的，电路呈感性或者容性；但是当端电压和电流同相位时，电路呈电阻性，这时称电路的工作状态为谐振。

谐振现象是正弦稳态电路的一种特定的工作状况，它在无线电和电工技术中得到广泛的应用。谐振具有两重性，一方面无线电设备用谐振电路来完成调谐、滤波等功能；另一方面，在电力系统中，发生谐振时有可能引起过电流、过电压，破坏系统的正常工作。因此，对谐振现象的研究有重要的实际意义。通常采用的谐振电路是由电阻、电容、电感组成的串联谐振电路和并联谐振电路。

4.6.1　串联谐振

在 RLC 串联电路中，当电路的端电压和电流同相位时，称为串联谐振。对于如图 4-36

(a)所示的串联谐振电路，根据基尔霍夫电压定律的相量式有：

$$\dot{U} = \dot{U}_R + \dot{U}_L + \dot{U}_C$$
$$= R\dot{I} + j\omega L\dot{I} + \frac{\dot{I}}{j\omega C}$$
$$= \dot{I}\left[R + j\left(\omega L - \frac{1}{\omega C}\right)\right]$$

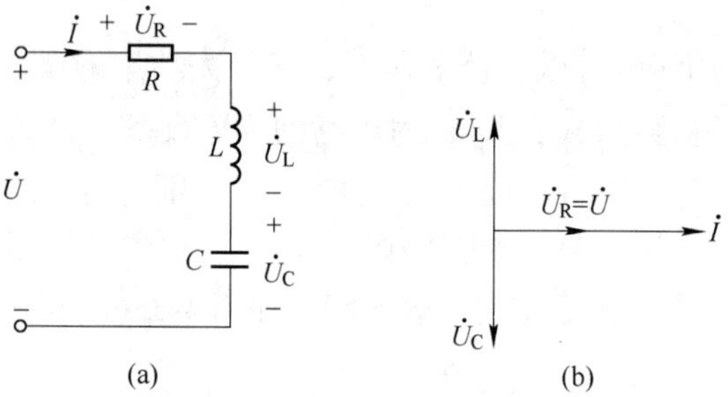

图 4-36　串联谐振电路及其相量图
(a) 串联谐振电路；(b) 相量图

由于当电路发生谐振时，总电压和总电流同相位，所以应使上式中的虚部为零，即：

$$\omega L = \frac{1}{\omega c} \tag{4-74}$$

这就是使 RLC 电路发生串联谐振的条件。将发生谐振时的角频率记为 ω_0，称为谐振角频率。因此，该电路的谐振角频率为：

$$\omega_0 = \frac{1}{\sqrt{LC}} \tag{4-75}$$

谐振频率为：

$$f_0 = \frac{\omega_0}{2\pi} = \frac{1}{2\pi\sqrt{LC}} \tag{4-76}$$

由式(4-76)可知，串联电路的谐振频率与电阻无关。谐振频率反映了串联电路的一种固有性质，因此也常称 f_0 为固有频率。对于每一个 RLC 串联电路，总有一个对应的谐振频率。由此可见，改变电源频率 f 或者改变电路参数（L 或 C）的数值，就可以使电路发生谐振或消除谐振现象。

串联谐振时的相量图如图 4-36(b)所示，此时电感电压 U_L 和电容电压 U_C 大小相等，相位相反，合成为零；路端电压都降在电阻上，$U_R = U$。

当电路发生串联谐振时，电抗 $X = X_L - X_C = 0$，所以阻抗是一个纯电阻，阻抗角为零，即 $Z_0 = R$，$\varphi = 0$。

这时阻抗的模为最小值，即：

$$|Z_0| = \sqrt{R^2 + X^2} = R \tag{4-77}$$

由于谐振时阻抗的模为最小值，所以电流达最大值，即：

$$\dot{I}_0 = \frac{\dot{U}}{Z_0} = \frac{\dot{U}}{R} \tag{4-78}$$

提示

谐振时电阻上的电压有效值与端口电压有效值相同，工程中在做实验时，常以此来判定串联谐振电路是否发生谐振。

谐振时，感抗和容抗相等，同时谐振角频率 $\omega_0 = 1/\sqrt{LC}$，则：

$$\omega_0 L = \frac{1}{\omega_0 C} = \frac{1}{\sqrt{LC}}L = \sqrt{\frac{L}{C}} = \rho \tag{4-79}$$

令 $\sqrt{L/C} = \rho$，ρ 称为特性阻抗，单位为欧（姆）。它由电路的 L、C 参数决定，是衡量电路特性的重要参数。

谐振时，$\dot{U}_L$ 和 $\dot{U}_C$ 大小相等，相位相反，因此 L 和 C 上的电压合成为零。但 L、C 元件上的电压不为零，甚至可能很大，故串联谐振又称为电压谐振。工程上通常用 Q 来描述 $\dot{U}_L$(或 U_C) 与 U 的关系，Q 称为品质因数，它是一个无量纲的量。品质因数定义为：

$$Q = \frac{U_L(U_C)}{U} = \frac{U_L(U_C)}{U_R} = \frac{\omega_0 LI}{RI} = \frac{\omega_0 L}{R} = \frac{\rho}{R} = \frac{\sqrt{\frac{L}{C}}}{R} \tag{4-80}$$

对于电力电路，Q 值很大是不利的，因为 Q 越大，则 L 或 C 上的电压越高，因此设计时，电容和电感的耐压值就需要很高，否则容易击穿。但在无线电工程中，当外来信号比较微弱时，可利用串联谐振在电容或电感上获得较高的信号电压，因此要求 Q 值高一些。

在串联谐振时，电路的无功功率为零，电源供给的能量全部消耗在电阻上。在 RLC 串联谐振电路中，感抗、容抗、电压、电流以及阻抗等都将随频率而变化，把这种变化称为频率特性，其中电压电流的频率特性曲线称为谐振曲线。在电源电压有效值不变的情况下，电流的谐振曲线如图 4-37 所示。

从谐振曲线可以看出，当 $\omega = \omega_0$ 时，电流最大；当偏离谐振频率时，电流下降，而且偏离越远，电流下降程度越大。也就说明谐振电路具有把 ω_0 附近的信号选择出来的性能，称为选择性。因此，串联谐振电路可以用作选频电路。

将图 4-37 所示的横坐标用 ω/ω_0 表示，就得到如图 4-38 所示的通用谐振曲线。图中画出了不同 Q 值的谐振曲线。从图中可以看出，选择性与品质因数 Q 有关，Q 越大，曲线越尖锐，选择性越好。因此，要从众多信号中选择出所需要的信号，就要选择 Q 值大的电路，同时可以有效地抑制其他信号。

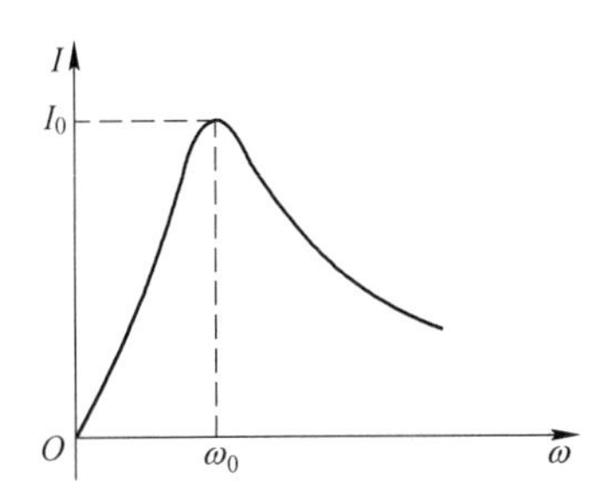

图 4-37　电流的谐振曲线

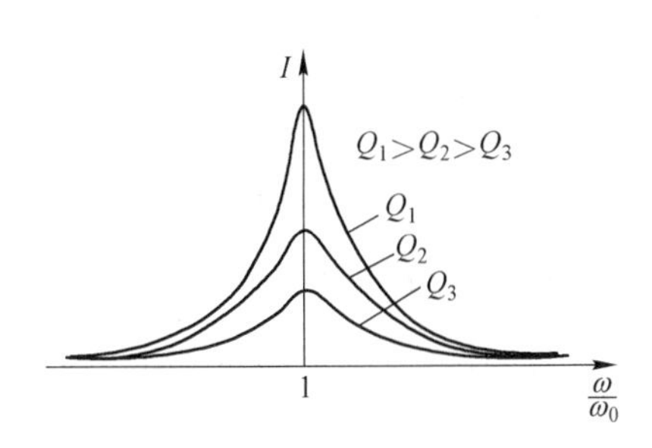

图 4-38　通用谐振曲线

实际的信号通常不是一个单一的频率，而是一个频率范围。在实际应用中，常将这个频率范围称为该电路的带宽，又称为通频带，用 B 表示，通频带如图4-39所示。通频带定义为：将电流下降为最大值的 $1/\sqrt{2}$（= 0.707）倍时对应的频率点 f_1、f_2 之间的宽度，即 $B = f_2 - f_1$，并可证明（证明从略）：

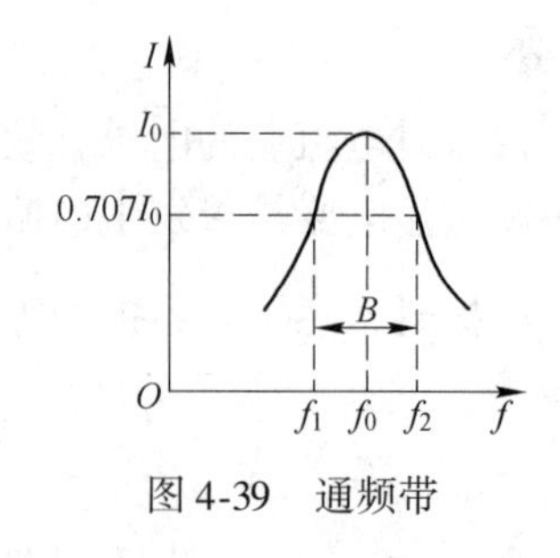

图4-39　通频带

$$B = f_2 - f_1 = \frac{f_0}{Q} \tag{4-81}$$

式(4-81)表明通频带 B 与品质因数 Q 成反比，即 Q 值越高，通频带越窄。

提示

串联谐振回路的选择性和通频带均受 Q 值影响，但两者之间是矛盾的，因此实际电路应兼顾两方面的要求。

【例4-19】 在某个 RLC 串联谐振电路中，$R = 100\Omega$，$C = 150\text{pF}$，$L = 250\mu\text{H}$。试求该电路发生谐振的频率。若电源频率刚好等于谐振频率，电源电压 $U = 50\text{V}$，求电路中的电流、电容电压、电路的品质因数。

【解】

$$\omega_0 = \frac{1}{\sqrt{LC}} = \frac{1}{\sqrt{150 \times 10^{-12} \times 250 \times 10^{-6}}}\text{rad/s} = 5.16 \times 10^6\text{rad/s}$$

$$f_0 = \frac{\omega_0}{2\pi} = \frac{5.16 \times 10^6}{2 \times 3.14}\text{Hz} = 8.2 \times 10^5\text{Hz}$$

$$I_0 = \frac{U}{R} = \frac{50\text{V}}{100\Omega} = 0.5\text{A}$$

$$\frac{1}{\omega C} = \omega L = (5.16 \times 250)\Omega = 1290\Omega$$

$$U_C = \frac{1}{\omega C} I_0 = 645\text{V}$$

$$Q = \frac{\omega L}{R} = 12.9$$

4.6.2　并联谐振

4.6.2.1　并联谐振的条件

在 RLC 并联电路中，当电路的端电压和电流同相位时，称为并联谐振。并联谐振电路如图4-40(a)所示。当发生谐振时，电感上的电流 $\dot{I}_L$ 和电容上的电流 $\dot{I}_C$ 大小相等，相位相反，L、C 上合成的电流为零；总电流 $\dot{I}$ 与总电压 $\dot{U}$ 同相位，且电阻电流 $\dot{I}_R$，等于总电流 $\dot{I}$。相量图如图4-40(b)所示。

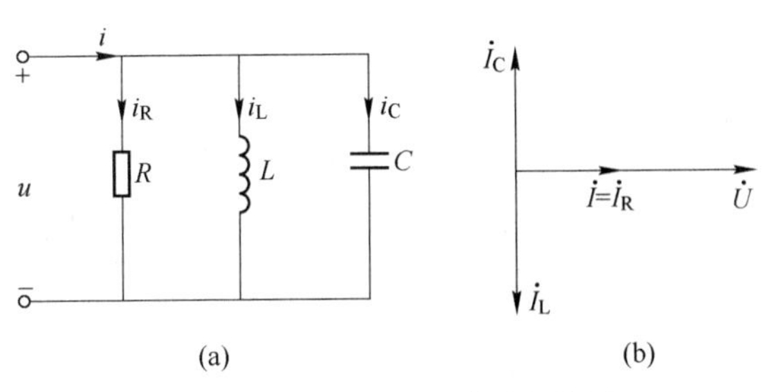

图 4-40　并联谐振电路及相量图

（a）并联谐振电路图；（b）相量图

由于总电压和总电流之间关系如下：

$$\dot{I} = Y\dot{U} = \left(R + \frac{1}{\mathrm{j}\omega L} + \mathrm{j}\omega C\right)\dot{U} \tag{4-82}$$

所以，当它们同相时，应该使得：

$$\frac{1}{\omega L} = \omega C$$

这就是使 R、L、C 并联电路发生谐振的条件。由此可见，谐振角频率、谐振频率与串联谐振的表达式相同，即：

$$\omega_0 = \frac{1}{\sqrt{LC}} \quad 及 \quad f_0 \frac{\omega_0}{2\pi} = \frac{1}{2\pi\sqrt{LC}} \tag{4-83}$$

注 意

在实际的电路中，一般没有纯电感元件，纯电感只是在特定条件下的等效。对于导线绕制的线圈，它同时包含阻性和感性。

在如图 4-41（a）所示的线圈和电容并联谐振电路中，用电阻 R 和电感 L 的串联来表示实际线圈，它与电容器组成并联谐振电路。线圈和电容的复阻抗分别为：

$$Z_L = R + \mathrm{j}\omega L, Z_C = \frac{1}{\mathrm{j}\omega C}$$

电路的复阻抗为：

$$Z = \frac{(R + \mathrm{j}\omega L)\frac{1}{\mathrm{j}\omega C}}{R + \mathrm{j}\omega L + \frac{1}{\mathrm{j}\omega C}} \tag{4-84}$$

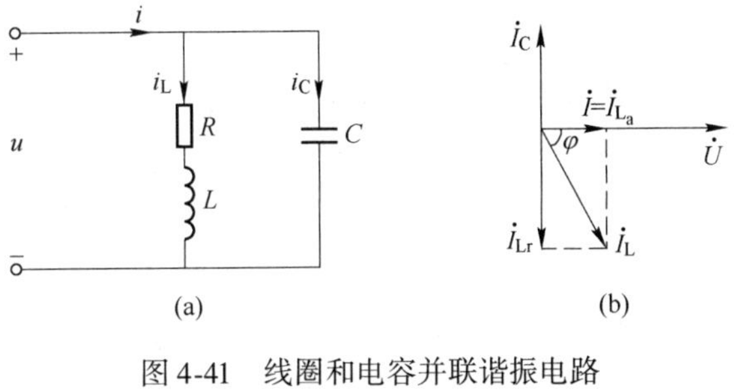

图 4-41　线圈和电容并联谐振电路

（a）实际电路；（b）相量图

在一般情况下，线圈本身的电阻 R 很小，特别是在频率较高时，$\omega L \gg R$。因此，若忽

略电阻 R 的影响，则有：

$$Z \approx \frac{\dfrac{L}{C}}{R + \mathrm{j}\omega L + \dfrac{1}{\mathrm{j}\omega C}} = \frac{1}{\dfrac{RC}{L} + \mathrm{j}\left(\omega C - \dfrac{1}{\omega L}\right)} \tag{4-85}$$

谐振时，复阻抗的虚部为零，则并联谐振的条件为：

$$\omega C - \frac{1}{\omega L} = 0 \tag{4-86}$$

则谐振角频率及谐振频率为：

$$\omega_0 = \frac{1}{\sqrt{LC}} \tag{4-87}$$

$$f_0 = \frac{1}{2\pi\sqrt{LC}} \tag{4-88}$$

4.6.2.2　并联谐振的特征

由式（4-85）可得，电路阻抗值为：

$$|Z| = \frac{1}{\sqrt{\left(\dfrac{RC}{L}\right)^2 + \left(\omega C - \dfrac{1}{\omega L}\right)^2}} \tag{4-89}$$

当电路发生谐振时，$\omega C = \dfrac{1}{\omega L}$，阻抗达到最大值，即：

$$|Z_0| = \frac{1}{\dfrac{RC}{L}} = \frac{(\omega_0 L)^2}{R} \tag{4-90}$$

对于如图 4-41(a)所示的电路，选择电压 $\dot{U}$ 作为参考相量，则电感电流 $\dot{I}_L$滞后电压 φ 角度，φ 为线圈支路的阻抗角；电容电流 $\dot{I}_C$超前电压 90°。电压电流的相量图如图 4-41(b)所示。当电路发生谐振时，总电压和总电流同相，电流 $\dot{I}_L$在虚轴上的分量 $\dot{I}_{L_r}$(即无功分量）与 $\dot{I}_C$等值反向，合成为零；在实轴上的分量 $\dot{I}_{L_a}$(即有功分量）等于总电流 $\dot{I}$ 。由于谐振时阻抗最大，所以总电流最小，电路发生谐振时线圈支路的电流无功分量与电容上的合成电流为零。

尽管当电路发生并联谐振时，总电流达到最小值，但分电流 I_L、I_C 的数值却很大，比总电流大很多倍，因此并联谐振又称为电流谐振，其特征可用品质因数 Q 描述，定义为：

$$Q = \frac{I_L}{I} = \frac{I_C}{I} = \frac{\omega_0 L}{R} \tag{4-91}$$

【例 4-20】　收音机的中频放大器常用并联谐振电路来选择 465kHz 的信号。假设线圈的电阻 $R = 5\Omega$，$L = 150\text{pH}$，谐振时的总电流 $I = 1\text{mA}$。试求应该配多大的电容电路才能选择 465kHz 的信号，并求谐振时的阻抗、电路的品质因数、线圈和电容中的电流和端电压。

【解】　要想能选择到 465kHz 的信号，必须使电路的固有频率 $f_0 = 465\text{kHz}$，即谐振时的感抗为：

$$\omega_0 L = 2\pi f_0 L = (2\pi \times 465 \times 10^3 \times 150 \times 10^{-6})\Omega = 438\Omega$$

而电阻 $R = 5\Omega$，符合 $\omega_0 L \gg R$，可以近似认为 $\omega_0 L = \dfrac{1}{\omega_0 C}$，即：

$$C = \frac{1}{\omega_0^2 L} = \frac{1}{(2\pi f_0)^2 L} = \frac{1}{(2\pi \times 465 \times 10^3)^2 \times 150 \times 10^{-6}}\mathrm{F} = 780\mathrm{pF}$$

$$|Z_0| = \frac{(\omega_0 L)^2}{R} = 38.4\mathrm{k}\Omega$$

$$Q = \frac{I_L}{I} = \frac{I_C}{I} = \frac{\omega_0 L}{R} = \frac{438}{5} = 88$$

$$I_L \approx I_C = QI_0 = 88 \times 1\mathrm{mA} = 88\mathrm{mA}$$

$$U_L = U_C = I_0 |Z_0| = (1 \times 10^{-3} \times 38.4 \times 10^3)\mathrm{V} = 38.4\mathrm{V}$$

任务 4.7 实践——*RLC* 串联电路谐振参数测量

4.7.1 任务目的

通过本任务，巩固电路谐振的相关知识；学会用仿真方法，测量 *RLC* 串联电路的谐振参数；学会按要求连接电路，并测量电路的谐振参数、绘制曲线。

4.7.2 设备材料

该实践任务所需要的设备材料有：

（1）计算机（装有 Multisim 电路仿真软件）1 台；

（2）交流毫伏表；

（3）函数信号发生器；

（4）双踪示波器；

（5）*R*、*L*、*C* 串联谐振电路实验板。

4.7.3 任务实施

4.7.3.1 仿真方法测量谐振参数

该任务内容是：根据给定的电路参数，观察电路频率响应曲线，测量谐振频率以及谐振时电压、电流参数，计算品质因数。

其操作步骤及方法如下：

（1）设计一个 *RLC* 串联仿真电路，串联谐振仿真电路如图 4-42 所示，设置信号源 u_i 电压值为 1V，频率为 1kHz。

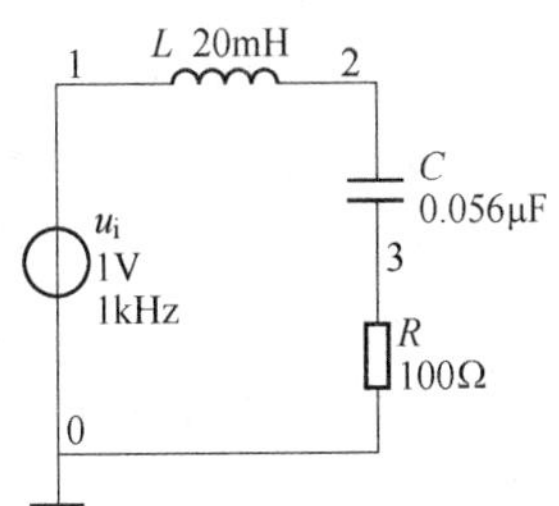

图 4-42 串联谐振仿真电路

（2）选择电阻为 100Ω、电容为 0.056μF、电感为 20mH，计算电路的谐振频率。

（3）在菜单栏上选择“Simulate → Analyese → AC

Analysis”，弹出参数设置窗口，在 Frequency Parameters 选项中，因谐振频率 $f_0 = 1/2\pi\sqrt{LC} \approx 4.75$kHz，则设置“Start frequency”为 41kHz、“Stop frequency”为 5.5kHz，根据估算的谐振频率，适当选取开始和截止频率；在 Output 选项中，“Variables in circuit”选择“Voltage”，把节点 3 的电压添加为仿真变量（该节点电压就是电阻上的电压）。“Sweep type”和“Vertical scale”选择“Linear”，“Number of points per decade”可设置为 100，该数据越大曲线越光滑，其他选项默认。点击“Simulate”按钮，弹出仿真曲线窗口，观察频率响应曲线。

（4）单击工具栏中游标工具，放置游标，读出幅频曲线的最大值对应的频率，即谐振频率，填入表 4-1 中（为了读数精确，可适当修改起、止频率，缩小扫频范围）。

（5）保持信号源幅值 1V 不变，频率修改为谐振频率，用电压表测量此时电感、电容和电阻上的电压，并适当调整信号源频率，使得电感和电容上电压相等，电阻电压尽量接近信号源电压 1V。把以上数据填入表 4-1 中，仿真电路复制到项目报告中。根据测量值计算谐振电流、电路的品质因数，并将这些数据填入表 4-1 中。

（6）按照表 4-1 提供的数据来改变 R、C 的值，计算谐振频率，并按照步骤(3)和步骤(4)观察曲线变化，并记录数据。

表 4-1　串联谐振数据

数据	R/Ω	$C/\mu F$	f_0/kHz	U_{R0}/V	U_{L0}/V	U_{C0}/V	I_0/mA	Q
仿真数据	100	0.01						
	100	0.056						
	510	0.01						
	510	0.056						
测量数据	100	0.01						
	100	0.056						
	510	0.01						
	510	0.056						

4.7.3.2　实验方法测量谐振参数

RLC 串联谐振实验电路如图 4-43 所示，把低频信号发生器的电压输出端连接到图中的激励端，调整低频信号发生器输出信号为 1V 正弦信号，作为谐振电路的信号源。

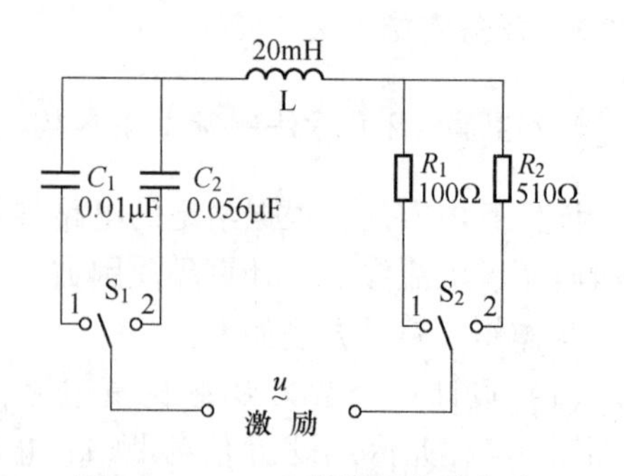

图 4-43　*RLC* 串联谐振实验电路

其操作步骤及方法如下：

（1）图 4-43 中电感量保持 20mH，通过开关 S_1 和 S_2 切换来选择电阻和电容，先选择 100Ω、电容 0.01μF。

（2）交流毫伏表跨接在电阻 R 两端，监测电阻电压变化，双踪示波器分别监测信号源和电阻电压。

（3）把信号源频率由小逐渐变大，观察交流毫伏表的读数和示波器的波形变化。当电

压达到最大值 U_0 时，信号源的波形与电阻电压波形同相位且近似相等，读出此时频率计上的频率值即为谐振频率 f_0，并用交流毫伏表分别测量 U_0、U_{L_0}、U_{C_0} 的值，填入表 4-1 中。在测量时，注意改变交流毫伏表的量程。

（4）按照表 4-1 中的参数，拨动开关 S_1、S_2，重复步骤(3)。

操作过程中需要注意：

（1）在变换频率测试前，应调整信号输出幅度（用示波器监视输出幅度），使其维持在 1V 输出。

（2）在测量 U_C 和 U_L 时，应及时更换毫伏表的量程。

4.7.4　思考题

（1）在任何电路中换路都能引起过渡过程吗?

（2）电路的过渡过程持续时间与哪些量有关?

（3）电动机带负载运行时能不能直接切断电源开关，为什么?

（4）电路参数不变，改变方波信号的频率对输出信号有什么影响?

4.7.5　任务报告

（1）画出实验电路原理图，复制仿真电路和波形图粘贴到任务报告中。

（2）对测量的数据进行计算、处理。

（3）比较谐振频率的计算结果和测量结果，分析误差原因。

（4）计算出通频带与 Q 值，说明不同 R 值时对电路通频带与品质因数的影响。

习　题

一、填空题

（1）正弦量的三要素是指正弦量的________、________和________；已知工频正弦电压 $U=100\text{V}$，$\varphi_u=-30°$，则该电压的瞬时值表达式 $u=$ ________ V，用相量表示为________ V。

（2）已知 $i=5\sqrt{2}\cos(10t-60°)$，$u_1=300\sqrt{2}\cos(10t+120°)$，$u_2=400\sqrt{2}\cos(10t+30°)$，$i$ 与 u_1 的相位关系是________超前________；u_1 与 u_2 的相位关系是________超前________。

（3）图 4-44 所示，RLC 并联电路接在正弦电压下，已知 $I_R=3\text{A}$，$I_L=1\text{A}$，$I_C=4\text{A}$，则总电流 $I=$ ________ A；若保持端电压有效值不变，将电源频率减小一半，则各电流的变化为 $I_R=$ ________ A，$I_L=$ ________ A，$I_C=$ ________ A，总电流 $I=$ ________ A。

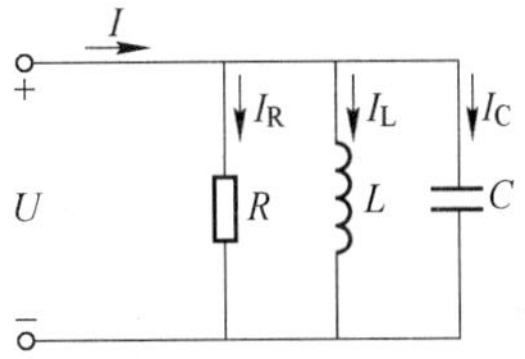

图 4-44　电路图（1）

（4）两同频度正弦电流的有效值 $I_1=8\text{A}$，$\varphi_1=30°$，$I_2=6\text{A}$。当 i_1、i_2 同相时，$\varphi_2=$ ________，i_1+i_2 的有效值为________ A。当 i_1、i_2 反相时，$\varphi_2=$ ________，i_1+i_2 的有效值为________ A。当 i_1、i_2

正交时，φ_2 = ________，$i_1 + i_2$ 的有效值为________ A。

（5）*RLC* 串联电路根据电路的性质，可以分为________性、________性、________性，这三种电路的特点分别为 X_L ________ X_C，X_L ________ X_C，X_L ________ X_C；或表示为 φ ________ 0，φ ________ 0，φ ________ 0。

二、选择题

（1）*RLC* 串联电路中，$R = 5\Omega$，$\omega L = 5\Omega$，$1/\omega C = 15\Omega$，则阻抗 Z =（　　）Ω。

A. 5 + j10　　B. 5-j10　　C. 5 + j5　　D. 5-j5

（2）在 *RLC* 串联电路中，（　　）是正确的。

A. $U = U_R + U_L + U_C$　　B. $\dot{U} = \dot{U}_R + \dot{U}_L + \dot{U}_C$

C. $Z = R + X_L + X_C$　　D. $\dot{I} = \dot{I}_R + \dot{I}_L + \dot{I}_C$

（3）在 *RLC* 并联电路中，（　　）正确的。

A. $Y = G + j(\omega C - 1/\omega L)$　　B. $\dot{U} = \dot{U}_R + \dot{U}_L + \dot{U}_C$

C. $Z = R + X_L + X_C$　　D. $Y = G + j(\omega L + \omega C)$

（4）图4-45所示电路中，已知 $i(t) = 2\cos(100t + 30°)$ V，则电压为（　　）。

A. $200\sin(100t + 120°)$ A　　B. $200\cos(100t + 30°)$ A

C. $200\cos(100t + 120°)$ A　　D. $200\cos(100t - 60°)$ A

（5）图4-46所示电路中，电流表 A = 5A，A_1 = 4A，A_2 = 6A，当 $X_L > X_C$，电流表 A_3 的读数为（　　），当 $X_L < X_C$ 时，电流表 A_3 的读数为（　　）。

A. 5A　　B. 9A　　C. 3A　　D. 4A

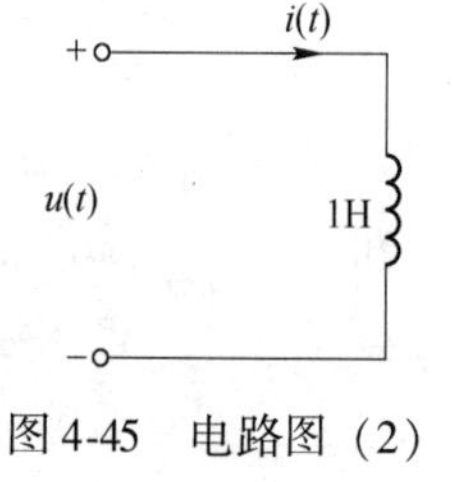

图4-45　电路图（2）

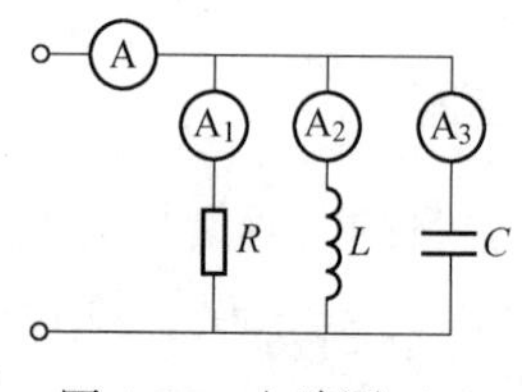

图4-46　电路图（3）

三、计算题

（1）已知电流的波形图如图4-47所示，电流的频率为50Hz。写出这两个电流的瞬时值表达式，并说明它们的相位关系。

（2）写出正弦电压 $u = 128\sqrt{2}\sin(314t + 40°)$ V、电流 $i = 7.9\sqrt{2}(\sin 314t - 15°)$ mA 对应的相量，并化成代数式，画出相量图。

（3）已知正弦电流 $i_1 = 70.7\sin(314t - 30°)$ A，$i_2 = 60\sin(314t + 60°)$，求 i_1 与 i_2 的和。

（4）已知正弦电压源 $u = 20\sqrt{2}\sin(5000t + 30°)$ V，

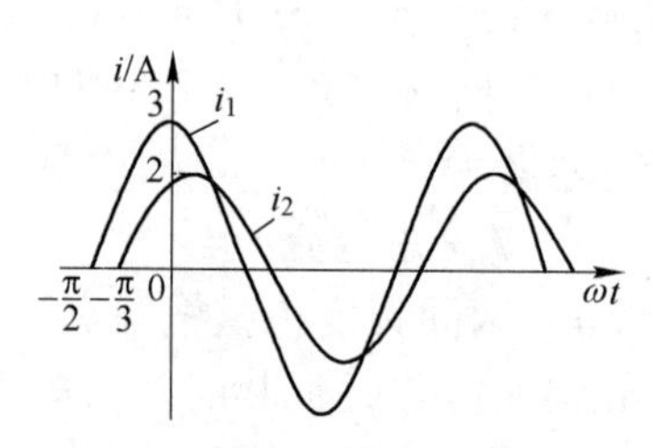

图4-47　电流波形图

若将该电压源分别加在电阻为50Ω、电感为200mH、电容为40μF上，则求各元件上的电流相量，并画出相量图。

（5）已知一线性无源二端网络，当它的电压和电流为相关联参考方向时，电流为 $i=2\sqrt{2}\sin(\omega t+30°)$ A，端电压为 $u=220\sqrt{2}\sin(\omega t+60°)$ V。试写出对应的相量 $\dot{I}$ 、$\dot{U}$ ，画出相量图，并求等效复阻抗。

（6）有一并联电路如图4-48所示。电流表 A_1 的读数为3A，A_2 的读数为4A，求A的读数。

（7）如图4-49所示，已知 $G=0.32\text{S}, \text{j}\omega C=\text{j}0.24\text{S}, \dot{U}_S=50\angle 0°$ V。求 $\dot{I}$ 。

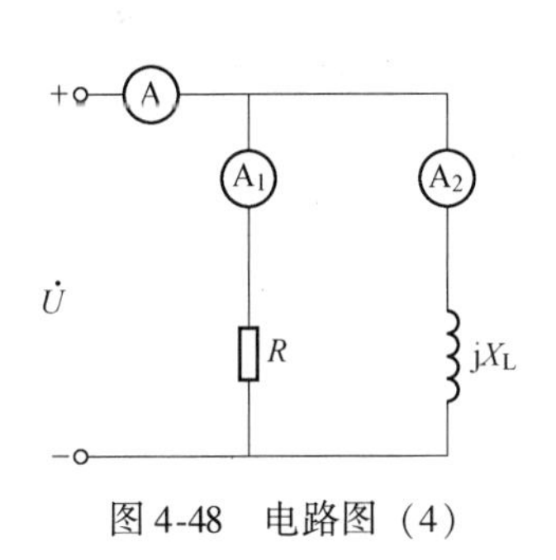

图4-48　电路图（4）

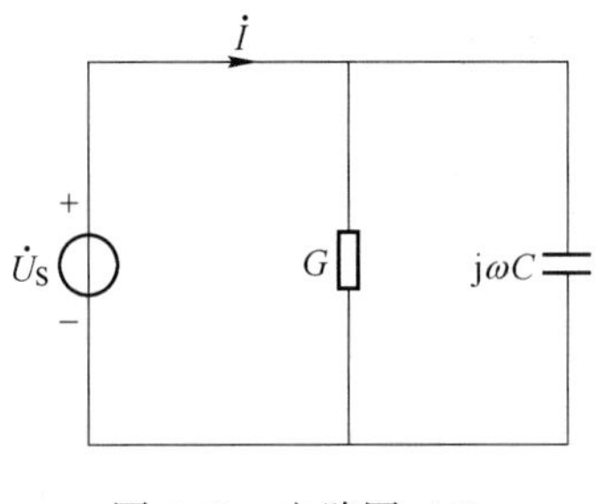

图4-49　电路图（5）

（8）在图4-50中，已知 $\dot{U}=111.3\angle 60°$ V，$\dfrac{1}{\text{j}\omega C}=-\text{j}58.8\Omega, R_1=34\Omega, \text{j}\omega L=\text{j}40\Omega$，$R_2=23.5\Omega$。求各支路电流。

（9）在图4-51中，$\omega=1200\text{rad/s}, \dot{I}_L=4\angle 0°\text{ A}, \dot{I}_C=1.2\angle 53°$ A。求 $\dot{I}_S$和 $\dot{U}_S$。

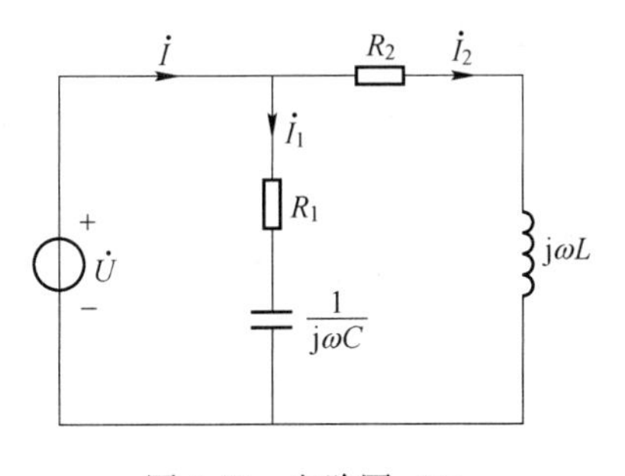

图4-50　电路图（6）

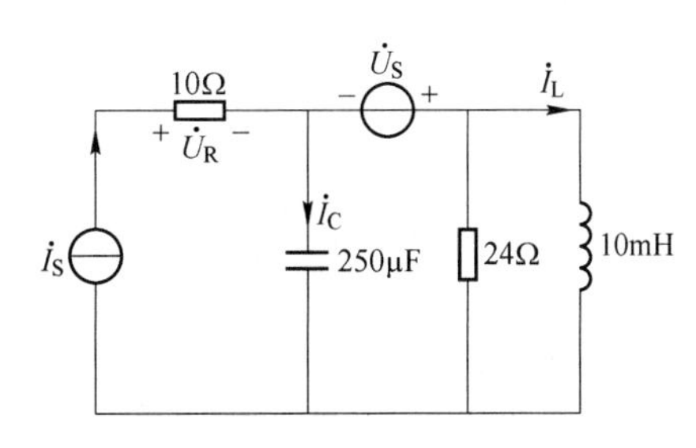

图4-51　电路图（7）

（10）在图4-52中，已知 $\dot{U}_{S1}=140\angle 90°$ V，$\dot{U}_{S2}=150\angle 37°$ V，$Z_1=\text{j}20\Omega$，$Z_2=\text{j}10\Omega$，$Z_3=5\Omega$。求各支路电流。

（11）在图4-53所示电路中，已知 $I_C=2$A。画相量图，并求 U_S、U_1、U_2 和 U_3。

（12）在图4-54中，已知 $Z_1=(2+\text{j}4)\Omega, Z_2=-\text{j}5\Omega$，$Z_3=(4+\text{j}5)\Omega$，$Z_3$ 上电压有效值 $U_3=220$V。求各支路电流。

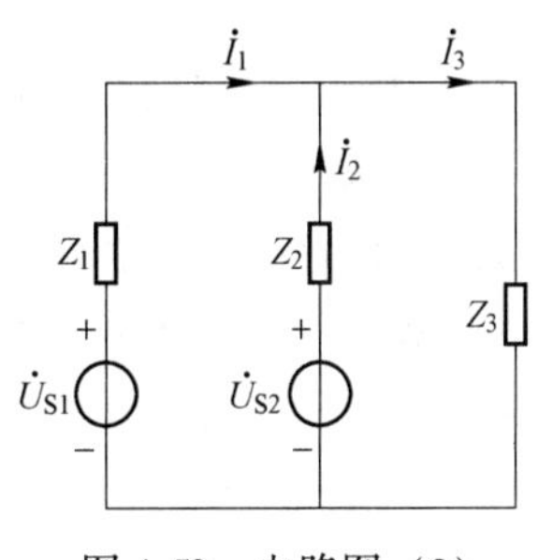

图4-52　电路图（8）

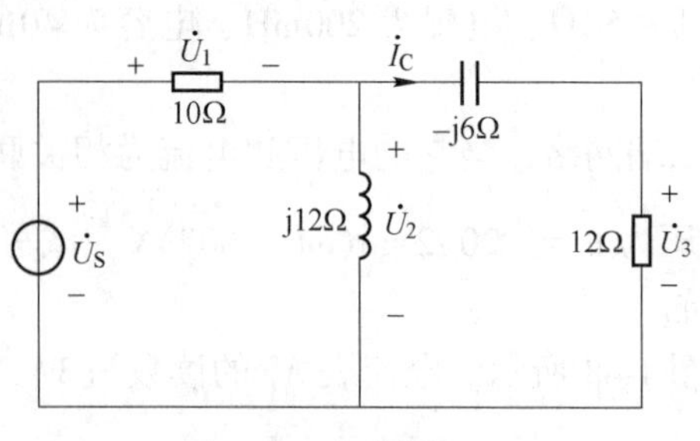

图 4-53　电路图（9）

（13）在图 4-55 所示的电路中，已知 $\dot{U} = 100\angle 50°$ V，$R = 8\Omega$，$X_L = 6\Omega$，$X_C = 3\Omega$。求各支路的电流以及电路的有功功率、无功功率、视在功率和功率因数。

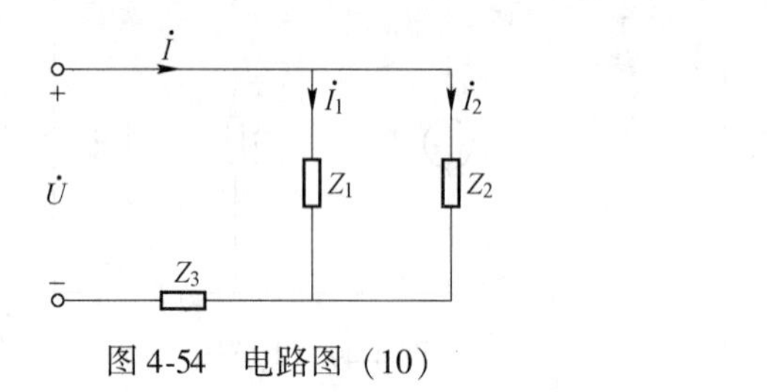

图 4-54　电路图（10）

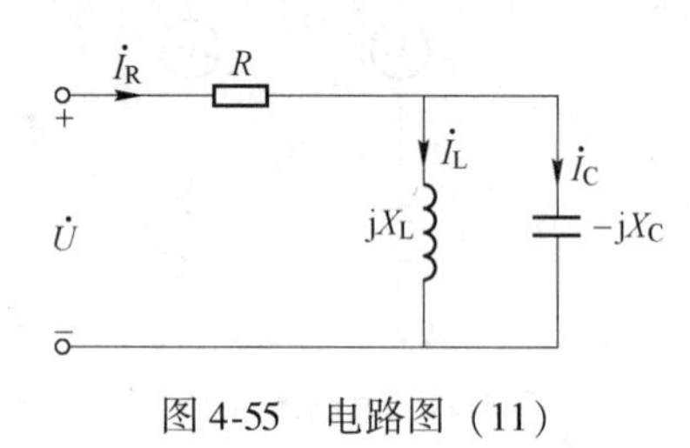

图 4-55　电路图（11）

（14）如图 4-56 所示电路的利用功率表、电流表、电压表测量交流电路参数的方法，现测出功率表读数为 940W，电压表读数为 220V，电流表读数为 5A，电源频率为 50Hz。试求线圈的电感和电阻。

（15）如图 4-57 所示，电路中感性负载 Z_L 的功率是 85kW，功率因数是 0.85，已知负载两端的电压 U_L 为 1000V，线路的等效参数为 $r = 0.5\Omega$、$X_1 = 1.2\Omega$。求负载电流、负载的阻抗和电源的端电压。

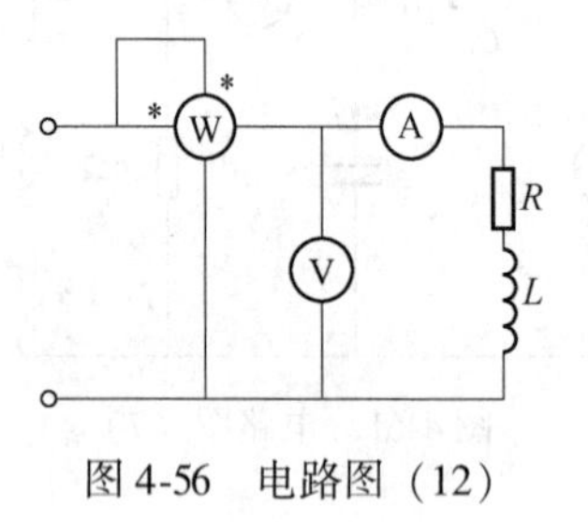

图 4-56　电路图（12）

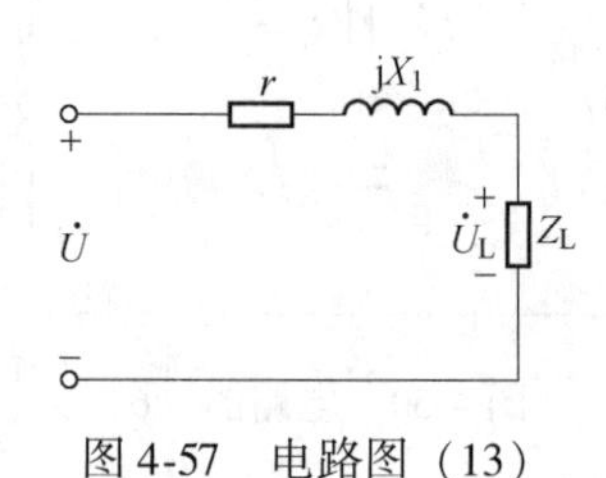

图 4-57　电路图（13）

（16）将一个感性负载接在 220V 的工频交流电源上，电路中的电流为 10A，消耗功率为 1kW。求负载的等效参数 R、L 和功率因数。

（17）在 RLC 串联电路中，可通过改变电路参数 LC 使电路谐振频率等于电源频率，从而使电路谐振；或者改变电源频率，使电源频率等于电路的谐振频率，从而使电路谐振。当 $R = 4\Omega$、$L = 44$mH 时，若使电路的谐振频率范围为 6 ~ 15kHz，则求可变电容 C 的调节范围。

（18）在阻值为 10Ω、感抗为 200Ω 的电感与可变电容组成的串联电路中，当加上

50Hz、100V 电压使其谐振时，求流过的电流 I 及可变电容的端电压 U_C。

（19）已知在 RLC 并联谐振电路中，$L = 10\text{mH}$，$C = 1\mu\text{F}$，$Q = 60$。求电路的谐振角频率、电阻 R 和电路的通频带。

（20）在电容与线圈并联电路中，已知线圈的 $R = 100\Omega$，$L = 1.2\text{mH}$，$C = 50\text{pF}$，电源电压的有效值 $U = 1\text{V}$。求电路的谐振频率、品质因数和谐振时电路各支路的电流。

项目 5　三相电路分析

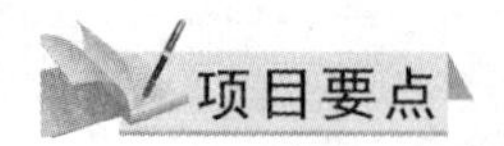

（1）熟悉三相电源、三相负载、三相电路的概念；
（2）掌握三相四线制的连接方式；
（3）掌握对称三相电路星形联结方式下相电压（电流）、线电压（电流）的关系；
（4）掌握对称三相电路三角形联结方式下相电压（电流）、线电压（电流）的关系；
（5）掌握对称三相电路有功功率、无功功率和视在功率的计算方法；
（6）了解不对称三相电路的分析方法。

任务 5.1　三相电路概述

在我国乃至全世界，供电的电力系统都采用三相交流电路，即三相电力系统。三相电力系统由三相电源、三相负载和三相输电线路组成。

5.1.1　对称三相电源

三相交流电路（简称三相电路）是由三相电源和三相负载所组成的电路整体的总称。三相电源是指能同时产生 3 个频率相同、最大值相同及相位互差 120°的正弦电动势（或电压）的交流电源总体，这样的三相电源也称为三相对称电源。

三相交流发电机就是一种应用最普遍的三相电源，它主要由定子和转子两大部分组成。定子内圆表面的槽内嵌有 3 个结构完全相同、彼此在空间相隔 120°电角度的绕组。运行时转子绕组通以直流电，产生磁场，当原动机驱动转子匀速转动时，定子的三相绕组依次切割磁力线，就会产生三相对称感应电动势。三相电动势的幅值相等，频率相同，相位彼此相差 120°。当发电机没有带负载时，定子各相绕组的电压就等于各相的电动势，即三相定子绕组上产生了三相对称电压。

设转子以角速度 ω 旋转，则 A、B、C 三相电压的解析式为：

$$u_A = \sqrt{2}U_p\cos(\omega t) \tag{5-1}$$

$$u_B = \sqrt{2}U_p\cos(\omega t - 120°) \tag{5-2}$$

$$u_C = \sqrt{2}U_p\cos(\omega t + 120°) \tag{5-3}$$

在我国 U_P 为 220V，是相电压的大小。三相电源的波形如图 5-1 所示。

三相电源的三个单相电压源分别称为三相电压源的一相。三相电压源的三个相分别是 A 相、B 相、C 相。三相电压源中各相电压经过正峰值的先后次序称为相序。三相电源电压到达正峰值的次序为 U_A、U_B、U_C，一般将其称为正序；如果各相电压到达正峰值的次

序为 U_A、U_C、U_B，则称为负序。电源相序决定交流电动机的旋转方向。如果接正序电压源时电动机向某个方向旋转，那么接负序电压源时必向反向旋转。相是人为指定的，滞后它 120°的为 B 相，超前它 120°的为 C 相。三相电源对应的相量表达式为：

$$\dot{U}_A = U_P\angle 0° \tag{5-4}$$

$$\dot{U}_B = U_P\angle -120° \tag{5-5}$$

$$\dot{U}_C = U_P\angle 120° \tag{5-6}$$

相量图如图 5-2 所示，显然有 $\dot{U}_A+\dot{U}_B+\dot{U}_C=0$。

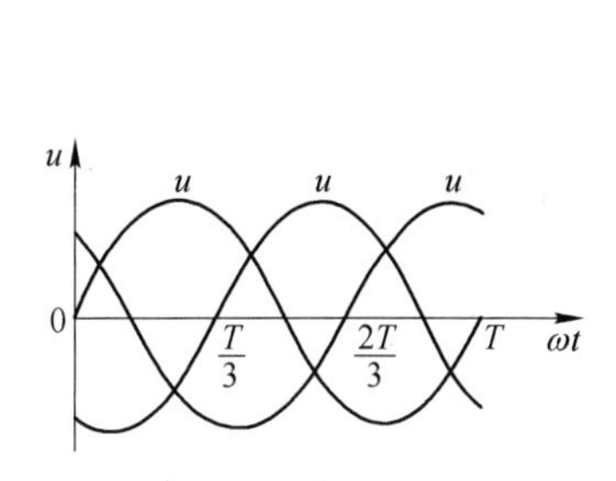

图 5-1　三相电源的波形图

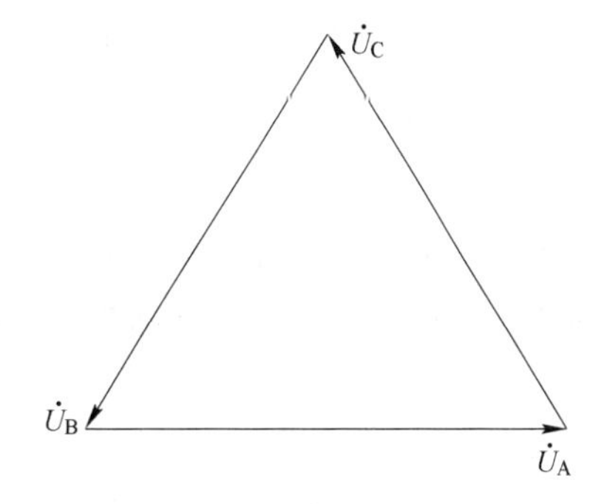

图 5-2　三相电源的相量图

提 示

任意两个电压的相量和一定与第三个电压相量大小相等、方向相反。

5.1.2　三相电源的星形和三角形联结

三相电压源的三个相之间有两种基本联结方式：星形（Y）联结和三角形（△）联结。

5.1.2.1　Y联结

把三相电压源各相的末端 X、Y、Z（即负极性端）连在一起，形成一个节点 N，便形成了Y联结，如图 5-3(a)所示。

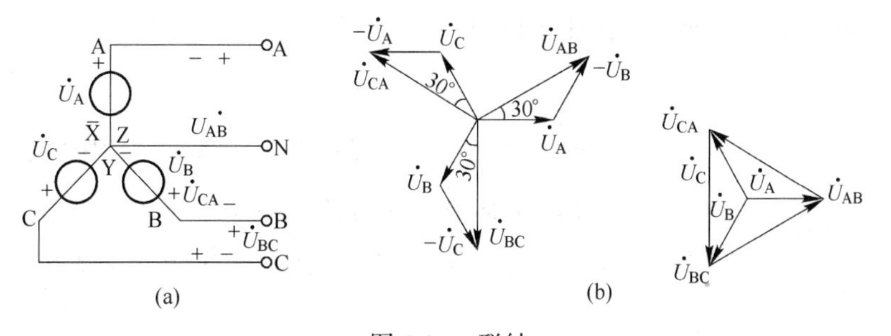

图 5-3　Y联结
（a）实际电路；（b）相量图

从三个电源的正极性端 A、B、C 引出三条输出线称为端线（亦称相线），从公共端 N 引出的导线称为中线（俗称零线）。端线与中线之间的电压称为相电压，用有效值表示 U_A、U_B、U_C。端线与端线之间的电压称为线电压，记为 U_{AB}、U_{BC}、U_{CA}。其值分别为：

$$\dot{U}_{AB} = \dot{U}_A - \dot{U}_B = \sqrt{3}\dot{U}_A\angle 30° = \sqrt{3}U_P\angle 30°$$

$$\dot{U}_{BC} = \dot{U}_B - \dot{U}_C = \sqrt{3}\dot{U}_B\angle 30° = \sqrt{3}U_P\angle -90°$$

$$\dot{U}_{CA} = \dot{U}_C - \dot{U}_A = \sqrt{3}\dot{U}_C\angle 30° = \sqrt{3}U_P\angle 150°$$

由此可见，Y联结的线电压大小上是相电压的$\sqrt{3}$倍，相位上超前于对应相电压 30°，线电压间的相位差依旧是 120°，如图 5-3(b)所示。在我国，线电压为 380V，记为 U_l 是 U_p（220V）的$\sqrt{3}$倍。

提示

每相电源中的电流称为相电流，端线上的电流称为线电流，中线中的电流称为中线电流。显然，星形联结的线电流即为相电流。

5.1.2.2　△联结

如果把三相电压源各相的始端和末端依次相连，再由 A、B、C 三相的正极端引出三根端线。这种联结称为电源的△联结，如图 5-4(a)所示。

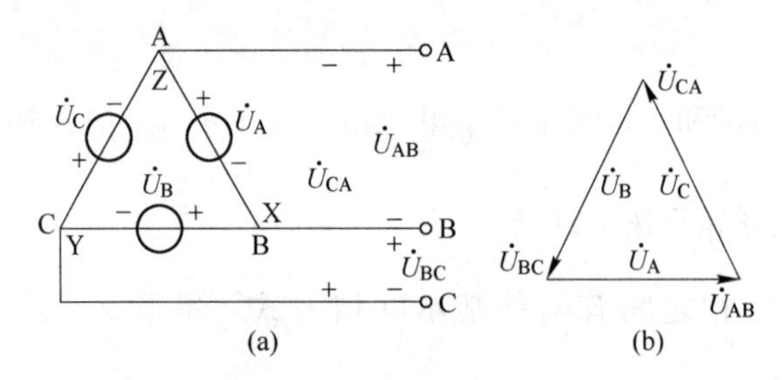

图 5-4　三相电源的△联结

（a）实际电路；（b）相量图

根据线电压和相电压的概念，从连接图可以看出，三相电源△联结时线电压就是相电压。而根据相电流和线电流的概念，三相电源△联结线电流并不是相电流。

在我国，绝大部分工业和居民用电的电源端为Y联结。

注意

当将三相电源进行三角形联结时，各相电源的极性要正确联结，使电源在组成的闭合回路中，$\dot{U}_A+\dot{U}_B+\dot{U}_C=0$，这样不会产生环流。如果接错，$\dot{U}_A+\dot{U}_B+\dot{U}_C\neq 0$，而三相电源的内阻抗很小，在闭合回路中就会产生很大的环流，以致烧毁三相电源设备。

5.1.3　三相负载的连接

三相电路的负载也有Y和△两种联结方式。负载连接成Y的称为Y负载，连接成△时称为△负载。如图 5-5 所示，图 5-5(a)为Y联结，图 5-5(b)为△联结。

当三相电路三个相的负载相同时称为对称负载，比如三相电动机。负载不同时称为不对称负载，如绝大部分农村照明线路负载。实际生活中，出现最多的是不对称负载。

三相负载侧与电源侧一样有线电压、相电压、线电流和相电流的区分，如图 5-5 中所标注的电压、电流，下标用小写字母表示。

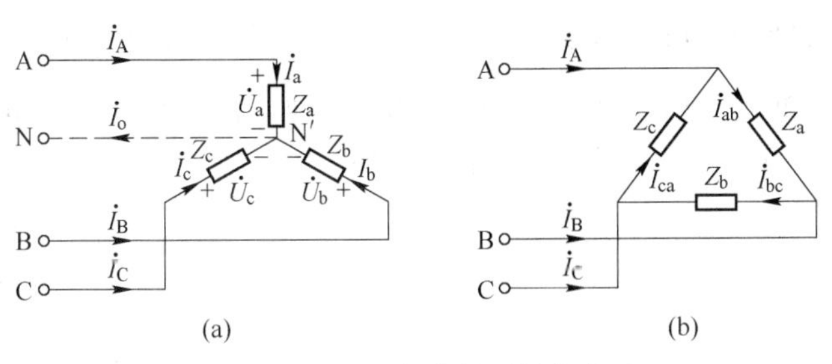

图 5-5　三相负载的联结方式

（a）Y联结；（b）△联结

三相电路的电源端和负载端都有Y和△两种连接方法，实际电路就可能出现 4 种组合，即电源Y，负载为Y或△，或者电源为△，负载为Y或△。在Y-Y（电源—负载）连接中，如果把三相电源的中点 N 和负载的中点 N′用一根有阻抗的导线连接起来［见图 5-5(a)中的虚线］，用这种连接方式供电的线路通常称为三相四线制供电。三相四线制中有 3 根线是火线（相线），1 根是零线（中线）。我国居民用电大都采用三相四线制。其他电源到负载的连接方式都为三相三线制。

任务 5.2　对称三相电路的分析

三相电路本质是三个正弦电流电路联结在一起的特殊电路。正弦电路的相量分析法依旧适用于三相电路。

5.2.1　负载星形联结的三相电路

如图 5-6 所示的对称三相电路是典型的对称三相四线制电路。负载Y联结，其中 Z 为负载阻抗，Z_L 为输电线路阻抗，Z_N 为中线阻抗，N 和 N′为中点。

设 N 点为参考点零电位，利用节点电压法可以计算出 N′的电位，即：

$$\left(\frac{1}{Z_N}+\frac{3}{Z_L+Z}\right)\dot{U}_{N'}=\frac{1}{Z_L+Z}(\dot{U}_A+\dot{U}_B+\dot{U}_C) \tag{5-7}$$

由于 $\dot{U}_A+\dot{U}_B+\dot{U}_C=0$，所以 $\dot{U}_{N'}=0$，N′点也为零点位，即 $\dot{U}_{NN'}=0$，所以中线上无电流。也就是说对称三相四制电路中负载端中点 N′为零电位，中线 Z_N 可忽略，N 和 N′相当于直接用导线连接，也就有负载端电流，即：

$$\dot{I}_a=\frac{\dot{U}_A}{Z_L+Z} \tag{5-8}$$

$$\dot{I}_b = \frac{\dot{U}_B}{Z_L + Z} = \dot{I}_a = \dot{I}_a\angle{-120°} \tag{5-9}$$

$$\dot{I}_c = \frac{\dot{U}_C}{Z_L + Z} = \dot{I}_a = \dot{I}_a\angle{120°} \tag{5-10}$$

由式(5-8)~式(5-10)可以说明，对称Y负载联结各相独立，彼此无关，负载电流大小相同，相位相差120°，且有 $\dot{I}_a+\dot{I}_b+\dot{I}_c=0$。相量图如图5-7所示。因此，分析对称Y负载时，只要计算任意一相，其他相可根据相位关系得出。

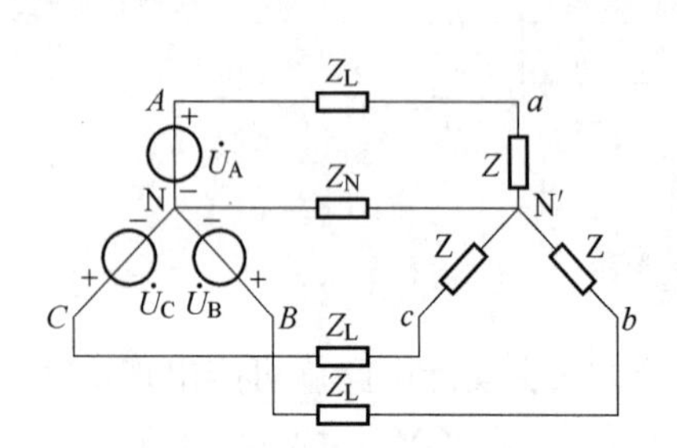

图 5-6　对称星形负载的三相电路

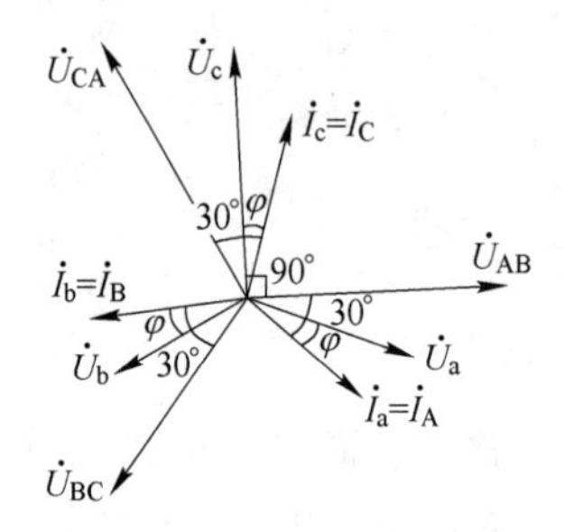

图 5-7　对称Y负载相量图

5.2.2　负载三角形联结的三相电路

如图5-8所示的对称三相电路是典型负载△接法电路，其中 Z 是负载阻抗，Z_L 为输电线路阻抗。

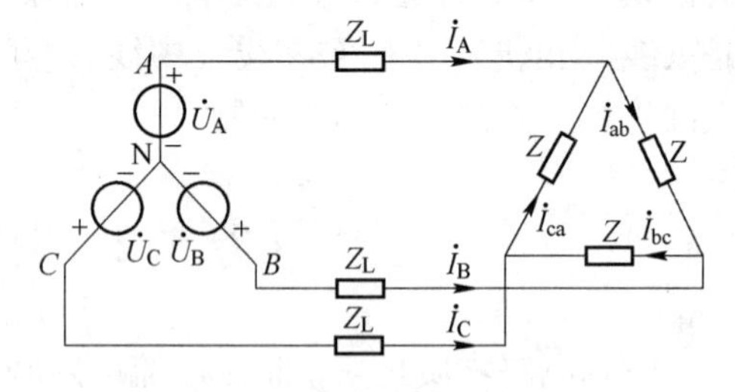

图 5-8　负载对称△接法

当 $Z_L=0$ 时，电源端线电压 $\dot{U}_{AB}$、$\dot{U}_{BC}$、$\dot{U}_{CA}$ 分别加在3个负载上，因此有：

$$\dot{I}_{ab} = \frac{\dot{U}_{AB}}{Z}$$

$$\dot{I}_{bc} = \frac{\dot{U}_{BC}}{Z} = \dot{I}_{ab}\angle{-120°}$$

$$\dot{I}_{ca} = \frac{\dot{U}_{CA}}{Z} = \dot{I}_{ab}\angle{120°}$$

由此可见，当 $Z_L=0$ 时，三个负载上的相电流大小相等，相位相差120°，且有 $\dot{I}_{ab}+\dot{I}_{bc}+\dot{I}_{ca}=0$。因此，只需计算任意一相，就可以推导出其他相的电流。此时的线电流 $\dot{I}_A$、$\dot{I}_B$、$\dot{I}_C$ 为：

$$\dot{I}_A = \dot{I}_{ab} - \dot{I}_{ca} = \sqrt{3}\,\dot{I}_{ab}\angle{-30°}$$

$$\dot{I}_B = \dot{I}_{bc} - \dot{I}_{ab} = \sqrt{3}\,\dot{I}_{bc}\angle{-30°} = \dot{I}_A\angle{-120°}$$

$$\dot{I}_{C}=\dot{I}_{ca}-\dot{I}_{bc}=\sqrt{3}\,\dot{I}_{ca}\angle -30^{\circ}=\dot{I}_{A}\angle -120^{\circ}$$

由上述分析可以看出，对称△负载接法时，线电流大小上是相电流的$\sqrt{3}$倍，相位上滞后相应相电流的相位30°，且同样有 $\dot{I}_{A}+\dot{I}_{B}+\dot{I}_{C}=0$，相量图如图5-9所示。

【例 5-1】 对称负载接成△联结，$Z_{L}=0$，接入线电压为380V的三相电源。若每相阻抗 $Z=6+j8\Omega$，求负载各相电流及各线电流。

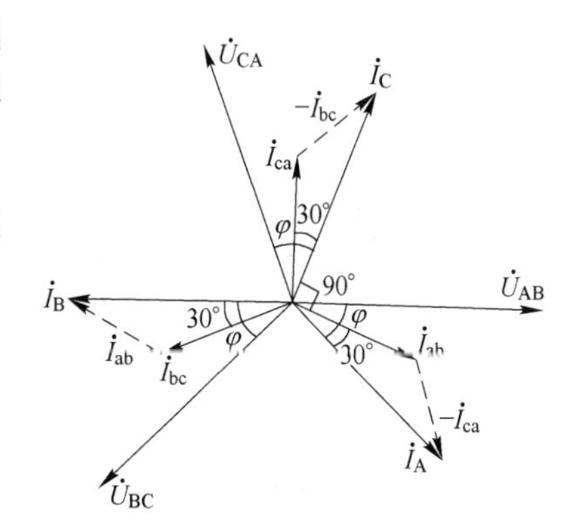

图 5-9　对称三角形负载相量图

【解】 设线电压 $\dot{U}_{AB}=380\angle 0^{\circ}$，则负载各相电流为：

$$\dot{I}_{ab}=\frac{\dot{U}_{AB}}{Z}=\frac{380\angle 0^{\circ}}{6+j8}A=38\angle -53.1^{\circ}\ A$$

$$\dot{I}_{bc}=\frac{\dot{U}_{BC}}{Z}=\frac{380\angle -120^{\circ}}{6+j8}A=38\angle -173.1^{\circ}\ A$$

$$\dot{I}_{ca}=\frac{\dot{U}_{CA}}{Z}=\frac{380\angle 120^{\circ}}{6+j8}A=38\angle 66.9^{\circ}\ A$$

根据线电流和相电流的关系，可得线电流为：

$$\dot{I}_{A}=\sqrt{3}\,\dot{I}_{ab}\angle -30^{\circ}=\sqrt{3}\times 38\angle -53.1^{\circ}-30^{\circ}\ A=66\angle -83.1^{\circ}\ A$$

$$\dot{I}_{B}=\sqrt{3}\,\dot{I}_{bc}\angle -30^{\circ}=66\angle -83.1^{\circ}-120^{\circ}\ A=66\angle 156.9^{\circ}\ A$$

$$\dot{I}_{C}=\sqrt{3}\,\dot{I}_{ca}\angle -30^{\circ}=66\angle -83.1^{\circ}+120^{\circ}\ A=66\angle -36.9^{\circ}\ A$$

当 $Z_{L}\neq 0$ 时，则需要利用负载Y-△变换将△负载转换Y负载，再利用Y负载计算方法算出线电流 $\dot{I}_{A}$、$\dot{I}_{B}$、$\dot{I}_{C}$，然后利用△负载的线电流和相电流关系计算相电流等参数。

当负载端既有Y负载，又有△负载时，则也需要将△负载转换成Y负载进行计算。具体步骤如下：

（1）利用负载Y-△变换将△负载转换Y负载。

（2）假设中线将电源中性点与负载中性点联结起来，使电路形成等效的三相四线制电路。

（3）选取任一相电路，单独求解。

（4）由对称性求出其余两相的电流和电压。

（5）求出原来△联结负载各相的电流。

任务 5.3　三相电路的功率

5.3.1　三相电路的有功功率

三相电路是特殊的正弦交流电路，其有功功率是三相电路中各相负载的有功功率之和，即三相电路有功功率 $P=P_{A}+P_{B}+P_{C}$。

根据正弦交流电流有功功率的计算方法，三相电路各相负载的有功功率的计算公式为：

$$P_A = U_A I_A \cos\varphi_A \tag{5-11}$$

$$P_B = U_B I_B \cos\varphi_B \tag{5-12}$$

$$P_C = U_C I_C \cos\varphi_C \tag{5-13}$$

式中　U_A，U_B，U_C——分别为 A、B、C 相的负载相电压；

I_A，I_B，I_C——分别为 A、B、C 相的负载相电流；

φ_A，φ_B，φ_C——分别为 A、B、C 相的负载阻抗角。

$P=U_A I_A\cos\varphi_A+U_B I_B\cos\varphi_B+U_C I_C\cos\varphi_C$ 当三相负载对称时，每相有功功率相同，即：

$$U_A I_A \cos\varphi_A = U_B I_B \cos\varphi_B = U_C I_C \cos\varphi_C \tag{5-14}$$

$$P = 3U_A I_A \cos\varphi \tag{5-15}$$

设 U_1、I_1 分别是三相电路的线电压和线电流。由于负载星形连接时有 $U_A = U_1/\sqrt{3}$，$I_A=I_1$，负载三角形连接时 $U_A = U_1$，$I_A=I_1/\sqrt{3}$，所以三相电路的有功功率为：

$$P = \sqrt{3}U_1 I_1 \cos\varphi \tag{5-16}$$

5.3.2　三相电路的无功功率

三相电路的无功功率是三相电路中各相负载的无功功率之和，即三相电路无功功率为：

$$Q=Q_A+Q_B+Q_C$$

根据正弦交流电流无功功率的计算方法，三相电路各相负载的无功功率的计算公式为：

$$Q_A = U_A I_A \sin\varphi_A \tag{5-17}$$

$$Q_B = U_B I_B \sin\varphi_B \tag{5-18}$$

$$Q_C = U_C I_C \sin\varphi_C \tag{5-19}$$

式中　U_A，U_B，U_C——分别为 A、B、C 相的负载相电压；

I_A，I_B，I_C——分别为 A、B、C 相的负载相电流；

φ_A，φ_B，φ_C——分别为 A、B、C 相的负载阻抗角。

则

$$Q = U_A I_A \sin\varphi_A + U_B I_B \sin\varphi_B + U_C I_C \sin\varphi_C \tag{5-20}$$

当三相负载对称时，每相无功功率相同，即：

$$U_A I_A \sin\varphi_A = U_B I_B \sin\varphi_B = U_C I_C \sin\varphi_C \tag{5-21}$$

$$Q = 3U_A I_A \sin\varphi \tag{5-22}$$

设 U_1、I_1 分别是三相电路的线电压和线电流。因为负载星形连接时 $U_A = U_1/\sqrt{3}$，$I_A = I_1$，$I_A=I_1/\sqrt{3}$，所以三相电路的无功功率为：

$$Q = \sqrt{3}U_1 I_1 \sin\varphi \tag{5-23}$$

5.3.3　三相电路的视在功率和功率因数

为了衡量三相负载对电源的功率要求，通常定义三相电路的负载视在功率 S 为：

$$S = \sqrt{P^2 + Q^2} \tag{5-24}$$

$$S=\sqrt{(\sqrt{3}U_1I_1\cos\varphi)^2+(\sqrt{3}U_1I_1\sin\varphi)^2}=\sqrt{3}U_1I_1$$

视在功率表征的是用电设备对电源的功率要求，通常是额定功率和额定电流的乘积，用 V · A 或 kV · A 表示。很明显有：

$$\cos\varphi=\frac{P}{S} \tag{5-25}$$

式(5-25)中的 $\cos\varphi$ 体现了有功功率占视在功率的比例，通常称为三相电路的功率因数，记为 λ，则：

$$\lambda=\cos\varphi \tag{5-26}$$

【例 5-2】 一台三相异步电动机，输出功率为 7.5kW，接在线电压为 380V 的线路中，功率因数为 0.86，效率为 86%。求正常运行时的线电流。

【解】 三相异步电动机是对称三相负载，输出功率为：

$$P_{出}=P_{入}\eta=\sqrt{3}U_1I_1\eta\cos\varphi$$

$$I_1=\frac{P_{出}}{\sqrt{3}U_1\eta\cos\varphi}=\frac{7500}{\sqrt{3}\times380\times0.86\times0.86}\text{A}=15.4\text{A}$$

5.3.4　三相对称负载的瞬时功率

三相对称负载总的瞬时功率 $p(t)$ 是等于各相瞬时功率之和，即：

$$p(t)=p_A(t)+p_B(t)+p_C(t)=u_a(t)i_a(t)+u_b(t)i_b(t)+u_c(t)i_c(t)$$

$$p_A(t)=\sqrt{2}U_A\cos(\omega t)\times\sqrt{2}I_A\cos(\omega t-\varphi)=U_AI_A[\cos\varphi+\cos(2\omega t-\varphi)]$$

$$p_B(t)=\sqrt{2}U_A\cos(\omega t-120°)\cdot\sqrt{2}I_A\cos(\omega t-\varphi-120°)$$
$$=U_AI_A[\cos\varphi+\cos(2\omega t-\varphi-240°)]$$

$$p_C(t)=\sqrt{2}U_A\cos(\omega t+120°)\cdot\sqrt{2}I_A\cos(\omega t-\varphi+120°)$$
$$=U_AI_A[\cos\varphi+\cos(2\omega t-\varphi+240°)]$$

$$p(t)=3U_AI_A\cos\varphi=P$$

上述结果表明，三相平衡负载的瞬时功率 $p(t)$ 为一常量，等于有功功率，这种性质称为“瞬时功率的平衡”。

提示

这是三相平衡负载的一大优点，可以避免电动机在转动中产生振动。

5.3.5　三相电路的功率测量

5.3.5.1　测量方法

三相电路功率的测量一般可分为以下几种情况：

(1) 三瓦表法。在三相四线制电路中，当三相负载不对称时，需分别测出各相功率后再相加，才能得到三相总功率，这种方法称为三瓦表法。测量三相电路负载功率的三瓦表法示意图如图 5-10 所示。

(2) 一瓦表法。当三相负载对称时，各相功率相等，只要测出一相负载的功率，然后乘以 3 倍，就可得到三相负载的总功率，这种方法称为一瓦表法。

（3）二瓦表法。对于三相三线制电路，不论其对称与否，都可用图 5-11 所示的测量三相电路负载功率的“二瓦表法”示意图来测量负载的总功率。这种方法称为二瓦表法。

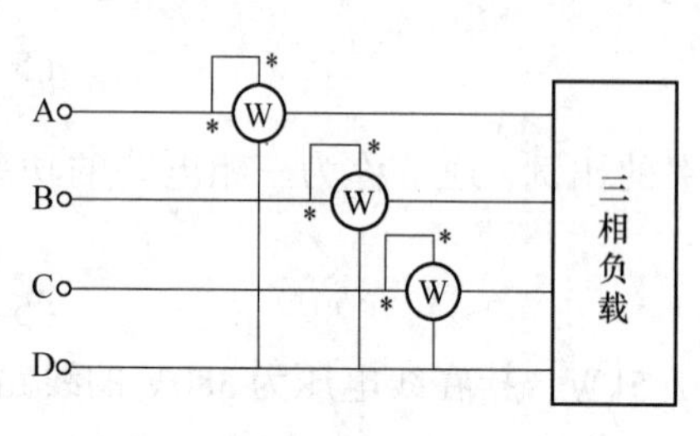

图 5-10　测量三相电路负载功率的三瓦表法示意图

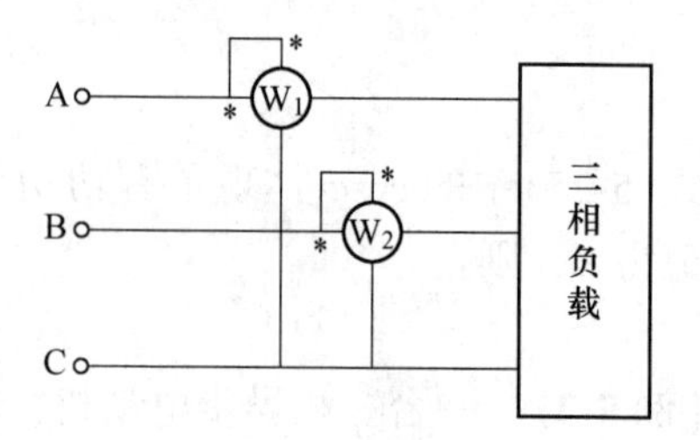

图 5-11　测量三相电路负载功率的二瓦表法示意图

提示

两只功率表的接线原则是：将两只功率表的电流线圈分别串接于任意两根端线中，而电压线圈则分别并联在本端线与第三根端线之间，这样两块功率表读数的代数和就是三相电路的总功率。

下面证明二瓦表法的正确性。

任何形式联结的三相负载都可以等效变换为星形联结形式，因此，三相负载的瞬时功率可写成：

$$p = p_A + p_B + p_C$$

在三相三线制电路中，因为 $i_A+i_B+i_C=0$，所以 $i_C=-i_A-i_B$。那么

$$p = p_A + p_B + p_C = u_A i_A + u_B i_B + u_C i_C = u_A i_A + u_B i_B + u_C(-i_A - i_B)$$

于是，可求出三相负载的总功率为：

$$\begin{aligned} P &= \frac{1}{T}\int_0^T p\mathrm{d}t = \frac{1}{T}\int_0^T (p_A + p_B + p_C)\mathrm{d}t = \frac{1}{T}\int_0^T [u_A i_A + u_B i_B + u_C(-i_A - i_B)]\mathrm{d}t \\ &= \frac{1}{T}\int_0^T (u_{AC} i_A + u_{BC} i_B)\mathrm{d}t \\ &= U_{AC} I_A \cos\varphi_1 + U_{BC} I_B \cos\varphi_2 \end{aligned} \qquad (5\text{-}27)$$

式中　φ_1——线电压 $\dot{U}_{AC}$ 与线电流 $\dot{I}_A$ 之间的相位差；

φ_2——线电压 $\dot{U}_{BC}$ 与线电流 $\dot{I}_B$ 之间的相位差。

注意

φ_1、φ_2 并非负载的阻抗角。

式(5-27)正是图 5-11 中两功率表读数的代数和，该代数和即为三相电路总功率。

5.3.5.2　注意事项

需要注意的是：

（1）所求的总功率与线电压、线电流有关。因此，三相负载既可以是星形联结，也可

以是三角形联结。

(2) 在一定条件下，当 φ_1>90°（或 φ_2>90°）时，相应的功率表的读数为负值，求总功率时应将负值代入。

(3) 用二瓦表法求总功率在任何时刻都是两功率表读数的代数和。换句话说，二瓦表中任一个功率表的读数都是没有意义的。

(4) 在三相四线制不对称负载情况下，由于 $i_A+i_B+i_C \neq 0$，所以二瓦表法不适用于三相四线制电路。

任务 5.4　不对称三相电路的计算

在实际生活和生产中，三相电源电压一般是对称的，这是由发电站所决定的，但三相负载的阻抗 Z_a、Z_b、Z_c。在大部分情况下不相等，即构成了不对称的三相电路。图 5-12 是三相四线制不对称负载三相电路，Z_N 为中线阻抗，$Z_a \neq Z_b \neq Z_c$。

根据节点电压法，求得中点电压 $\dot{U}_{N'N}$ 为：

$$\dot{U}_{N'N} = \frac{\dfrac{\dot{U}_A}{Z_a} + \dfrac{\dot{U}_B}{Z_b} + \dfrac{\dot{U}_C}{Z_c}}{\dfrac{1}{Z_a} + \dfrac{1}{Z_b} + \dfrac{1}{Z_c} + \dfrac{1}{Z_N}} \tag{5-28}$$

由于 $Z_a \neq Z_b \neq Z_c$，所以 $\dot{U}_{NN'} \neq 0$。中线中的电流不为零，中线不可以忽略不计。各负载上的相电压分别为：

$$\dot{U}_{aN'} = \dot{U}_A - \dot{U}_{N'N} \tag{5-29}$$

$$\dot{U}_{bN'} = \dot{U}_B - \dot{U}_{N'N} \tag{5-30}$$

$$\dot{U}_{cN'} = \dot{U}_C - \dot{U}_{N'N} \tag{5-31}$$

其相量图如图 5-13 所示。

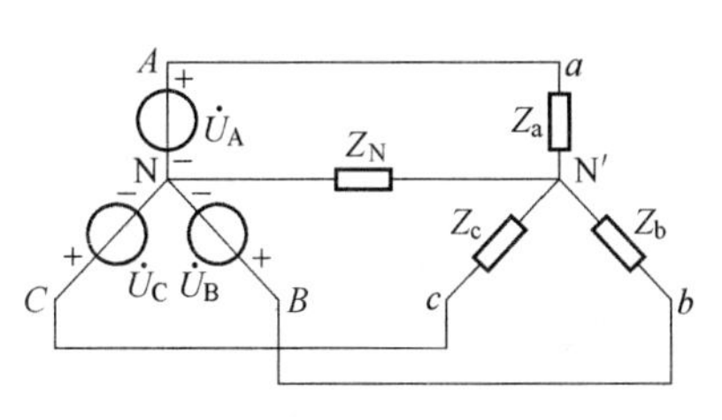

图 5-12　三相四线制不对称负载三相电路

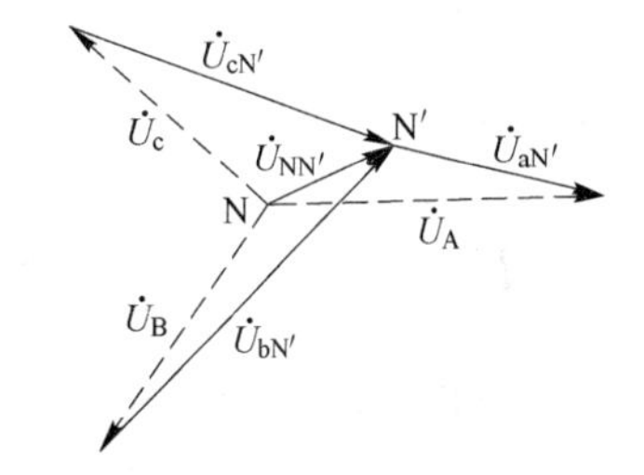

图 5-13　不对称三相电压相量图

从相量图可以看出，$\dot{U}_{aN'} \neq \dot{U}_{bN'} \neq \dot{U}_{cN'}$，有的电压小，有的电压大。此时，各相负载中的相电流分别为：

$$\dot{I}_{aN'} = \frac{\dot{U}_{aN'}}{Z_a} \tag{5-32}$$

$$\dot{I}_{bN'} = \frac{\dot{U}_{bN'}}{Z_b} \tag{5-33}$$

$$\dot{I}_{cN'} = \frac{\dot{U}_{cN'}}{Z_c} \tag{5-34}$$

提示

这也验证了农村傍晚时，由于负载不平衡而造成的有的家庭电压高，有的家庭电压低的现象。

为了减小或消除中性点的位移，应尽量使 Z_N 减小。当 $Z_N=0$ 时，则有 $\dot{U}_{N'N}=0$。此时 $\dot{U}_{aN'}=\dot{U}_{bN'}=\dot{U}_{cN'}$，即变为对称，从而保证了各相负载都能正常工作。这说明在不对称三相Y联结时必须接入中线，使之成为三相四线制电路，而且中线上不允许接入熔丝，即中线不能断开。

【例 5-3】 三相四线制电路中，星形负载各相阻抗分别为 $Z_A=(8+j6)\Omega$，$Z_B=(3-j4)\Omega$，$Z_C=10\Omega$，电源线电压为 380V。求各相电流及中线电流。

【解】

$$U_p = \frac{U_l}{\sqrt{3}} = 220\text{V}$$

令

$$\dot{U}_A = 220\angle 0°\ \text{V}$$

则

$$\dot{I}_A = \frac{\dot{U}_A}{Z_A} = \frac{220\angle 0°}{8+j6}\text{A} = 22\angle -36.9°\ \text{A}$$

$$\dot{I}_B = \frac{\dot{U}_B}{Z_B} = \frac{220\angle -120°}{3-j4}\text{A} = 44\angle -66.9°\ \text{A}$$

$$\dot{I}_C = \frac{\dot{U}_C}{Z_C} = \frac{220\angle 120°}{10}\text{A} = 22\angle 120°\ \text{A}$$

$$\dot{I}_N = \dot{I}_A + \dot{I}_B + \dot{I}_C = (22\angle -36.9° + 44\angle -66.9° + 22\angle 120°)\text{A} = 42\angle -55.4°\ \text{A}$$

习 题

一、填空题

（1）对称三相电源，设 A 相电压为 $U_A=220\sqrt{2}\cos 314t$V，则 B 相电压为 $U_B=$________ V，C 相电压为 U_C ________ V。线电压 U_{AB} ________ V，U_{BC} ________ V，$U_{CA}=$________ V。

（2）三相电源端线间的电压称为________，电源每相绕组两端的电压称为电源的________，对称三相电源为Y联结，端线与中性线之间的电压称为________。流过端线的电流称为________，流过电源每相的电流称为________。

（3）对称三相负载接在 380V 在三相四线制电源上。此时负载端的相电压等于

________倍的线电压；相电流等于________倍的线电流；中线电流等于________。

（4）△联结的对称三相电路中负载线电压有效值和相电压有效值的关系是________，线电流有效值和相电流有效值的关系________，线电流的相位上滞后相电流________度。

（5）有一对称三相负载成Y联结，每相阻抗均为22Ω，功率因数为0.8，又测出负载中的电流为10A，那么三相电路的有功功率为________；无功功率________；视在功率为________。假如负载为感性设备，则等效电阻是________；等效电感量为________。

二、判断题

（1）假设三相电源的正相序为A-B-C，则C-A-B为负相序。（ ）

（2）三个电压频率相同、振幅相同，就称为对称三相电压。（ ）

（3）中线的作用就是使不对称Y负载的端电压保持对称。（ ）

（4）在三相四线制中，可向负载提供两种电压即线电压和相电压，在低压配电系统中，标准电压规定为相电压380V，线电压220V。（ ）

（5）三相电路的有功功率，在任何情况下都可以用二瓦计法进行测量。（ ）

三、选择题

（1）三相四线制供电线路，已知作Y联结的三相负载中U相为纯电阻，V相为纯电感，W相为纯电容，通过三相负载的电流均为10A，则中线电流为（ ）。

A. 30A B. 10A C. 7.32A

（2）一台三相电动机，每组绕组的额定电压为220V，对称三相电源的线电压为380V，则三相绕组应采用（ ）。

A. Y联结，不接中性线 B. Y联结，并接中性线

C. A、B均可 D. △联结

（3）一台三相电动机绕组Y联结，接到线电压为380V的三相电源上，测得线电流为10A，则电动机每组绕组的阻抗为（ ）。

A. 38Ω B. 22Ω C. 66Ω D. 11Ω

（4）三相电源线电压为380V，对称负载为Y联结，未接中性线。如果某相突然断掉，其余两相负载的电压均为（ ）。

A. 380V B. 220V C. 190V D. 无法确定

（5）对称三相电源接对称三相负载，负载△联结，A相线电流 $I_A=38.1\angle -66.9^\circ$ A，则B相线电流 I_B 等于（ ）。

A. $22\angle -36.9^\circ$ A B. $38.1\angle -186.9^\circ$ A

C. $38.1\angle 173.1^\circ$ A D. $22\angle 83.1^\circ$ A

四、计算题

（1）一台三相交流电动机，定子绕组Y联结于 $U_L=380$V 的对称三相电源上，其线电流 $I_L=2.2$A，$\cos\varphi_z=0.8$。试求每相绕组的阻抗 Z。

（2）三相对称负载Y联结，每相为电阻 $R=40\Omega$，感抗 $X_L=j30\Omega$ 的串联负载，接在线

电压 $U_L = 380\text{V}$ 的三相电源上。试求各相电流大小，并画相量图。

（3）对称三相电路，负载Y联结，负载各相复阻抗 $Z = (20 + \text{j}15)\Omega$，输电线阻抗均为 $Z_L = (1 + \text{j})\Omega$，中性线阻抗忽略不计，电源线电压380V。试求负载各相的相电压及线电流。

（4）对称三相感性负载△联结接入线电压为380V的三相电路中，若测的线电流 I_L 为17.3A，三相功率为9.12kW。试求每相负载电流。

（5）三相异步电动机的三个阻抗相同，按△接在线电压为380V的对称三相电路中，$Z = (8 + \text{j}6)\Omega$。试求此电动机工作时的相电流、线电流和功率。

项目 6　互感电路及磁路

（1）理解自感、互感的概念，了解互感现象；
（2）掌握同名端的判断方法；
（3）掌握耦合电感的去耦等效变换方法；
（4）熟悉理想变压器一次侧和二次侧之间的电压、电流及阻抗的变换关系；
（5）熟悉磁路的基本物理量及电磁定律；
（6）掌握电感线圈的测量方法。

任务 6.1　互感电路的基本知识

在实际电路中，利用互感现象可制造成电源变压器、音频变压器、脉冲变压器以及自耦变压器等电磁设备，故研究互感电路非常重要。在电气工程中，通过磁场作用可制造出各种机电能量变换设备和机电信号转换器件，例如，交直流发电机、电动机、电磁铁、继电器、接触器及电磁仪表等。因此，分析磁路的基本规律，研究磁与电的关系具有重要的意义。

6.1.1　互感的概念

在一个单线圈中，由于电流的变化而在线圈中产生感应电压的物理现象称为自感应，这个感应电压称为自感电压。在如图 6-1(a)所示的两个线圈（即线圈 1 和线圈 2）中，当一个线圈的电流发生变化时，它所产生的交变磁通不仅穿过自身线圈，在线圈中引起自感应现象，产生自感电压，而且还会穿过相邻线圈，在相邻线圈中产生感应现象，并产生感应电压，这种电磁感应的物理现象称为互感应现象，这一感应电压称为互感电压。

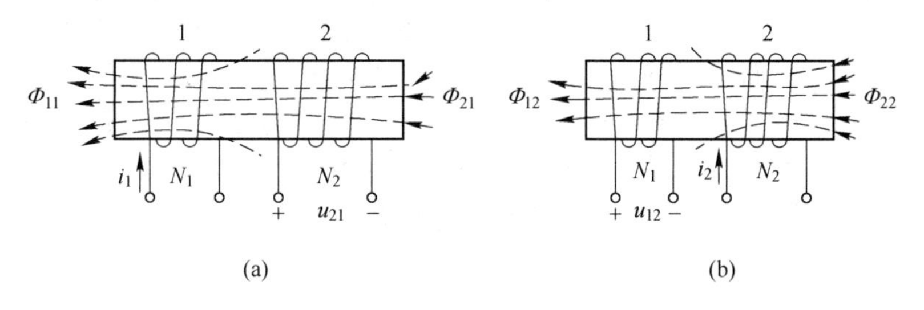

图 6-1　具有互感的两个耦合线圈
（a）耦合线圈 1；（b）耦合线圈 2

如图 6-1(a)所示，当线圈 1 通以电流 i_1 时，在线圈 1 中将产生自感磁通 Φ_{11}（Φ_{11} 为电流 i_1 在线圈 1 中产生的磁通），Φ_{11} 的一部分或全部将交链另一线圈 2，用 Φ_{21}（Φ_{21} 为

电流 i_1 在线圈中产生的磁通）表示，这种一个线圈的磁通交链另一个线圈的现象称为磁耦合，Φ_{21} 称为耦合磁通或互感磁通。当线圈 1 中的电流 i_1 变动时，自感磁通 Φ_{11} 随电流而变动，除了在线圈 1 中产生自感电压外，还将通过耦合磁通 Φ_{21} 在线圈 2 中产生感应电压，即互感电压，用 u_{21} 表示。若根据线圈 2 的绕向使 u_{21} 和 Φ_{21} 的参考方向符合右手螺旋关系，则有：

$$u_{21} = \frac{\mathrm{d}(N_2\Phi_{21})}{\mathrm{d}t} \tag{6-1}$$

同理，如图 6-1(b) 所示，如果线圈 2 通以电流 i_2 时，在线圈 2 中就将产生自感磁通 Φ_{22}（Φ_{22} 为电流 i_2 在线圈 2 中产生的磁通），Φ_{22} 的一部分或全部将交链另一线圈 1，用 Φ_{12}（Φ_{12} 为电流 i_2 在线圈 1 中产生的磁通）表示，当线圈 2 中的电流 i_2 变动时，自感磁通 Φ_{22} 随电流而变动，除了在线圈 2 中产生自感电压外，还将通过耦合磁通在线圈 1 中产生互感电压 u_{12}。若根据线圈 1 的绕向使 u_{12} 和 Φ_{12} 的参考方向符合右手螺旋关系，则有：

$$u_{12} = \frac{\mathrm{d}(N_1\Phi_{12})}{\mathrm{d}t} \tag{6-2}$$

式(6-1)和式(6-2)还可以分别写为：

$$u_{21} = M_{21}\frac{\mathrm{d}i_1}{\mathrm{d}t} \tag{6-3}$$

$$u_{12} = M_{12}\frac{\mathrm{d}i_2}{\mathrm{d}t} \tag{6-4}$$

式中　M_{21}——线圈 1 与线圈 2 的互感系数；

　　M_{12}——线圈 2 与线圈 1 的互感系数。

在物理学中已证明 M_{21} 和 M_{12} 是相等的，即 $M_{21}=M_{12}$，$M_{21}=M_{12}=M$，M 就称为互感系数（简称互感），单位为 H。

提示

互感 M 的大小与两个线圈的匝数、几何尺寸、相对位置以及磁介质的磁导率 μ 有关。当磁介质为非铁磁性物质时，M 是常数。互感和自感一样，在直流情况下是不起作用的。

由于互感磁通只是自磁通的一部分，故必有 $0 \leqslant \Phi_{21}/\Phi_{11} \leqslant 1$，$0 \leqslant \Phi_{12}/\Phi_{22} \leqslant 1$。而且，当两个线圈靠得越紧时，则这两个比值就越接近于 1；相反，当两个线圈离得越远时，则这两个比值就越小，最小值为零，因此，这两个比值能够用来说明两个线圈之间耦合的松紧程度。工程上常用耦合系数 k 表示两个线圈磁耦合的紧密程度，定义为：

$$k = \frac{M}{\sqrt{L_1L_2}} \tag{6-5}$$

由于只有部分磁通相互交链，耦合系数 K 总小于 1 的。K 值的大小取决于两个线圈的相对位置及磁介于质的性质。如果两个线圈紧密地缠绕在一起，则 K 值就接近于 1，即两线圈全耦合；若两线圈相距较远，或线圈的轴线相互垂直放置，则 K 值就很小，甚至可能接近于零，即两线圈无耦合。

6.1.2　互感线圈的同名端

由于磁场是有方向的，如果有两个相互耦合的线圈同时通以电流，产生的自感磁通与互感磁通可能互相加强，也可能互相削弱，主要依据两个线圈中所通电流的参考方向和两个线圈的缠绕方向共同判定。如图 6-2 所示表明了互感电压极性与线圈绕向的关系。它说明了当两个线圈绕向不同时，互感电压的极性会不同。在图 6-2(a) 中，当电流 i_1 从线圈 1 的 A 端流入时，Φ_{21} 在线圈 2 中感应出电压 u_{21} 的极性，根据楞次定律可判断是 B 端为 "+"，Y 端为 "-"；而在图 6-2(b) 中，当电流 i_1 从线圈 1 的 A 端流入时，Φ_{21} 在线圈 2 感应出电压 u_{21} 的极性，根据楞次定律可判断是 B 端为 "-"，Y 端为 "+"。显然，当两个线圈的相对位置变化时，互感电压的极性也会变化。

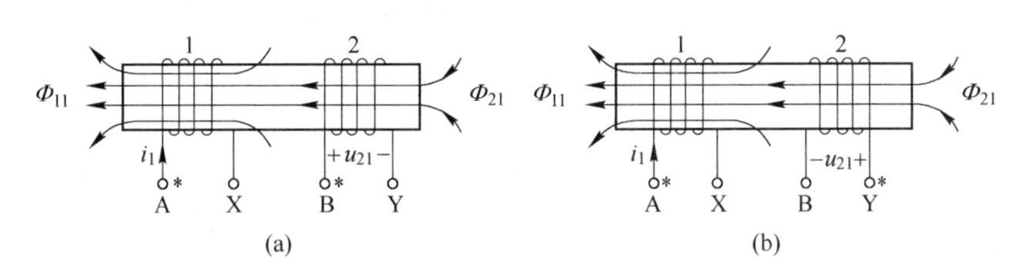

图 6-2　互感电压极性与线圈绕向的关系

(a) 互感电压极性与两线圈绕向相同时的关系；(b) 互感电压极性与两线圈绕向不同时的关系

由前面的分析可知，具有耦合的两线圈其互感电压的极性取决于两线圈的绕向和两线圈的相对位置。但在工程实际中，线圈的绕向和相对位置并不能从外部看出来，在电路图中也不能说明。为此，在电工技术中一般是用标注同名端的方法来反映线圈的绕向和相对位置。

所谓同名端是指有耦合的两线圈中，设电流分别从线圈 1 的 X 端和线圈 2 的 Y 端流入，根据右手螺旋定则可知，两线圈中由电流产生的自感磁通和互感磁通方向一致互相增强，那么就称 X 和 Y 是一对同名端，用同样的符号 (即星号 "*" 或点号 ".") 表示。同理，A 和 B 也是一对同名端。不是同名端的两个端即为异名端。耦合两线圈的同名端如图 6-3 所示。在图 6-2 中当电流 i 从线圈 1 的 A 端（同名端）流入时，在线圈 2 中感应出的电压 u_{21} 的极性 B 端（同名端）为 "+"。根据楞次定律，同样可判断线圈 1 的自感电压（图中未画出）在线圈 1 的 A 端也为 "+"。从这个意义上说，同名端即同极性端。

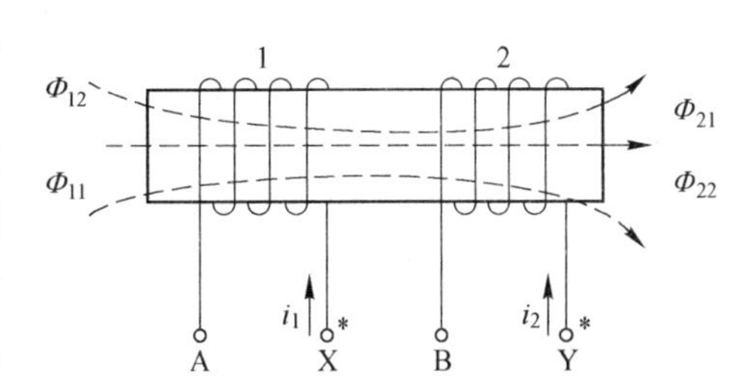

图 6-3　耦合两线圈的同名端

如图 6-4 所示为图 6-2 中互感电压及同名端的电路符号。在同名端被确定后，对有耦合的两线圈就不必去关心线圈的实际绕向和相对位置，而是只需要根据同名端和电流的参考方向，就可以方便地确定本线圈的输入电流在另一个线圈中产生互感电压的极性，而且能很方便地在电路图上用符号表示出来。例如，如图 6-2 所示的两个线圈的同名端和互感电压可用图 6-4 表示，其互感电压表示为 $M\frac{\mathrm{d}i}{\mathrm{d}t}$。

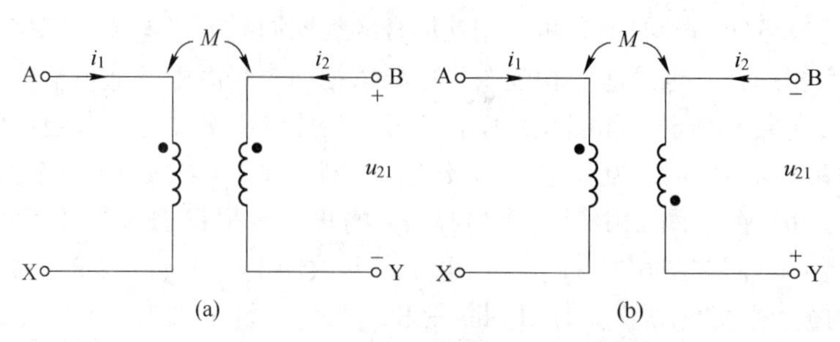

图 6-4　图 6-2 所示的互感电压及同名端的电路符号

（a）图 6-2(a)电路符号；（b）图 6-2(b)电路符号

注意

在工程实际中，同名端的应用十分广泛。如果将同名端搞错了，就会对电路造成严重后果，所以必须认真掌握。

6.1.3　互感线圈的伏安关系

对于一个单线圈，在线性磁介质情况下，称为线性电感。线性电感的伏安关系为 $u=L\mathrm{d}i/\mathrm{d}t$。

对于有耦合、有互感的两线圈，在线性磁介质情况下，称为耦合电感。如图 6-5 所示为耦合电感的元件电路图，它是由相互靠近的两个线圈组成。图 6-5 上标注了电压和电流的参考方向及同名端，与前面分析的情况是一样的。对于每一单个线圈在端口处其伏安关系应包括两项：一项是自感电压，另一项是互感电压。各项正、负号的确定如下所述：

（1）自感电压 $L\mathrm{d}i/\mathrm{d}t$ 项。若端口处电压和电流为关联参考方向，则自感电压项便为正号，否则为负号。

（2）互感电压 $M\mathrm{d}i/\mathrm{d}t$ 项。先确定互感电压的“+”电位端，其方法是：

1）若产生互感磁通的电流（在另一线圈）是从标记“.”的同名端流入的，则互感电压在（本线圈）标记“.”的同名端应是“+”电位端。

2）若产生互感磁通的电流（在另一线圈）是从非标记“.”端流入的，则互感电压在（本线圈）非标记“.”端是“+”电位端。

然后，确定互感电压在伏安关系中的正负号，其方法是：在互感电压的“+”电位端确定后，如果与端口处电压的参考极性“+”电位一致，此互感电压项就为正号，否则为负号。

把上面总结的方法应用于图 6-5 所示的耦合电感，其端口处伏安关系应为：

$$u_1=L_1\frac{\mathrm{d}i_1}{\mathrm{d}t}+M\frac{\mathrm{d}i_2}{\mathrm{d}t}\qquad(6\text{-}6)$$

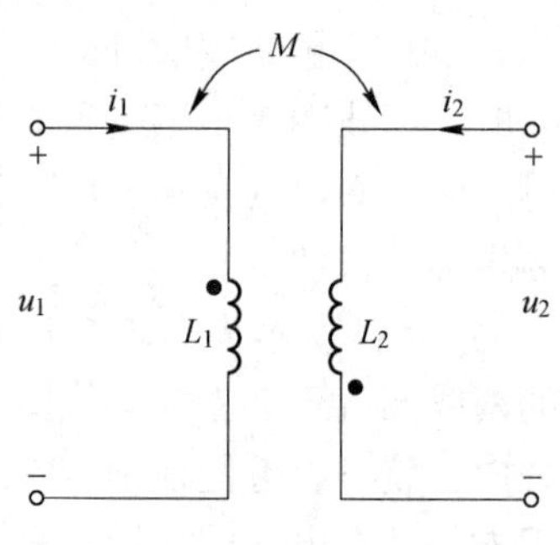

图 6-5　耦合电感的元件电路图

$$u_2 = M\frac{\mathrm{d}i_1}{\mathrm{d}t} + L_2\frac{\mathrm{d}i_2}{\mathrm{d}t} \tag{6-7}$$

【例 6-1】 写出如图 6-5 所示耦合电感的伏安关系表达式。

【解】 如图 6-5 所示，耦合电感的伏安关系表达式为：

$$u_1 = L_1\frac{\mathrm{d}i_1}{\mathrm{d}t} - M\frac{\mathrm{d}i_2}{\mathrm{d}t}$$

$$u_2 = M\frac{\mathrm{d}i_1}{\mathrm{d}t} - L_2\frac{\mathrm{d}i_2}{\mathrm{d}t}$$

在式(6-6)中，自感电压 $L_1\mathrm{d}i/\mathrm{d}t$ 项为正号，这是因为 u_1 和 i_1 的参考方向是关联的，第二个式中的自感电压 $L_2\mathrm{d}i/\mathrm{d}t$ 项为负号，是因为 u_2 和 i_2 的参考方向是非关联的；式(6-6)中的互感电压 $M\mathrm{d}i_2/\mathrm{d}t$ 项为负号，是因为 i_2 在线圈 1 中所产生的互感电压在非“.”端是“+”电位，“.”端是“-”电位，与端口处电压 u_1 参考极性（上正下负）相反；式(6-7)中的互感电压 $M\mathrm{d}i_2/\mathrm{d}t$ 项为正号，是因为计在线圈 2 中所产生的互感电压在标记“.”端是“+”电位，非“.”端是“-”电位，与端口处电压 u_2 参考极性（上正下负）一致。

任务 6.2　耦合电感的去耦等效变换

6.2.1　串联耦合电感的去耦

耦合电感的串联方法有两种：一种是顺接，这种连接方法是把两个线圈异名端相连，这样电流一定会从同名端流入；另一种是反接，这种连接方法是把两个线圈同名端相连，这样电流一定会从异名端流入。

6.2.1.1　顺接的去耦等效变换

如图 6-6(a)所示，L_1 和 L_2 的异名端相连，电流 i 均从同名端流入，那么就有：

$$\dot{U} = \dot{U}_1 + \dot{U}_2 = \mathrm{j}\omega L_1\dot{I} + \mathrm{j}\omega M\dot{I} + \mathrm{j}\omega L_2\dot{I} + \mathrm{j}\omega M\dot{I} \tag{6-8}$$

$$= \mathrm{j}\omega(L_1 + L_2 + 2M)\dot{I} = \mathrm{j}\omega L_S\dot{I}$$

$$L_S = L_1 + L_2 + 2M \tag{6-9}$$

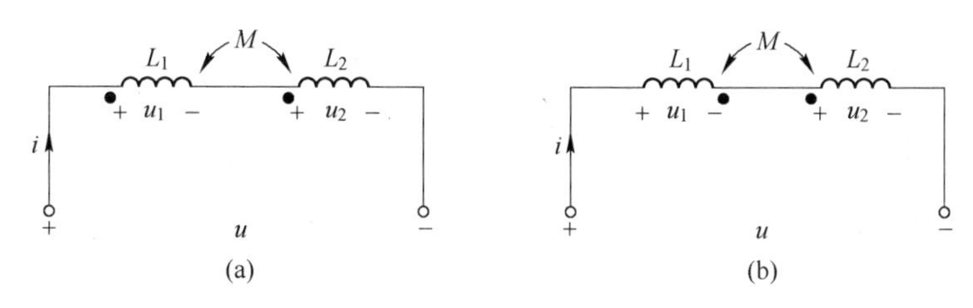

图 6-6　串联耦合电感的去耦合

6.2.1.2　反接的去耦等效变换

如图 6-6(b)所示，L_1 和 L_2 的同名端相连，电流 i 从 L_1 有标记端流入，从 L_2 有标记端流出，磁场方向相反，相互削弱。可以得到：

$$\dot{U} = \dot{U}_1 + \dot{U}_2 = j\omega L_1\dot{I} - j\omega M\dot{I} + j\omega L_2\dot{I} - j\omega M\dot{I} \tag{6-10}$$

$$= j\omega(L_1 + L_2 - 2M)\dot{I} = j\omega L_f\dot{I}$$

$$L_S = L_1 + L_2 - 2M \tag{6-11}$$

【例6-2】 将两个线圈串联到50Hz、60V的正弦电源上，顺向串联时的电流为2A，功率为96W，反向串联时的电流为2.4A。求互感 M。

【解】 顺向串联时，可用等效电阻 $R=R_1+R_2$，和等效电感 $L_S=L_1+L_2+2M$ 相串联的电路图形符号来表示。根据已知条件，得：

$$R = \frac{P}{I_S^2} = \frac{96}{2^2}\Omega = 24\Omega$$

$$\omega L_S = \sqrt{\left(\frac{U}{I_S}\right)^2 - R^2} = \sqrt{\left(\frac{60}{2}\right)^2 - 24^2}\,\Omega = 18\Omega$$

$$L_S = \frac{18}{2\pi \times 50}\text{H} = 0.057\text{H}$$

反向串联时，线圈电阻不变，由已知条件可求出反向串联时的等效电感，即：

$$\omega L_f = \sqrt{\left(\frac{U}{I_f}\right)^2 - R^2} = \sqrt{\left(\frac{60}{2.4}\right)^2 - 24^2}\,\Omega = 7\Omega$$

$$L_f = \frac{7}{2\pi \times 50}\text{H} = 0.022\text{H}$$

$$M = \frac{L_S - L_f}{4} = \frac{0.057 - 0.22}{4}\text{H} = 8.75\text{mH}$$

6.2.2　并联耦合电感的去耦

耦合线圈的并联也有两种接法。一种是两个线圈的同名端相连，称为同向并联，如图6-7(a)所示。另一种是两个线圈的异名端相连，称为异向并联，如图6-7(b)所示。

6.2.2.1　同向并联的去耦等效变换

在图6-7(a)中，两个耦合电感线圈 L_1 和 L_2 并联时同名端相连，即为同向并联，于是有：

$$\dot{U} = j\omega L_1\dot{I}_1 + j\omega M\dot{I}_2 \tag{6-12}$$

$$\dot{U} = j\omega L_2\dot{I}_2 + j\omega M\dot{I}_1 \tag{6-13}$$

$$\dot{I} = \dot{I}_1 + \dot{I}_2 \tag{6-14}$$

$$\dot{I}_2 = \dot{I} - \dot{I}_1, \dot{I}_1 = \dot{I} - \dot{I}_2$$

$$\dot{U} = j\omega L_1\dot{I}_1 + j\omega M(\dot{I} - \dot{I}_1) = j\omega(L_1 - M)\dot{I}_1 + j\omega M\dot{I} \tag{6-15}$$

$$\dot{U} = j\omega L_2\dot{I}_2 + j\omega M(\dot{I} - \dot{I}_2) = j\omega(L_2 - M)\dot{I}_2 + j\omega M\dot{I} \tag{6-16}$$

等效电感为：

$$L=\frac{L_1+L_2-M^2}{L_1+L_2+2M} \tag{6-17}$$

其等效电路如图 6-8(a)所示。

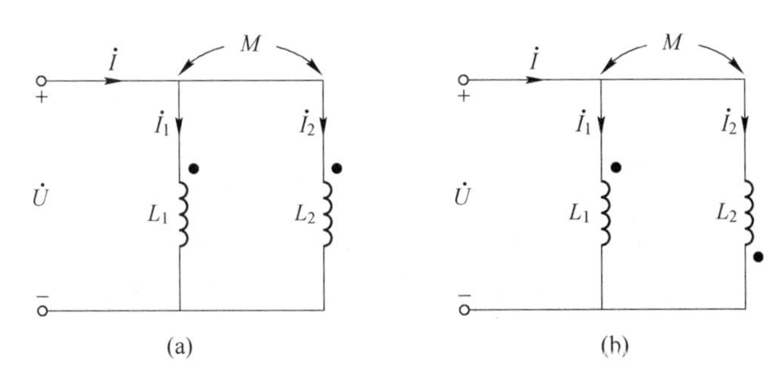

图 6-7　并联耦合电感的去耦合

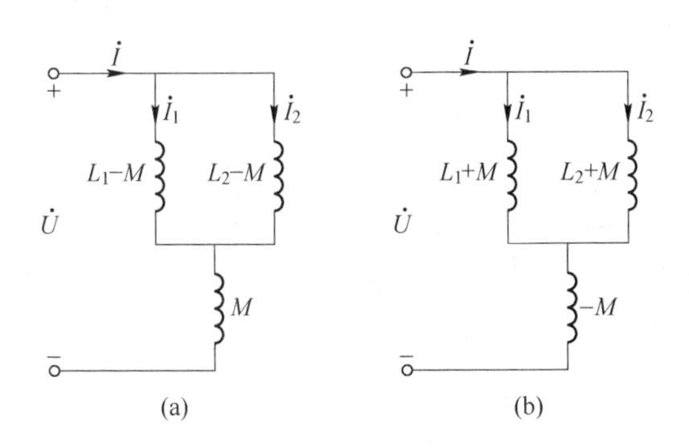

图 6-8　并联的耦合电感等效电路

6.2.2.2　异向并联的去耦等效变换

在图 6-7(b)中，两个耦合电感线圈 L_1 和 L_2 并联时异名端相连，即为异向并联，同理可得其等效电路，如图 6-8(b)所示。等效电感通过推导与同向并联相同。

6.2.3　有一个公共端连接的去耦

将耦合电感中两线圈（忽略线圈内阻）的有一公共节点连在一起的连接形式也有两种，第一种形式是把两个互感线圈的同名端连在一起，其电路原理图如图 6-9(a)所示，它可由 T 形去耦等效电路来代替，其 T 形去耦等效电路如图 6-9(b)所示。

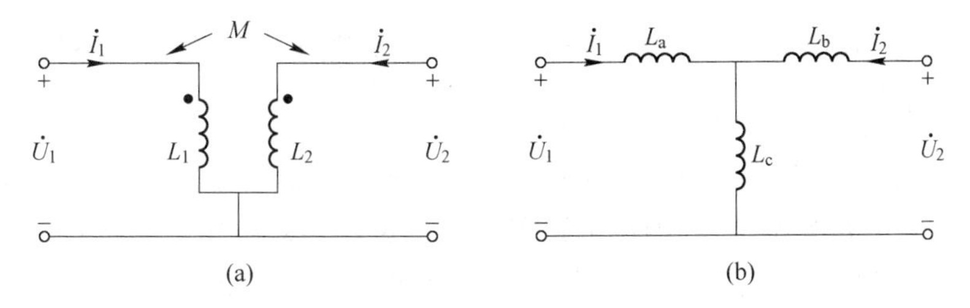

图 6-9　同名端连接为公共端时耦合电感的去耦等效电路

其去耦等效电路的等效条件可推导如下：

对图 6-9(a)有：

$$\dot{U}_1 = j\omega L_1\dot{I}_1 + j\omega M\dot{I}_2 \tag{6-18}$$

$$\dot{U}_2 = j\omega M\dot{I}_1 + j\omega L_2\dot{I}_2 \tag{6-19}$$

对图 6-9(b)有：

$$\dot{U}_1 = j\omega L_a\dot{I}_1 + j\omega L_c(\dot{I}_1 + \dot{I}_2) = j\omega(L_a + L_c)\dot{I}_1 + j\omega L_c\dot{I}_2 \tag{6-20}$$

$$\dot{U}_2 = j\omega L_b\dot{I}_2 + j\omega L_c(\dot{I}_1 + \dot{I}_2) = j\omega L_c\dot{I}_1 + j\omega(L_a + L_c)\dot{I}_2 \tag{6-21}$$

由式(6-19)和式(6-21)的对应项系数相等，可得到它们的等效条件为：

$$L_1 = L_a + L_c \tag{6-22}$$

$$M = L_c \tag{6-23}$$

$$L_2 = L_b + L_c \tag{6-24}$$

所以可得：

$$L_a = L_1 - M \tag{6-25}$$

$$L_b = L_2 - M \tag{6-26}$$

$$L_c = M \tag{6-27}$$

第二种连接形式是把两个互感线圈的异名端连在一起，其电路原理图如图 6-10(a)所示，它也可由 T 形去耦等效电路来代替，其 T 形去耦等效电路如图 6-10(b)所示。同样，可推导证明其等效条件为：

$$L_a = L_1 + M \tag{6-28}$$

$$L_b = L_2 + M \tag{6-29}$$

$$L_c = -M \tag{6-30}$$

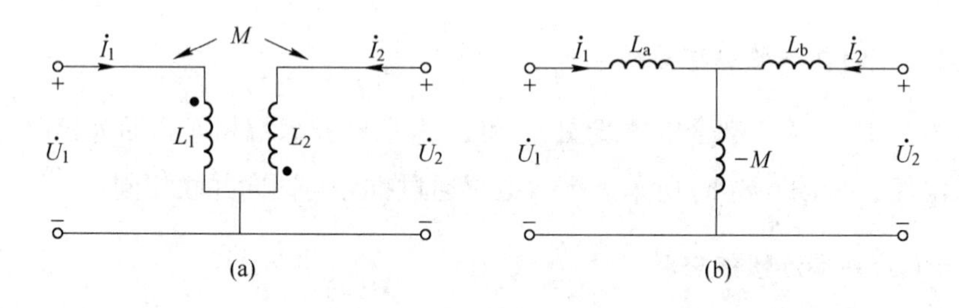

图 6-10　异名端连接为公共端时耦合电感的去耦等效电路

提示

在两种不同形式连接的 T 形去耦等效电路中，只是 M 前面的符号不同而已，在进行去耦等效变换时应注意这一点。

【例 6-3】 试用耦合电感的去耦等效电路分析法求图 6-11(a)中的支路电流 $\dot{I}_2$。

【解】 先画出如图 6-11(a)所示电路图的 T 形去耦等效电路，如图 6-11(b)所示。将各支路电流标于电路图中，分别由 KVL/KCL 列出两个网孔的电压方程和电流方程为：

$$j\omega(L_1+M)\dot{I}_1-j\omega M\dot{I}_3-j\frac{1}{\omega C}\dot{I}_3=\dot{U}_S$$

$$-j\omega M\dot{I}_3-j\frac{1}{\omega C}\dot{I}_3+j\omega(L_2+M)\dot{I}_2+R_L\dot{I}_2=0$$

$$\dot{I}_1+\dot{I}_2=\dot{I}_3$$

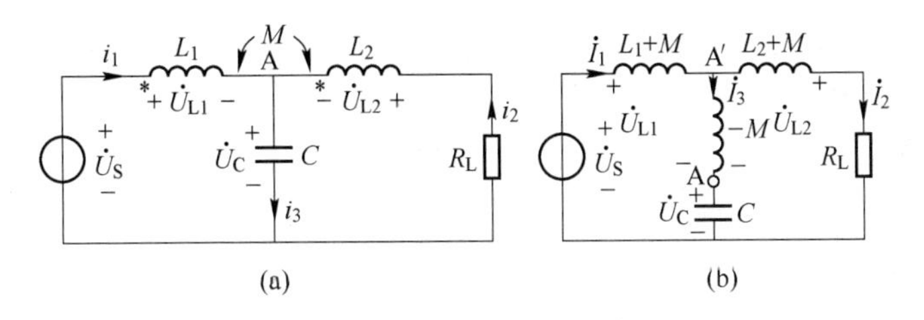

图 6-11　例 6-3 电路图

进一步整理可得：

$$j(X_{L1}+X_M)\dot{I}_1-j(X_M+X_C)\dot{I}_3=\dot{U}_S$$

$$-j(X_M+X_C)\dot{I}_3+[R_L+j(X_{L_2}+X_M)]\dot{I}_2=0$$

$$\dot{I}_1+\dot{I}_2=\dot{I}_3$$

将已知数据代入方程式中，得：

$$j(10+10)\dot{I}_1-j(10+5)\dot{I}_3=20\angle 0°$$

$$-j(10+5)\dot{I}_3+[30+j(20+10)]\dot{I}_2=0$$

$$\dot{I}_1+\dot{I}_2=\dot{I}_3$$

解得：

$$\dot{I}_2=\sqrt{2}\angle 45°\ \text{A}$$

任务 6.3　理想变压器

6.3.1　理想变压器的定义与电路符号

6.3.1.1　理想变压器的定义

理想变压器是一种理想元件。通常把满足以下条件的一对线圈的元件称为理想变压器：

(1) 无漏磁通，耦合系数 $k=1$，为全耦合，故有 $\Phi_{11}=\Phi_{21}$，$\Phi_{22}=\Phi_{12}$。

(2) 不消耗能量（即无损失），也不储存能量。

(3) 一次侧、二次侧线圈的电感均为无穷大，即 $L_1\to\infty$，$L_2\to\infty$，但有：

$$\frac{L_1}{L_2}=\frac{N_1^2}{N_2^2}=n^2$$

提示

即在全耦合（$K=1$）时，两线圈的电感之比，等于其匝数平方之比，也就是说每个线圈的电感都与自己线圈匝数的平方成正比。

6.3.1.2 理想变压器的电路符号

理想变压器的电路图形符号如图6-12所示。如果 N_1 和 N_2 分别为一次侧和二次侧的匝数，那么假设一次侧、二次侧匝数之比 $N_1:N_2=n:1$，不难证明一次侧、二次侧的电压和电流满足下列关系：

$$\begin{cases}\dot{U}_1 = n\dot{U}_2 \\ \dot{I}_1 = -\dfrac{1}{n}\dot{I}_2\end{cases} \tag{6-31}$$

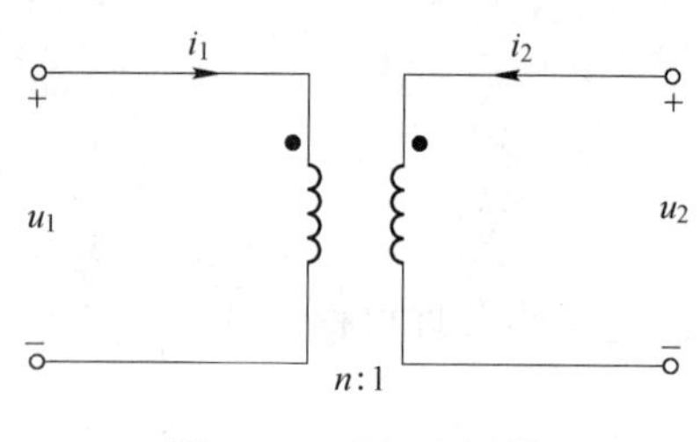

图6-12 理想变压器

从式(6-31)可以看出，理想变压器的两线圈的电压与其匝数成正比，两线圈的电流与其匝数成反比，且当 $n<1$ 时有 $u_2(t) > u_1(t)$，为升压变压器；当 $n>1$ 时有 $u_2(t) < u_1(t)$，为降压变压器。

6.3.2 阻抗变换作用

设理想变压器的一次侧接阻抗 Z_L，如图6-13(a)所示，可以得到一次侧的输入阻抗为：

$$Z_i = \frac{\dot{U}_1}{\dot{I}_1} = \frac{n\dot{U}_2}{-\dfrac{1}{n}\dot{I}_2} = n^2\left(\frac{U_2}{-I_2}\right) = n^2 Z_L \tag{6-32}$$

于是可得一次侧等效电路如图6-13(b)所示。从式(6-32)可以看出：

（1）$n\neq1$ 时，$Z_i\neq Z_L$，这说明理想变压器具有阻抗变换作用。$n>1$ 时，$Z_i>Z_L$；$n<1$ 时，$Z_i<Z_L$。

（2）由于一般情况下 n 都为大于零的实常数，故 Z_i 与 Z_L 的性质全同，即如果二次侧呈感性，变换到一次侧仍呈感性。

（3）当 $Z_L=0$ 时，则 $Z_i=0$，即当二次侧短路时，相当于一次侧也短路；$Z_L=\infty$ 时，则 $Z_i=\infty$，即当二次侧开路时，相当于一次侧开路。

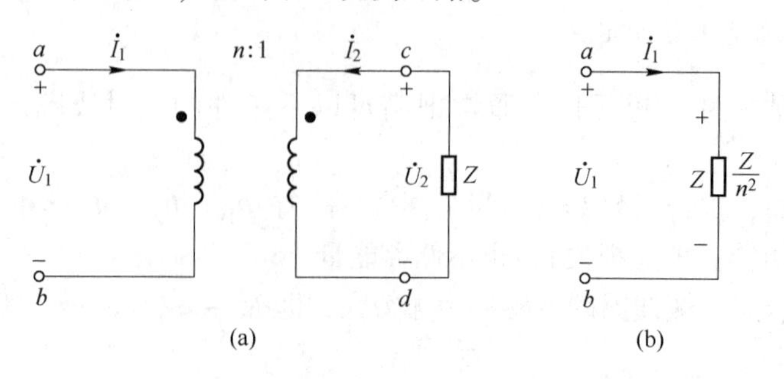

图6-13 理想变压器阻抗变换作用

6.3.3　含理想变压器电路的分析计算

含理想变压器电路的分析计算，一般仍应用网孔法和节点法等方法，只是在列方程时必须考虑它的伏安关系和阻抗变换特性。

【例 6-4】 用等效电压源定理求图 6-14(a)电路中的 $\dot{U}_2$。

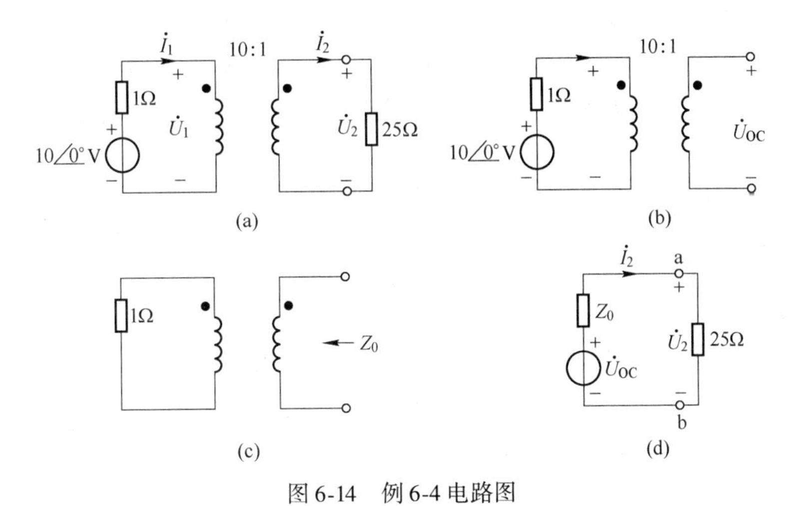

图 6-14　例 6-4 电路图

【解】 利用戴维南定理，图 6-14(b)和(c)分别可以用来求开路电压和等效阻抗 Z_0，即：

$$\dot{U}_{oc} = 10\dot{U}_1 = 100\angle 0°\ \text{V}$$

$$Z_0 = 10^2 \times 1\Omega = 100\Omega$$

因此，端口两端的等效电压源电路如图 6-14(d)所示。于是根据图 6-14(d)得：

$$\dot{U} = \left(\frac{100\angle 0°}{100 + 25} \times 25\right)\text{V} = 20\angle 0°\ \text{V}$$

【例 6-5】 电路如图 6-15(a)所示。如果要使 100Ω 电阻能获得最大功率，试确定理想变压器的变比 n。

【解】 已知负载 $R = 100\Omega$，故二次侧对一次侧的折合阻抗 $Z_L = 1000n^2\Omega$。

电路可等效为图 6-15(b)所示。由最大功率传输条件可知，当 $100n^2$ 等于电压源的串联电阻（或电源内阻）时，负载可获得最大功率。所以 $100n^2 = 900$，则变比为 $n = 3$。

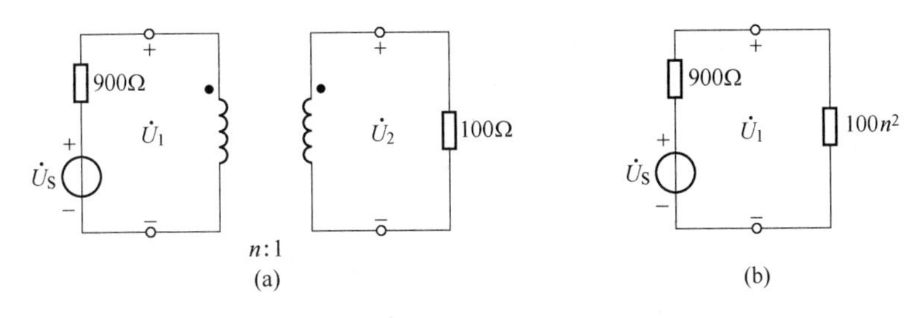

图 6-15　例 6-5 电路图

任务6.4　磁路的基本知识

6.4.1　磁路的概念

在电工技术中不仅要分析电路问题，而且要分析磁路问题。因为很多电工设备与电路和磁路都有关系，如电动机、变压器、电磁铁及电工测量仪表等。磁路问题与磁场、磁场的产生以及磁介质有关，这就涉及磁场与电流的关系、磁路与电路的关系。

磁通所通过的路径称为磁路。这里主要涉及两个问题：磁通（即磁场）是怎么产生的；磁路是怎样的。磁通的产生有两种形式，一种是由铁磁性物料制成的永久磁铁产生的，其磁通的大小和方向都已确定，不能改变，图6-16所示的条形磁铁示意图是永久磁铁的一种。永久磁铁主要用在小型的电工设备中，如微型控制电动机等。另一种是励磁线圈通入电流产生的。通常把用以产生磁路中磁通的载流线圈称为励磁绕组（或称为励磁线圈）。当通入直流电流时，改变电流的大小和极性就能改变磁通的大小和方向，比较灵活方便，可用在于一般的电工设备中，如直流电动机等。

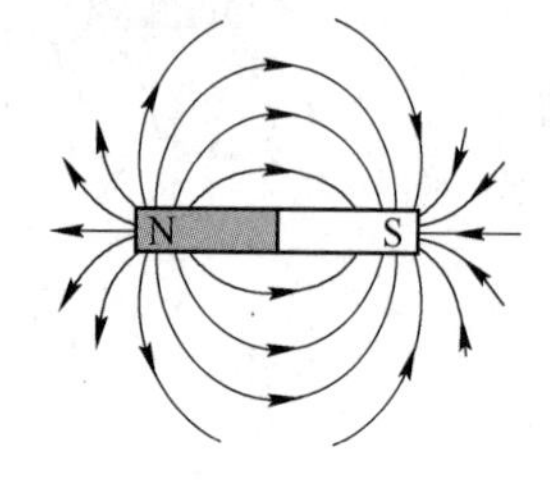

图6-16　条形磁铁示意图

磁通产生后在不同的磁介质中所呈现的磁场强弱程度是不同的。通俗地讲，磁介质是影响磁场存在或分布的物质。

提示

铁磁体是一种最好的磁介质，它可以增强磁场的强度，被广泛用于变压器和电动机等电工设备的铁心中

在图6-17(a)所示的磁路中，由励磁绕组通电产生的磁通可以分为两部分，绝大部分通过磁路（包括气隙），称为主磁通，用Φ来表示；很小一部分经过由非铁磁物质（如空气等）的磁路的磁通称为漏磁通，用Φ_S表示，如图6-17(a)所示。在对磁路的初步计算时，常将漏磁通略去不计，认为全部磁通都集中在磁路里，同时选定铁心的几何中心闭合线作为主磁通的路径。这样，图6-17(a)就可以用图6-17(b)来表示。

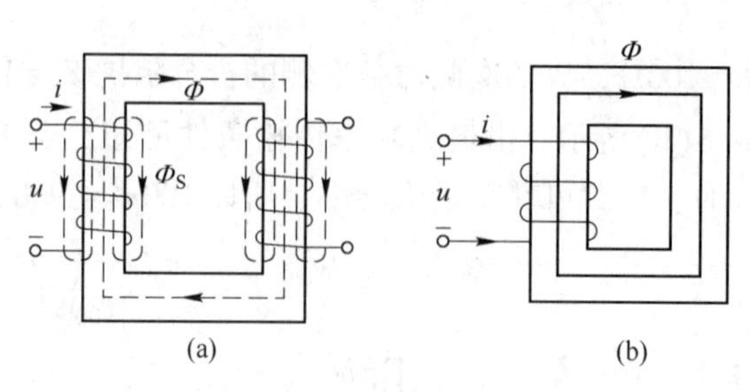

图6-17　磁路中的磁通

在很多电气设备中，磁路的构成是这样的：常将铁磁性物质作成闭合的环路（即铁心），绕在铁心上的线圈通有较小的电流（励磁电流），便能得到较强的磁场（即主磁通），主磁通基本上都约束在限定的铁心范围之内，周围非铁磁性物质（包括空气）中的

磁场则很微弱（即漏磁通）。几种常见的电工设备中的磁路如图 6-18 所示。

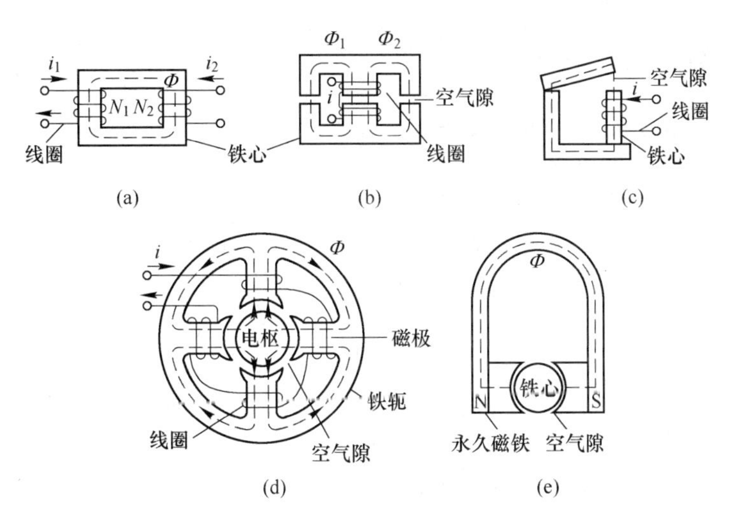

图 6-18　几种常见的电工设备中的磁路

（a）变压器的磁路；（b）交流接触器；（c）低压断路器；（d）直流电动机的磁路；（e）电工仪表的磁路

磁路有直流和交流之分，取决于励磁线圈中的电流。若励磁电流为直流，则磁路中的磁通是恒定的，不随时间而变化，这种磁路称为直流磁路，直流电动机的磁路就属于这一类；若励磁电流为交流，则磁路中的磁通随时间交变变化，这种磁路称为交流磁路，交流铁心线圈、变压器和交流电动机的磁路都属于这一类。磁路和电路的区别可通过表 6-1 说明。

注意

除此之外，磁路和电路还有些不同点为：在处理电路时一般可以不考虑漏电流，在处理磁路时都要考虑漏磁通。在电路中，当激励电压源为零时，电路中电流为零；但在磁路中，由于有剩磁，当磁通势为零时，磁通不为零。另外，电路中有断路和短路一说，但在磁路中却没有，比如磁路断开就是气隙，此时磁通并不为零。

表 6-1　磁路和电路的区别

磁　路	电　路
磁通势 F	电动势 E
磁通量 Φ	电流 I
磁感应强度 B	电流密度 J
磁阻 $R_m=\frac{l}{\mu S}$	电阻 $R=\frac{l}{\gamma S}$
I　N　Φ $\Phi=\frac{F}{R_m}$	I　+　E　−　R $I=\frac{E}{R}$

6.4.2　磁路的基本物理量

6.4.2.1　*磁感应强度 B*

磁感应强度是表示磁场中磁场大小和方向的物理量，用磁感应强度 B 来表示。磁场中任意一点磁感应强度 B 的方向，即为过该点磁力线的切线方向，磁感应强度 B 的大小为通过该点与 B 垂直的单位面积上的磁力线的数目。磁感应强度 B 可理解为感测空间中任意一点磁场的强弱。在电工设备中，往往用均匀磁场（也称为匀强磁场）来描述。均匀磁场是指磁场中各点大小和方向都相等。磁感应强度 B 的单位为 T（特斯拉）。

6.4.2.2　*磁通量 Φ*

把穿过某一截面 S 的磁感应强度 B 的通量，即穿过某截面 S 的磁力线的数目称为磁通量，用 Φ 表示，简称磁通，单位为 Wb（韦伯）。在均匀磁场中，磁场与截面垂直，可得到磁感应强度 B 和磁通量 Φ 的关系式为：

$$\Phi = BS \tag{6-33}$$

式(6-33)可理解为磁通量中只考虑垂直穿过某截面 S 的磁力线的数目，故式（6-33）也可以转化为式（6-34）表示，即：

$$B = \frac{\Phi}{S} \tag{6-34}$$

因此，磁感应强度又称为磁通密度。

6.4.2.3　*磁场强度 H*

磁场强度 H 是为建立电流与由其产生的磁场之间的数量关系而引入的物理量。磁场强度 H 的方向与 B 相同，其大小与 B 之间相差一个导磁介质的磁导率 μ，即：

$$B = \mu H \tag{6-35}$$

式中，磁导率 μ 是反映导磁介质的导磁性能的物理量，其单位是 H/m（亨/米）。

提示

磁导率 μ 越大的介质，其导磁性能越好。

式(6-35)可理解为在磁场强度 H 确定后（磁场强度是与电流有关的“全电流定律”），空间中感测到的磁场强弱取决于磁导率 μ，磁导率 μ 大。磁感应强度 B 就大。磁场强度 H 与电流有关，而磁感应强度 B 与磁介质有关。磁场强度的单位为 A/m（安/米）。

6.4.3　磁路的电磁定律

6.4.3.1　*全电流定律*

在磁场中，沿任意一个闭合磁回路的磁场强度线积分等于该闭合回路所包围的所有导体电流的代数和。其数学表达式为：

$$\oint H\mathrm{d}l = \sum I \tag{6-36}$$

式(6-36)中，$\sum I$ 为该磁路所包围的全电流，因此这个定律称为全电流定律（也称为安培环路定律），其示意图如图 6-19 所示。当导体电流的方向与积分路径的方向符合右手螺旋定则时，为正，如图 6-19 所示的 I_1 和 I_3；反之则为负，如图 6-19 所示的 I_2。

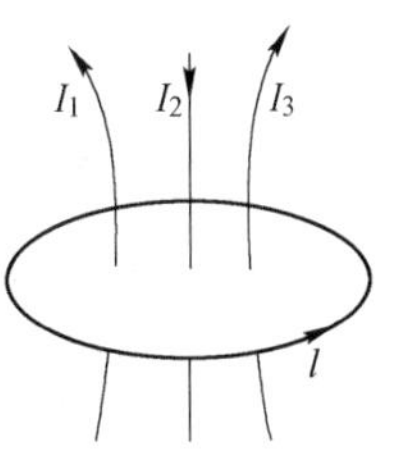

图 6-19　全电流定律示意图

在工程中遇到的磁路形状比较复杂，如果直接利用全电流定律的积分形式进行计算比较困难，只能进行简化计算。简化的办法是把磁路分段，几何形状一样的为一段，找出这段磁路的平均磁场强度，再乘以这段磁路的平均长度即得到磁位差，最后把各段磁路的磁位差加起来，就等于总的磁通势，即：

$$\sum_{k=1}^{n} H_k l_k = \Sigma I = IN \tag{6-37}$$

式中　H_k——磁路里第 k 段磁路的磁场强度，A/m；

l_k——第 k 段磁路的平均长度，m；

IN——作用在整个磁路上的磁通势，即全电流数，单位为安匝；

N——励磁线圈的匝数。

6.4.3.2　磁路的欧姆定律

当工程上将全电流定律用于磁路时，通常把磁力线分成若干段，使每一段的磁场强度 H 为常数，此时线积分 $\oint_l H\mathrm{d}l$ 可用式 $\Sigma H_k l_k$ 来代替，故全电流定律可以表示为：

$$\Sigma H_k l_k = \Sigma I \tag{6-38}$$

式中　H_k——第 k 段的磁场强度；

l_k——第 k 段的磁路长度。

如图 6-20 所示为磁路示意图，$\Sigma H_k l_k = H_1 l_1 + H_2 l_2$，在 $\Sigma I = NI$ 中，N 为线圈的匝数，I 为线圈中的电流，则有 $H_1 l_1 + H_2 l_2 = NI$。将 $H = B/\mu$ 和 $B = \Phi/S$ 代入上式，得：

$$\frac{\Phi}{\mu_1 S_1} l_1 + \frac{\Phi}{\mu_2 S_2} = \Phi R_{m_1} + \Phi R_{m_2} = NI = F \tag{6-39}$$

图 6-20　磁路示意图

式中　R_{m_1}，R_{m_2}—— 分别为第 1 段、第 2 段磁路的磁阻；

ΦR_{m_1}，ΦR_{m_2}—— 分别为第 1 段、第 2 段磁路的磁位差；

F—— 磁路的磁动势。

一般情况下，当将磁路分为 n 段时，则有 $\Phi R_{m_1} + \Phi R_{m_2} + \cdots + \Phi R_{m_n} = F$，即：

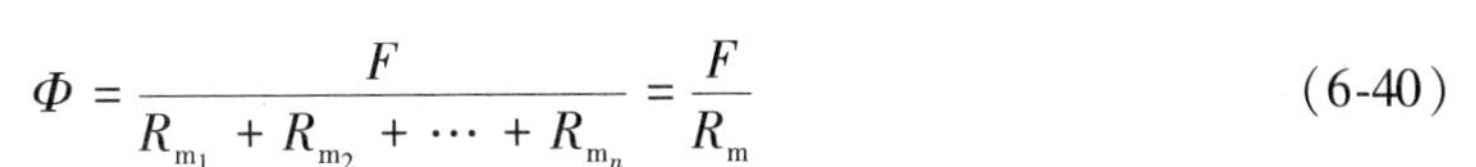

$$\Phi = \frac{F}{R_{m_1} + R_{m_2} + \cdots + R_{m_n}} = \frac{F}{R_m} \tag{6-40}$$

式(6-40)称为磁路的欧姆定律。

根据 $R_{m_k} = l_k/\mu_k S_k$ 可知，各段磁路的磁阻与磁路的长度成正比，与磁路的截面积成反比，并与磁路的磁介质成反比。由于铁磁材料的磁导率 μ 比真空等非铁磁性材料大得多，所以 R_m 小得多。同时，由于铁磁性材料的磁导率 μ 不是常数，所以磁阻 R_m 也不是常数。在分析磁路时，有时不用磁阻 R_m，而是采用磁导 λ_m，它们互为倒数关系，即：

$$\lambda_m = \frac{1}{R_m} \tag{6-41}$$

6.4.3.3　电磁感应定律

磁场变化会在线圈中产生感应电动势，感应电动势的大小与线圈的匝数 N 与线圈所交链的磁通对时间的变比率成正比，这是电磁感应定律。规定电动势的方向与产生它的磁通的正方向之间符合右手螺旋定则时为正，此时感应电动势的公式为：

$$e = -N\frac{\mathrm{d}\Phi}{\mathrm{d}t} = -\frac{\mathrm{d}\psi}{\mathrm{d}t} \tag{6-42}$$

提示

在用右手螺旋定则时，按照楞次定律确定的感应电动势的实际方向与按照惯例规定的感应电动势的正方向正好相反，所以感应电动势公式右边总加一负号。

电磁感应定律在电工设备中应用最多，以在电机中的应用为例。通常电机中的感应电动势根据其产生原因的不同，可以分为以下3种。

A　自感电动势 e_L

当在线圈中流过交变电流 i 时，由 i 产生的与线圈自身交链的磁链亦随时间发生变化，由此在线圈中产生的感应电动势称为自感电动势，用 e_L 表示，其公式为：

$$e_L = -N\frac{\mathrm{d}\Phi_L}{\mathrm{d}t} = -\frac{\mathrm{d}\psi_L}{\mathrm{d}t} \tag{6-43}$$

设将线圈中流过单位电流产生的磁链称为线圈的自感系数 L，即 $L=\psi_L/i$，当自感系数 L 为常数时，自感电动势的公式可改为：

$$e_L = -\frac{\mathrm{d}\psi_L}{\mathrm{d}t} = -L\frac{\mathrm{d}i}{\mathrm{d}t} \tag{6-44}$$

B　互感电动势 e_M

在相邻的两个线圈中，当线圈1中的电流 i_1 交变时，它产生的并与线圈2相交链的磁通 Φ_{21} 亦产生变化，由此在线圈2产生的感应电动势称为互感电动势，用 e_M 表示，即：

$$e_M = -N_2\frac{\mathrm{d}\Phi_{21}}{\mathrm{d}t} = \frac{\mathrm{d}\psi_{21}}{\mathrm{d}t} \tag{6-45}$$

式中，$\psi_{21}=N_2\Phi_2$ 为线圈1产生而与线圈2相交链的互感磁链。

如果引入线圈1和2之间的互感系数 M，那么上面互感电动势的公式为：

$$e_{M_2} = -\frac{\mathrm{d}\psi_{21}}{\mathrm{d}t} = -M\frac{\mathrm{d}i_1}{\mathrm{d}t} \tag{6-46}$$

因为互感磁链 $\psi_{21}=N_2\Phi_{21}$，互感磁通的公式为：

$$\Phi_{21} = \frac{N_1 i_1}{R_{12}} = N_1 i_1 \lambda_{12} \tag{6-47}$$

所以有

$$M = \frac{\psi_{21}}{i_1} = \frac{N_1 N_2}{R_{12}} = N_1 N_2 \lambda_{12} \tag{6-48}$$

式中　R_{12}——互感磁链所经过磁路的磁阻；

λ_{12}——互感磁通所经过磁路的磁导。

式(6-48)表明，两线圈之间的互感系数与两个线圈匝数的乘积 N_1N_2，以及磁导率成正比。

提示

在上述两类电动势中，线圈与磁通之间没有切割关系，仅是由于线圈交链的磁通发生变化而引起，所以可统称为变压器电动势。

C　切割电动势 $e=Blv$

如果磁场恒定不变，当导体或线圈与磁场的磁力线之间有相对切割运动时，在线圈中产生的感应电动势称为切割电动势，又称为速度电动势。若磁力线、导体与切割运动三者方向相互垂直，则由电磁感应定律可知：切割电动势的公式为：

$$e = Blv \tag{6-49}$$

式中　B——磁场的磁感应强度；

l——导体切割磁力线部分的有效长度；

v——导体切割磁力线的线速度。

切割电动势的方向可用右手定则确定，即将右手掌摊平，四指并拢，大拇指与四指垂直，让磁力线指向手掌心，大拇指指向导体切割磁力线的运动方向，则 4 个手指的指向就是导体中感应电动势的方向。确定切割电动势方向的右手定则示意图如图 6-21 所示。

6.4.3.4　电磁力定律

载流导体在磁场中会受到电磁力的作用。当磁场力和导体方向相互垂直时，载流导体所受的电磁力的公式为：

$$F = BlI \tag{6-50}$$

式中　F——载流导体所受的电磁力；

B——载流导体所在处的磁感应强度；

l——载流导体处在磁场中的有效长度；

I——载流导体中流过的电流。

电磁力的方向可以由左手定则判定，确定电磁力方向的左手定则示意图如图 6-22 所示。

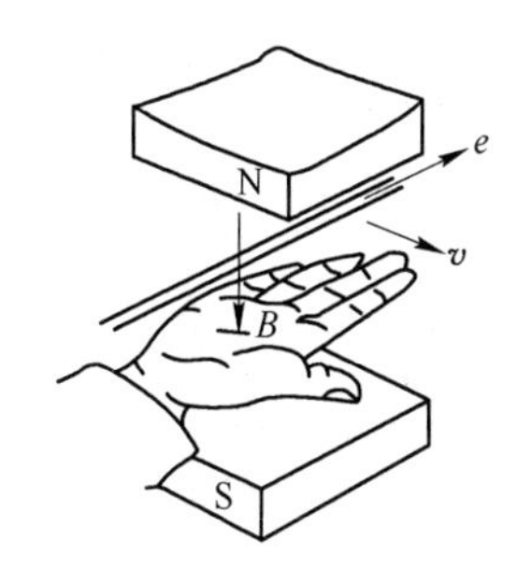

图 6-21　确定切割电动势方向的右手定则示意图

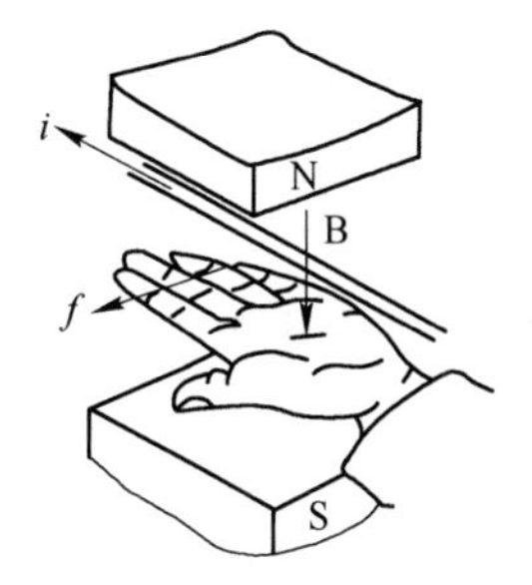

图 6-22　确定电磁力方向在左手定则示意图

综上所述，有关电磁作用原理基本上包括以下 3 个方面：

(1) 有电流必定产生磁场，即“电生磁”。方向由右手螺旋定则确定，大小关系符合全电流定律的公式，即：

$$\oint_l H\mathrm{d}l = \Sigma I \tag{6-51}$$

（2）有磁通变化必定产生感应电动势，即“磁变生电”。感应电动势的方向由楞次定律确定，当按惯例规定电动势的正方向与产生它的磁通的正方向之间符合右手螺旋定则时，感应电动势的公式为：

$$e = - N\frac{\mathrm{d}\Phi}{\mathrm{d}t} = - \frac{\mathrm{d}\psi}{\mathrm{d}t} \tag{6-52}$$

切割电动势的方向用右手定则确定，并由式(6-49)计算其大小。

（3）载流导体在磁场中要受到电磁力的作用，即“电磁生力”，电磁力的方向由左手定则确定，并由式(6-50)计算其大小。

提示

可以将以上 3 个方面简单地概括为“电生磁”“磁变生电”“电磁生力”，这是分析各种电磁设备工作原理的共同的理论基础。

6.4.4 铁磁材料的磁性能和分类

6.4.4.1 磁性能

A 磁导率

铁磁材料具有很高的磁导率。铁磁材料（如铁、镍、钴等）的磁导率 μ 比空气的磁导率 μ_0 大几千到几万倍。铁磁材料内部存在着分子电流，分子电流将产生磁场，每个分子都相当于一个小磁铁，把这些小区域称为磁畴。铁磁材料在没有外磁场时，各磁畴是混乱排列的，磁场互相抵消；在外磁场作用下，磁畴就逐渐转到与外磁场一致的方向上，即产生了一个与外场方向一致的磁化磁场，从而使铁磁材料内的磁感应强度大大增加——物质被强烈的磁化了。这样，铁磁材料内部磁场变得很强，使铁磁材料具有很高的磁导率。

提示

铁磁材料被广泛地应用于电工设备中，在电动机、电磁铁、变压器等设备的线圈中都含有铁心，就是利用其磁导率大的特性，使得在较小的电流情况下得到尽可能大的磁感应强度和磁通。

B 磁化特性

铁磁材料具有磁化特性。铁磁材料的 μ 虽然很大，但不是一个常数。在工程计算时，不按 $B=\mu H$ 进行计算，而是事先把各种铁磁材料用试验的方法，测出它们在不同磁场强度 H 下对应的磁通密度 B，并画成 B-H 曲线（称为磁化曲线）。铁磁材料的磁化曲线如图 6-23 所示。当磁场强度 H 从零增大时，磁通密度 B 随磁场强度 H 增加较慢（图中 Oa 段），之后，磁通密度 B 随磁场强度 H 的增加而迅速增大（ab 段），过了 b 点，磁通密度 B 的增加减慢了（bc 段），最后为 cd 段，又呈直线。其中 a 称为跗点，b 点为膝点，c 点为饱和点。过了饱和点 c，铁磁材料的磁导率趋近于 μ_0。图中 Oe 段为磁场内不存在磁性物质时的 B-H 磁化曲线，即真空或空气的磁化曲线。在真空或空气中，μ_0 为常数，B-H 磁化曲线为直线，B 与 H 是正比关系。

C 磁滞特性

铁磁材料还具有磁滞的特性，即在磁性材料中，磁感应强度 B 的变化总是滞后于外磁场 H 的变化。磁滞特性用磁滞回线来描述，铁磁材料的磁滞回线如图 6-24 所示。由磁滞回线可看出，当线圈中电流为零时（根据全电流定律可知 $H=0$），B 不等于零，此时铁心中所保留的磁感应强度 B 称为剩磁 B_r，如图 6-24 中的 b、e 两点对应的磁感应强度值。利用铁磁材料的剩磁特性，可制成永久磁铁。如果要使铁心的剩磁消失，就可改变线圈中励磁电流的方向，也就是改变磁场强度 H 的方向来进行反向磁化，使 $B=0$。在图 6-24 中 c、f 两点对应的磁场强度值，称为矫顽磁力 H_c。

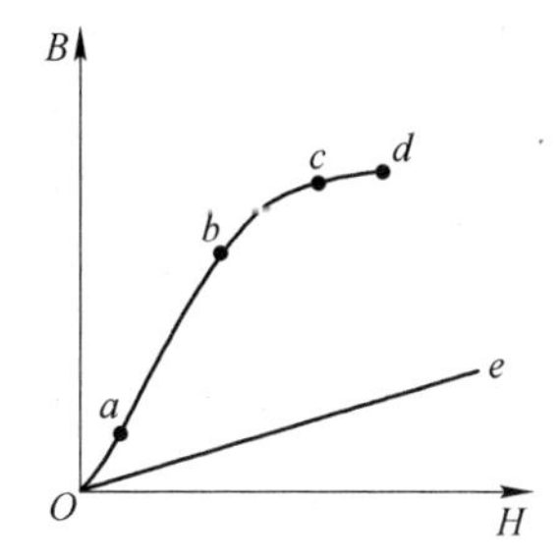

图 6-23 铁磁材料的磁化曲线

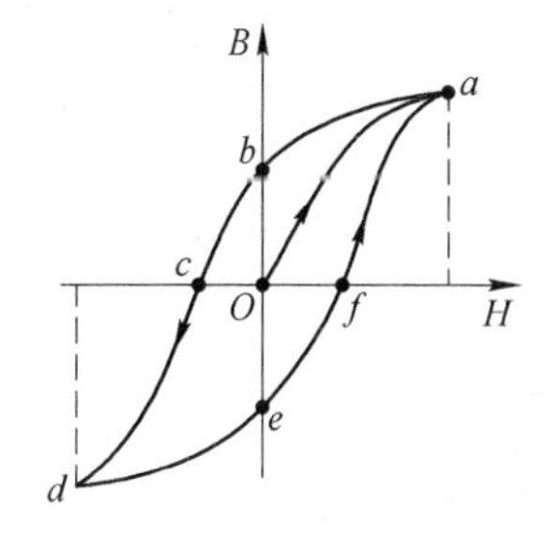

图 6-24 铁磁材料的磁滞回线

6.4.4.2 铁磁材料的分类

不同的铁磁材料具有不同的磁滞特性，在电工设备和仪器的应用可按磁性材料的磁性能来分类。其可分为：

（1）软磁材料。软磁材料具有较小的矫顽磁力，磁滞回线较窄。一般用来制造电机、电器及变压器等的铁心。常用的有铸铁、硅钢、坡莫合金（即铁氧体）等。

（2）永磁材料。永磁材料具有较大的矫顽磁力，磁滞回线较宽。矫顽磁力大，剩磁难以去掉，一般用来制造永久磁铁。常用的有碳钢及铁镍铝钴合金等。

（3）矩磁材料。矩磁材料具有较小的矫顽磁力和较大的剩磁，磁滞回线接近矩形，稳定性良好。在计算机和控制系统中用作记忆元件、开关元件和逻辑元件。常用的有镁锰铁氧体等。

任务 6.5 磁 路 分 析

磁路也有交直流之分，这取决于线圈中的励磁电流，即若励磁电流为直流，则为直流磁路若励磁电流为交流，则为交流磁路。

6.5.1 直流磁路分析

在直流磁路中，直流铁心线圈是通以直流来励磁的（如直流电机的励磁线圈、电磁吸盘及各种直流电器的线圈）。因为励磁是直流，产生的磁通是恒定的，在线圈和铁心中不会感应出电动势来，铁心中也没有磁滞损耗和涡流损耗，在一定的直流电压 U 下，线圈中的直流电流 I 只与线圈的 R 有关，有功功率 P 也只与 I^2R 有关。

如图6-25所示是一个简单的直流磁路，它是由铁磁材料和空气隙两部分串联而成。铁心上绕了匝数为N的励磁线圈，线圈电流为I。确定直流电流I可以采用以下步骤：

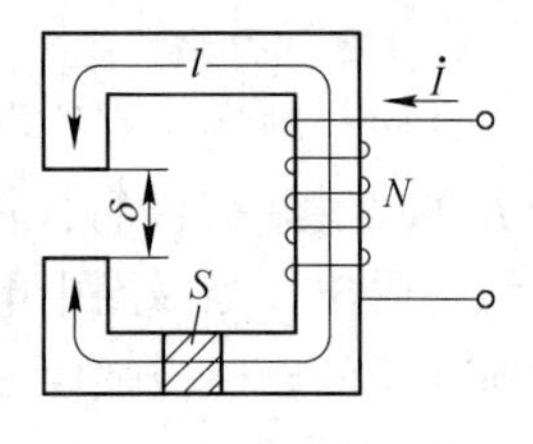

图6-25　简单的直流磁路

（1）磁路按材料及形状分段。可将如图6-25所示磁路分成两段，一段截面积为S的铁心，长度为l，磁场强度为H；另一段是空气，长度为δ磁场，强度为H_δ。

（2）根据全电流定律，列出方程式$Hl + H_\delta \delta = IN$。

（3）求出H和H_δ。一般在进行磁路计算时，已知的是磁路里各段的磁通Φ以及各段磁路的几何尺寸（即磁路长度与横截面）。在进行具体计算时，根据给定各段磁路里的磁通Φ，先算出各段磁路中对应的磁通密度B（B的计算公式铁磁材料段为$B = \Phi/S$，S为截面积；空气隙段为$B_\delta = \Phi/S_\delta$，S_δ为空气隙段的截面积），然后根据算出的磁通密度B和B_δ求出H和H_δ。铁磁材料段可以根据某$B-H$磁化曲线查出磁场强度H，空气隙段H_δ。用公式$H_\delta = B_\delta/\mu_0$算出（$\mu_0$为真空中的磁导率）。

（4）根据求出的H和H_δ，由方程式$Hl + H_\delta \delta = IN$计算出电流$I$。

6.5.2　交流磁路分析

在交流磁路中，铁心线圈通的是交流（一般是正弦交流，如交流电机、变压器及各种交流电器的线圈），分析起来比较复杂。设对铁心线圈施加正弦交流电压，产生的磁通一定也是正弦交流量，但由于磁化曲线的非线性，线圈中的电流不一定是正弦交流电流（若忽略非线性因素，则可认为是正弦交流电流），交变的主磁通和漏磁通都会产生感应电势。

如图6-26所示是一个简单的交流铁心线圈电路。设图中各量均为正弦交流量。其中，$\dot{U}$为端口激励电压，$\dot{I}$为线圈电流，$\dot{\Phi}_{\mathrm{m}}$为铁心内的主磁通，$\dot{E}$为主磁通感应的感应电势，$\dot{\Phi}_S$为漏磁通，$\dot{E}_S$为漏磁通感应的感应电势。其电磁关系为：

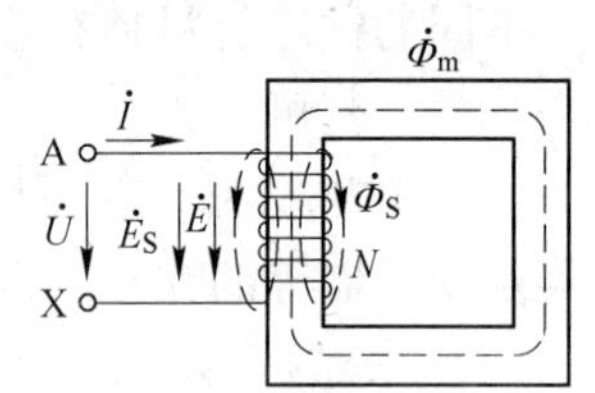

图6-26　简单的交流铁心线圈电路

$$\dot{U}_1 \rightarrow \dot{I}\mathrm{N}\begin{cases}\dot{\Phi}_{\mathrm{m}} \rightarrow \dot{E} \\ \dot{\Phi}_{\mathrm{S}} \rightarrow \dot{E}_{\mathrm{S}}\end{cases}$$

设$\Phi = \Phi_{\mathrm{m}}\sin\omega t$、$\Phi_S = \Phi_{\mathrm{Sm}}\sin\omega t$，$\omega = 2\pi f$为角频率，$f$为工频，则主磁通和漏磁通感应电势分别为：

$$e = -N\frac{\mathrm{d}\Phi}{\mathrm{d}t} = \omega N\Phi_{\mathrm{m}}\sin\left(\omega t - \frac{\pi}{2}\right) = E_{\mathrm{m}}\sin\left(\omega t - \frac{\pi}{2}\right) \tag{6-53}$$

$$e_{\mathrm{S}} = -N\frac{\mathrm{d}\Phi_{\mathrm{S1}}}{\mathrm{d}t} = \omega N\Phi_{\mathrm{S}}\sin\left(\omega t - \frac{\pi}{2}\right) = E_{\mathrm{Sm}}\sin\left(\omega t - \frac{\pi}{2}\right) \tag{6-54}$$

写成相量式为：

$$\dot{E} = \frac{\dot{E}_m}{\sqrt{2}} = -\mathrm{j}\frac{\omega N}{\sqrt{2}}\dot{\Phi}_{\mathrm{m}} = -\mathrm{j}\frac{2\pi}{\sqrt{2}}fN\dot{\Phi}_{\mathrm{m}} = -\mathrm{j}4.44fN\dot{\Phi}_{\mathrm{m}} \tag{6-55}$$

$$\dot{E}_{\mathrm{S}} = \frac{\dot{E}_{\mathrm{Sm}}}{\sqrt{2}} = -\mathrm{j}\frac{\omega N}{\sqrt{2}}\dot{\Phi}_{\mathrm{S}} = -\mathrm{j}4.44fN\dot{\Phi}_{\mathrm{S}} \tag{6-56}$$

这样，可得到端口处电压方程式为：

$$\dot{U} = -\dot{E} - \dot{E}_S + \dot{I}R \tag{6-57}$$

式中　R——铁心线圈电阻。

铁心线圈的交流磁路会产生铁心损耗，就是由交变主磁通引起的磁滞损耗和涡流损耗。其中，交变磁通在铁心内产生感应电动势和电流，称为涡流。涡流所产生的功率损耗称为涡流损耗。由磁滞所产生的能量损耗称为磁滞损耗。通过交流磁路分析可看出，与直流磁路的分析思路有着本质的区别。其主要区别如下：

（1）在直流磁路中，磁动势（或励磁电流）、磁通、磁感应强度以及磁场强度都是恒定不变的；而在交流磁路中，励磁电流、感应电动势及磁通均随时间而交变，但每一瞬时仍与直流磁路一样，遵循磁路的基本定律。

（2）在直流磁路中，直流励磁电流的大小只取决于线圈端电压和电阻的大小，与磁路的性质无关，且端电压只与电阻上的压降平衡；而在交流磁路中，交流励磁电流的大小则主要与磁路的性质（材料种类、几何尺寸、有无气隙及气隙大小等）有关。因为在交流磁路中，磁通大小与端电压一致，当端电压是常数时，磁通也是常数，而一般端电压总是常数，所以磁通也是常数。磁路的性质发生变化即磁阻发生变化时，根据磁路的欧姆定律，电流一定也会发生变化。

注意

端电压不仅要与线圈电阻产生的压降平衡，而且要与交变的主磁通和漏磁通产生的感应电势平衡。

（3）根据上述(2)可知，在直流磁路中，线圈中的电流不会因磁路性质的变化而变化；但在交流磁路中，线圈中的电流会因磁路性质的变化而变化。也就是说，磁路性质的变化会对电路有反作用。例如，变压器的铁心松动时，线圈中的电流会增加；工业中使用的电磁铁都是直流电磁铁，如用交流电磁铁，万一卡住（相当于磁路的气隙增大，磁路性质发生了变化)，线圈中的电流就会猛增而造成线圈损坏。

（4）在交流磁路中有涡流与磁滞损耗存在，而在直流磁路中没有。

任务 6.6　实践——互感线圈的测量

6.6.1　任务目的

通过本任务教学，掌握互感线圈同名端的判别与互感系数的测量方法；了解互感电路的去耦方法。

6.6.2　设备材料

该实践任务中所需要的设备材料有：

（1）万用表 1 只；

（2）可调直流电流、电压源若干；

（3）电源控制屏 1 块；

(4) 小型变压器（替代互感线圈）1 台；

(5) 电阻器 1 块；

(6) 交流电流表 1 只；

(7) 交流电压表 1 只。

6.6.3　任务实施

6.6.3.1　互感线圈同名端的判别

A　交流法

交流法的操作步骤为：

(1) 互感线圈同名端的测定如图 6-27(a)所示。将小型变压器（替代互感线圈）两个绕组 1-2 和 3-4 的任意两端（如 2 和 4）连接在一起，在其中一个绕组（如 1-2）两端施加一个较小的且便于测量的交流电压（例如 5V），可用电源控制屏上的单相可调交流电压来调节，注意流过线卷的电流不应超过 0.35A。

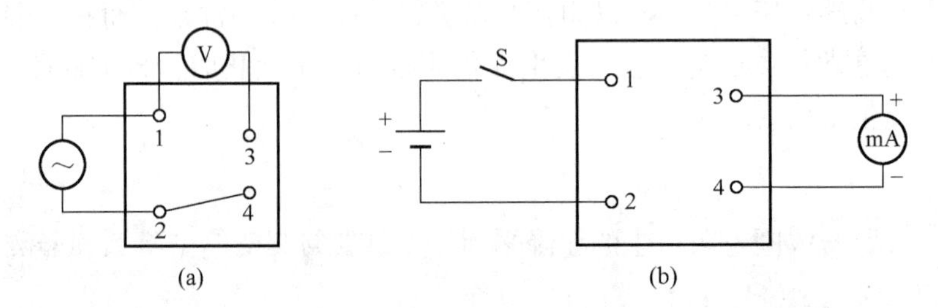

图 6-27　互感线圈同名端的测定

(a) 交流法；(b) 直流法

(2) 用交流电压表分别测量 1 和 3 两端的电压 U_{13}、两绕组的电压 U_{12} 和 U_{34}。

(3) 如果 U_{13} 的数值是两绕组电压之差，那么 1 和 3 两端就是同名端；如果 U_{13} 是两组电压之和，那么 1 和 4 两端就是同名端。将实验结果记录并标识。

B　直流法

直流法的操作步骤为：

(1) 按线加图 6-27(b)所示，直流电源可用干电池或可调直流电压源，其输出为 2V 左右，毫安表用万用表的 1mA 直流电流挡。

(2) 当开关 S 闭合瞬间时，如果毫安计的指针正向偏转，那么 1 和 3 两端就是同名端；如果毫安计反向偏转，那么 1 和 4 两端就是同名端。将实验结果记录并标识。

6.6.3.2　互感线圈的互感测量

互感线圈的互感测量的方法如下：

(1) 方法 1——对互感线圈互感的测量主要是如何测出互感系数的问题。在测定时要注意互感电压的大小及方向的正确判定。为了测定互感电压的大小，可将两个具有耦合的线圈中的一个线圈（如线圈 1）开路，而在线圈 2 上加一定的电压，用电流表测出线圈 1 中的电流 I_1，同时用电压表测线圈 2 端口的开路电压 U_2，所用的电压表内阻很大，可近似

认为 $I_2=0$，这时电压表的读数近似为线圈 2 的互感电压 U_2，即：

$$U_2 \approx \omega M I_1 \tag{6-58}$$

$$\omega = 2\pi f = 314\text{rad/s} \tag{6-59}$$

则

$$M \approx \frac{U_2}{\omega I_1} \tag{6-60}$$

这是最简单的互感系数的测定方法。

（2）方法 2——互感电路的互感系数 M 也可以通过对具有耦合的两个线圈加以顺向串联和反向串联来测出。当两线圈顺向串联时，如图 6-28(a)所示。

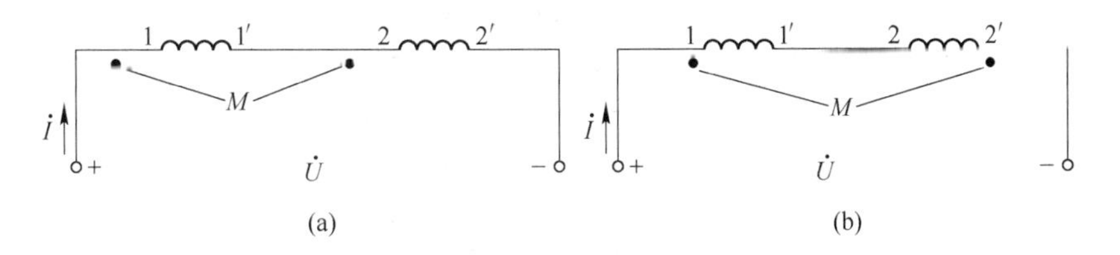

图 6-28　互感线圈的串联

则两线圈顺向串联电路的等效电感为：

$$L_{等效} = L_1 + L_2 + 2M \tag{6-61}$$

则反接时的等效电感为：

$$L'_{等效} = L_1 + L_2 - 2M \tag{6-62}$$

如果用万用表分别测出两个线圈的电阻 R_1 和 R_2，再用电压表、电流表分别测出顺接时电压 U、电流 I 以及反接时的电压 U'、电流 I'，则：

$$\frac{U}{I} = Z_{等效} = \sqrt{R_{等效}^2 + (\omega L_{等效})^2} \tag{6-63}$$

$$\frac{U'}{I'} = Z'_{等效} = \sqrt{R_{等效}^2 + (\omega L'_{等效})^2} \tag{6-64}$$

则

$$X_{等效} = \sqrt{Z_{等效}^2 - (R_1 + R_2)^2} = \omega L_{等效} = \omega(L_1 + L_2 + 2M) \tag{6-65}$$

$$X'_{等效} = \sqrt{Z'^2_{等效} - (R_1 + R_2)^2} = \omega L'_{等效} = \omega(L_1 + L_2 - 2M) \tag{6-66}$$

$$M = \frac{X_{等效} - X'_{等效}}{4\omega} \tag{6-67}$$

操作步骤及方法如下：

（1）方法 1——测量两个互感线圈的自感 L_1、L_2 和互感 M。其方法为：

1）将线性互感器线圈 1-1′通过 220V/36V 单相变压器后再接至电源控制屏单相可调电压输出端 UN，测量自感和互感的电路图如图 6-29 所示。调节电源控制屏输出电压，使通过线圈 1-1′电流不超过 0.8A。线圈 2-2′开路。

2）用交流电压表测出此时的 U_1，U_2，用交流电流表测出此时的 I_1，并填入表 6-2 中。变压器测量数据见表 6-2。

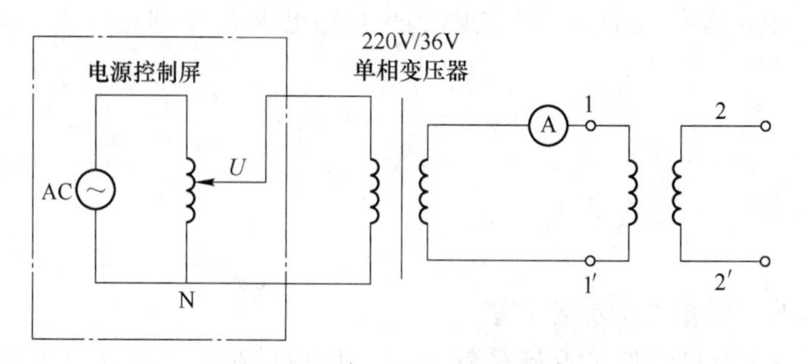

图6-29　测量自感和互感的电路图

表6-2　变压器测量数据

线圈1电阻 R_1 = Ω										
次数	U_1/V	I_1/A	U_1/V	I_2/A	Z_1/Ω	X_1/Ω	L_1/H	M/H	$L_{1平均}$/H	$M_{平均}$/H
第1次										
第2次										
第3次										

3）断开电源用万用表测出线圈1电阻 R_1，由 U_1、I_1 可计算出线圈1的自感 L_1，由 U_2、I_1 和式（6-60）可计算出线卷1对线圈2产生的互感 M，其中 $\omega=2\pi f=314\text{rad/s}$ 为已知。由已知数据还可计算出线圈1的阻抗 Z_1 和线圈1的感抗 X_1。将以上计算出的数据填入表6-2中。

4）改变加在线圈1上的交流电压，重复上述测量和计算，一共做3次，求出 L_1 平均值 $L_{1平均}$ 和 M 平均值 $M_{平均}$，并填入表6-2中。

5）将线圈2-2′与1-1′位置互换，线圈1开路。

6）调节电源控制屏输出电压，使通过线圈2-2′的电流不超过0.35A，重复上面试验，测出 U_2、I_2、U_1 用万用表测出线圈2的电阻 R_2，计算出 L_2 和线圈2对线圈1的互感 M（与线圈1对线圈2的互感相等）、线圈2的阻抗 Z_2 以及线圈2的感抗 X_2。将以上计算出的数据填入表6-3中。

7）同样也要改变加在线圈2上的交流电压，一共做3次，最后计算出 L_2 和 M 的平均值 $L_{2平均}$ 和 $M_{平均}$，均填入表6-3中。线圈2开路测量见表6-3。

表6-3　线圈2开路测量

线圈2电阻 R_2 = Ω										
次数	U_1/V	I_1/A	U_1/V	I_2/A	Z_1/Ω	X_2/Ω	L_2/H	M/H	$L_{2平均}$/H	$M_{平均}$/H
第1次										
第2次										
第3次										

（2）方法2——两互感线圈顺向串联和反向串联的测试方法。用两互感线圈顺向串联和反向串联，测出线圈间互感、等效电阻、等效阻抗和等效电抗。注意，此时电流不得超过0.35A。其方法为：

1）按图6-28(a)所示将两个线圈顺向串联，为使通过线圈电流不超过0.35A，应串入一电流表加以监视。

2）将两线圈串联后接至电源控制屏单相可调交流电源输出端，每改变一次电压记录U和I值，一共做3次。

3）用万用表电阻挡测量两串联线圈总的等效电阻$R_{等效}$，$R_{等效}=R_1+R_2$根据式(6-63)计算出等效阻抗$Z_{等效}$。由式(6-65)计算出等效电抗$X_{等效}$，均填入表6-4中。线圈1和2顺向及反向串联测量见表6-4。

表6-4　线圈1和2顺向及反向串联测量

连接方法	测量次数	电表读数		计算结果				
		U/V	I/A	等效电阻	等效阻抗	等效感抗	互感系数	M平均
顺向连接	1							
	2							
	3							
反向连接	1							
	2							
	3							

4）按图6-28(b)所示将两个线圈反向串联，重复上面的测量和计算，计算式采用式(6-64)和式(6-66)，再根据式(6-67)算出每次互感系数M，求得M的平均值，均填入表6-4中。

习　题

(1) 写出如图6-30所示线圈2中两端的互感电压u_{21}。

(2) 试判定图6-31中各对线圈的同名端。

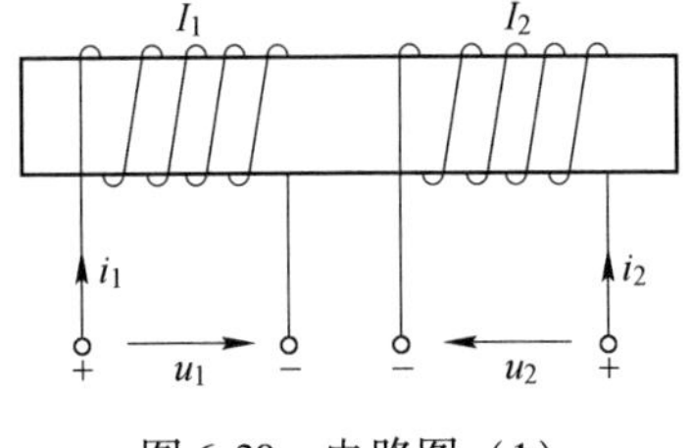

图6-30　电路图（1）

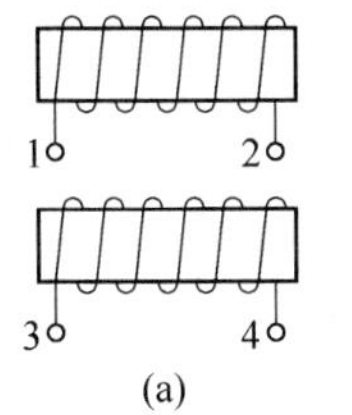

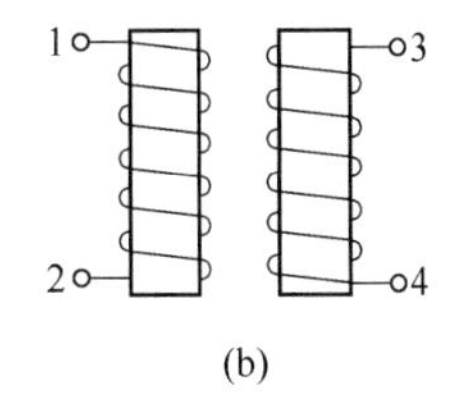

图6-31　电路图（2）

(3) 写出如图6-32所示电路各耦合电感的VCR方程。

(4) 已知两线圈的自感分别为$L_1=6\text{mH}$，$L_2=5\text{mH}$。

1）若$k=0.5$，求互感M。

2）若$M=4mH$，求耦合系数k。

3）若两线圈全耦合，求互感M。

(5) 在图6-33所示电路中，$L_1=0.01\text{H}$，$L_2=0.02\text{H}$，$C=20\mu\text{F}$，$R=10\Omega$，$M=0.01\text{H}$。分别求两个线圈在顺接串接和反接串联时的谐振角频率ω_0。

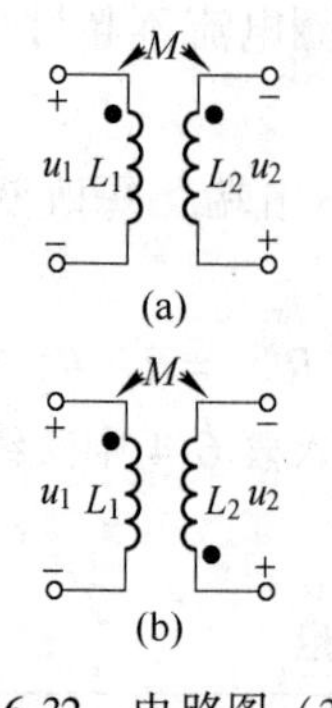

图 6-32　电路图（3）

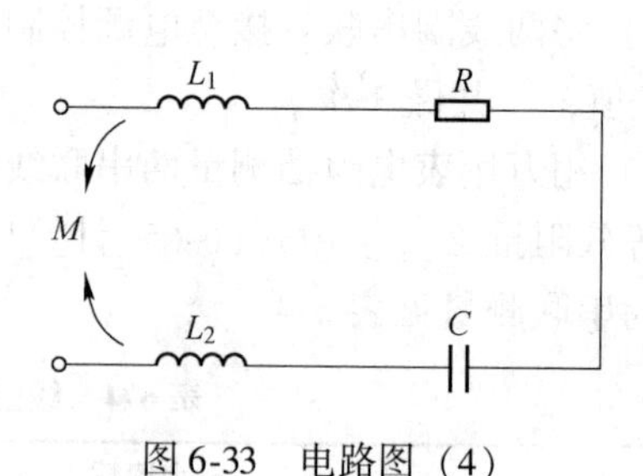

图 6-33　电路图（4）

（6）求如图 6-34 所示电路中的电流。

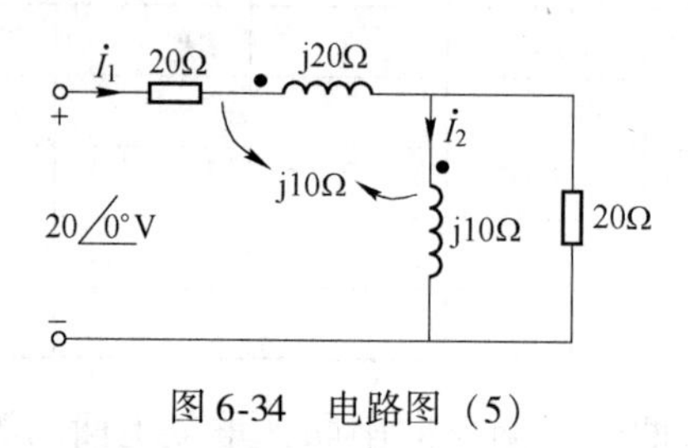

图 6-34　电路图（5）

（7）铁磁性材料具有哪些磁性能？

（8）永磁材料的特点是什么？

（9）为什么交流磁路中的铁心用薄钢片而不用整块钢制成？

（10）具有铁心的线圈电阻为 R，当加直流电压 U 时，线圈中通过的电流 I 为何值？若铁心有气隙，则当气隙增大时电流和磁能哪个改变，为什么？若线圈加的是交流电压，则当气隙增大时，线圈中的电流和磁路中的磁通又是哪个变化，为什么？

项目7　线性动态电路的复频域分析

项目要点

(1) 熟悉拉普拉斯变换的基本原理及相关性质；
(2) 掌握拉普拉斯反变换的部分分式法；
(3) 掌握线性电路的复频域求解方法；
(4) 理解电路元件的复频域电压电流关系及电路的复频域模型。

任务7.1　拉普拉斯变换及其性质

对于高阶电路，采用复频域分析方法，能更有效地全面分析电路。复频域分析是将时域的高阶微分、积分方程组通过拉普拉斯变换，转化为复频域的代数方程组求解，且无须确定积分常数，因而特别适合于结构复杂的高阶电路的瞬态分析。

7.1.1　拉普拉斯变换的定义

一个定义在［0，∞］区间的函数 $f(t)$，它的拉普拉斯变换（简称为拉氏变换）定义为：

$$F(s)=\int_{0_-}^{\infty}f(t)\mathrm{e}^{-\sigma t}\mathrm{e}^{-\mathrm{j}\omega t}\mathrm{d}t=\int_{0_-}^{\infty}f(t)\mathrm{e}^{-st}\mathrm{d}t \tag{7-1}$$

式中，$s=\sigma+\mathrm{j}\omega$ 称为复频率，积分限 0_- 和 ∞ 是固定的，积分下限从 0_- 开始，可以计算 $t=0$ 时 $f(t)$ 所包含的冲激，故积分的结果与 t 无关，而只取决于参数 s。

$F(s)$ 即为函数 $f(t)$ 的拉普拉斯变换，$F(s)$ 称为 $f(t)$ 的象函数，$f(t)$ 称为 $F(s)$ 的原函数。象函数与原函数的关系还可以表示为：

$$\begin{cases}f(t)\leftrightarrow F(s)\\ L\{f(t)\}=F(s)\end{cases}$$

注意

拉氏变换存在的条件：对于一个时域函数 $f(t)$，若存在正的有限值 M 和 c，使得对于所有 t 满足：$|f(t)|\leqslant M\mathrm{e}^{ct}$，则 $f(t)$ 的拉氏变换 $F(s)$ 总存在。

单边拉氏变换收敛域简单，计算方便，线性连续系统的复频域分析主要使用单边拉普拉斯变换。单边拉氏变换的收敛域示意图如图7-1所示。图中所示的复平面称为 s 平面，水平轴称为 σ 轴，垂直轴称为 $\mathrm{j}\omega$ 轴，$\sigma=\sigma_0$ 称为收敛坐标，通过 $\sigma=\sigma_0$ 的垂直线是收敛域的边界，称为收敛轴。对于单边拉氏变换，其收敛域位于收敛轴的右边。

在复频域电路中用 $U(s)$ 和 $I(s)$ 分别表示时域电路中 $u(t)$ 和 $I(t)$ 的拉普拉斯变换。应该认识到，$u(t)$ 和 $i(t)$ 是时间的函数，即时域变量。

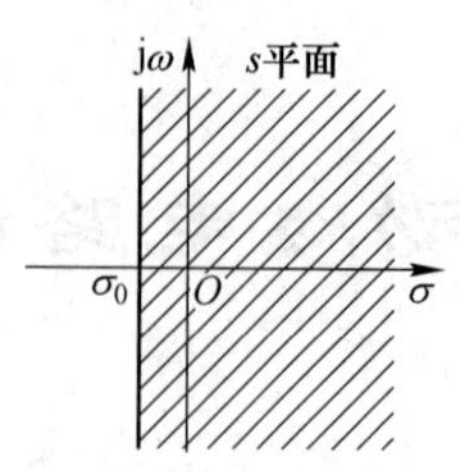

图 7-1　单边拉氏变换的收敛域示意图

注意

时域是实际存在的变量，而它们的拉普拉斯变换 $U(s)$ 和 $I(s)$ 则是一种抽象的变量。之所以要把直观的时域变量变为抽象的复频率变量，是为了便于分析和计算电路，待得出结果后再反变换为相应的时域变量。

7.1.2　拉普拉斯变换的基本性质

7.1.2.1　线性性质

拉普拉斯变换的一个重要性质是它的线性性质（迭加性或叠加性），即拉普拉斯变换是时域与复频域间的线性变换。表现为以下定理，即：

(1) 若 $L\{f(t)\}=F(s)$，则 $L\{kf(t)\}=kF(s)$；

(2) 若 $f(t)=f_1(t)+f_2(t)$，则 $F(s)=F_1(s)+F_2(s)$；

(3) $a_1f_1(t)+a_2f_2(t)\Leftrightarrow a_1F_1(s)+a_2F_2(s)$，其中，$a_1$、$a_2$ 为常数。

7.1.2.2　微分性质

拉普拉斯变换的第二个重要性质是函数的拉普拉斯变换与其导数的拉普拉斯变换之间存在着简单的关系。若 $L\{f(t)\}=F(s)$，则：

$$L\left\{\frac{\mathrm{d}^nf(t)}{\mathrm{d}t^n}\right\}=s^nF(s)-\sum_{r=0}^{n-1}s^{n-r-1}f^{(r)}(0_-) \tag{7-2}$$

重复运用微分定理，还可以得到下面关于函数的拉普拉斯变换及其高阶的拉普拉斯变换之间关系的推论。即：

$$L\{f^{(2)}(t)\}=s^2L\{f(t)\}-sf(0_-)-f^{(1)}(0_-) \tag{7-3}$$

推论

$$L\left\{\frac{\mathrm{d}^nf(t)}{\mathrm{d}t^n}\right\}=s^nF(s)-\sum_{r=0}^{n-1}s^{n-r-1}f^{(r)}(0_-) \tag{7-4}$$

7.1.2.3　积分性质

拉普拉斯变换的第三个重要性质是函数的拉普拉斯变换与其积分的拉普拉斯变换之间存在着简单的关系。若 $L\{f(t)\}=F(s)$，则：

$$L\left\{\int_0^t f(\xi)\,\mathrm{d}\xi\right\}=\frac{1}{s}F(s) \tag{7-5}$$

提示

在时域中的积分运算相当于复频域中的除法运算。

7.1.2.4　尺度性质

若 $L\{f(t)\}=F(s)$，收敛区间 $\sigma_1 < Re(s) < \sigma_2$，则：

$$L\{f(at)\} = \frac{1}{|a|}F\left(\frac{s}{a}\right) \tag{7-6}$$

式中，$a>0$。

7.1.2.5　时移性质

若 $L\{f(t)\} = F(s)$，收敛区间 $\sigma_1 < Re(s) < \sigma_2$，则：

$$L\{f(t-t_0)\} = F(s)e^{-st_0} \tag{7-7}$$

7.1.3　常用信号的拉普拉斯变换

常用信号的拉普拉斯变换见表 7-1。表中的 $u(t)$ 为阶跃函数，$\delta(t)$ 为冲激函数，e^{-at} 为单边指数信号，$t^n u(t)$ 为 t 的正幂函数。

表 7-1　常用信号的拉普拉斯变换

$u(t)$	$\frac{1}{s}$
$u(t)e^{-at}$	$\frac{1}{s+a}$
t^n	$\frac{n!}{s^{n+1}}$
$\delta(t)$	1
$\delta(t-t_0)$	e^{-st_0}
$e^{-at}\cos\beta t$	$\frac{s+a}{(s+a)^2+\beta^2}$
$e^{-at}\sin\beta t$	$\frac{\beta}{(s+a)^2+\beta^2}$
$\frac{t^n}{n!}e^{-at}$	$\frac{1}{(s+a)^{n+1}}$　$(n=1, 2, \cdots)$

【例 7-1】　已知 $f(t)=e^{-at}u(t)$。试求其导数 $\frac{df(t)}{dt}$ 的拉氏变换。

【解】　解法 1：由基本定义式求。

因为 $f(t)$ 导数为：

$$\frac{d}{dt}[e^{-at}u(t)] = \delta(t) - ae^{-at}u(t)$$

所以

$$L[f(t)] = L[\delta(t)] - L[ae^{-at}u(t)] = 1 - \frac{a}{s+a} = \frac{s}{s+a}$$

解法 2：由微分性质求。

已知 $L[f(t)] = F(s) = \frac{1}{s+a}$，$f(0_-) = 0$，所以

$$L\left[\frac{df(t)}{dt}\right] = sF(s) = \frac{s}{s+a}$$

两种方法结果相同，但后者考虑了 $f(0_-)$。

【例 7-2】 试求衰减余弦 $f(t) = e^{-\beta t}\cos\omega t$ 拉氏变换。

【解】 经查表 7-1 得：

$$L[\cos\omega t] = \frac{s}{s^2+\omega^2},\quad F(s) = \frac{s+\beta}{(s+\beta)^2+\omega^2}$$

任务 7.2　拉普拉斯反变换

在计算出信号的拉普拉斯变换以后，通过反变换，可以将信号还原为其原函数。由 $F(s)$ 到 $f(t)$ 的变换称为拉普拉斯反变换，定义为：

$$f(t) = L^{-1}\{F(s)\} = \frac{2}{j2\pi}\int_{\sigma-j\infty}^{\sigma+j\infty} F(s)e^{st}dt \tag{7-8}$$

例如，拉普拉斯变换表示为：

$$L\{e^{at}u(t)\} = \frac{1}{s-a}$$

则拉普拉斯反变换表示为：

$$L^{-1}\left\{\frac{1}{s-a}\right\} = e^{at}u(t) \tag{7-9}$$

提示

计算拉普拉斯反变换一般不用其定义公式直接求解，而是采用部分分式展开法（Haviside 展开法）或留数法。

部分分式展开法的基本思想是根据拉氏变换的线性特性，将复杂的 $F(s)$ 展开为多个简单的部分和，通过一些已知的拉氏变换结果，得到 $F(s)$ 的原函数。

设 $F(s)$ 可以表示为有理函数形式，即：

$$F(s) = \frac{b_m s^m + b_{m-1}s^{m-1} + \cdots + b_1 s + b_0}{a_n s^n + a_{n-1}s^{n-1} + \cdots + a_1 s + a_0} = \frac{N(s)}{D(s)}$$

式中，a_n、b_m 为实常数，n、m 为正整数。可以将其通过部分分式展开，表示为多个简单的有理分式之和。下面分三种情况对其进行介绍。

7.2.1　$m < n$，$D(s) = 0$ 无重根

假设 $D(s) = 0$ 的根为 S_1，S_2，…，S_n，则可以将 $F(s)$ 表示为：

$$F(s) = \frac{N(s)}{D(s)} = \frac{N(s)}{a_n(s-s_1)(s-s_2)\cdots(s-s_k)\cdots(s-s_n)} = \frac{1}{a_n}\sum_{i=1}^{n}\frac{K_i}{s-s_i} \tag{7-10}$$

常数 K_k 的求法：为了确定系数 K_k，可以在上式的两边乘以因子（$s-s_k$），再令 $s=s_i$，

这样上式右边只留下 K_k 项，便有：

$$\frac{N(s)}{D(s)}(s-s_k)\bigg|_{s=s_i}=\frac{K_k}{a_n}\qquad K_k=a_n\frac{N(s)}{D(s)}(s-s_k)\bigg|_{s=s_i} \tag{7-11}$$

求得系数 K_k 后，则与 $F(s)$ 的时域函数可表示为：

$$L^{-1}\left[\frac{K_k}{s-s_k}\right]=K_k e^{s_k t} \tag{7-12}$$

$$L^{-1}[F(s)]=L^{-1}\left[\frac{N(s)}{D(s)}\right]=\frac{1}{a_n}L^{-1}\left[\sum_{k=1}^{n}\frac{K_k}{s-s_k}\right]=\frac{1}{a_n}\sum_{k=1}^{n}\left[\frac{N(s)}{D(s)}(s-s_k)\right]_{s=s_k}e^{s_k t} \tag{7-13}$$

【例 7-3】 求 $F(s)=\dfrac{2s^3+15s^2+25s+15}{s^3+6s^2+11s+6}$ 的原函数 $f(t)$。

【解】 首先将 $F(s)$ 化为真分式，即：

$$F(s)=2+\frac{2s^2+3s+3}{s^3+6s^2+11s+6}$$

令 $D(s)=s^3+6s^2+11s+6=(s+1)(s+2)(s+3)=0$，解得：

$$s_1=-1,s_2=-2,s_3=-3$$

所以 $F(s)$ 的真分式可展成部分分式，即：

$$\frac{2s^2+3s+3}{s^3+6s^2+11s+6}=\frac{K_1}{s+1}+\frac{K_2}{s+2}+\frac{K_3}{s+3}$$

系数 K_1、K_2、K_3 为：

$$K_1=a_3\left[(s-s_1)\frac{N(s)}{D(s)}\right]_{s=s_1}=1$$

$$K_2=-5$$

$$K_3=6$$

于是，$F(s)$ 可展开为 $F(s)=2+\dfrac{1}{s+1}+\dfrac{-5}{s-2}+\dfrac{6}{s+3}$，则得：

$$f(t)=L^{-1}[F(s)]=2\delta(t)+e^{-t}-5e^{-2t}+6e^{-3t}(t\geqslant 0)$$

7.2.2 $m<n$，$D(s)=0$ 有重根

若 $D(s)=0$ 只有一个 r 重根 s_1，即 $s_1=s_2=s_3=\cdots=s_r$，而其余 $(n-r)$ 个全为单根，则 $D(s)$ 可写成：

$$D(s)=a_n(s-s_1)(s-s_{r+1})\cdots(s-s_n) \tag{7-14}$$

$F(s)$ 展开的部分分为：

$$F(s)=\frac{N(s)}{D(s)}=\frac{1}{a_n}\left[\frac{K_{1r}}{(s-s_1)^r}+\frac{K_{1(r-1)}}{(s-s_1)^{r-1}}+\cdots+\frac{K_{12}}{(s-s_1)^2}+\frac{K_{11}}{(s-s_1)}+\frac{K_{1r}}{(s-s_{1+r})}+\cdots\frac{K_n}{(s-s_n)}\right] \tag{7-15}$$

【例 7-4】 求 $F(s)=\dfrac{s+2}{s(s+3)(s+1)^2}$ 的原函数 $f(t)$。

【解】 由于 $D(s)=0$ 有复根，根据 $D(s)=0$ 有重根，$F(s)$ 展开的部分分式为：

$$F(s)=\frac{N(s)}{D(s)}=\frac{1}{a_n}\left[\frac{K_{1r}}{(s-s_1)^r}+\frac{K_{1(r-1)}}{(s-s_1)^{r-1}}+\cdots+\frac{K_{12}}{(s-s_1)^2}+\frac{K_{11}}{(s-s_1)}+\frac{K_{1r}}{(s-s_{1+r})}+\cdots\frac{K_n}{(s-s_n)}\right]$$

先对 $F(s)$ 进行部分分式展开，得：

$$F(s)=\frac{K_{12}}{(s+1)^2}+\frac{K_{11}}{s+1}+\frac{K_3}{s+3}+\frac{K_4}{s}$$

各系数为：

$$K_{11}=\left\{\frac{\mathrm{d}}{\mathrm{d}s}[(s+1)^2F(s)]\right\}\Bigg|_{s=-1}=-\frac{3}{4}$$

$$K_{12}=[(s+1)^2F(s)]\Big|_{s=-1}=-\frac{1}{2}$$

$$K_3=[(s+2)F(s)]\Big|_{s=-3}=\frac{1}{12}$$

$$K_4=[sF(s)]\Big|_{s=0}=\frac{2}{3}$$

所以，原函数为：

$$f(t)=\left(-\frac{1}{2}t\mathrm{e}^{-t}-\frac{3}{4}\mathrm{e}^{-3t}+\frac{1}{12}\mathrm{e}^{-3t}+\frac{2}{3}\right)u(t)$$

7.2.3　$m\geqslant n$ 时

先通过长除，将其变为一个关于 s 的真分式和多项式的和，即：

$$F(s)=\frac{N(s)}{D(s)}=M(s)+\frac{N_1(s)}{D(s)} \tag{7-16}$$

然后再用前面介绍的两种情况的方法求解。其中要用到 $L^{-1}\{s^n\}=\delta^{(n)}(t)$。

任务7.3　动态线性电路的复频域模型

用拉氏变换法分析动态线性电路示意图如图7-2所示。

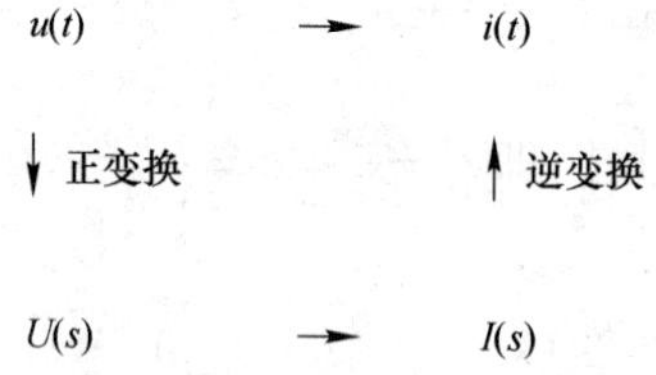

$u(t)$ → $i(t)$

↓ 正变换　　↑ 逆变换

$U(s)$ → $I(s)$

图7-2　用拉氏变换法分析动态线性电路示意图

用拉氏变换法分析动态线性电路的步骤如下：

（1）将已知的电动势、恒定电流进行拉氏变换。

（2）根据原电路图画出运算等效电路图。

（3）用计算线性系统或电路稳定状态的方法解运算电路，求出待求量的象函数。

（4）将求得的象函数变换为原函数。

7.3.1　基尔霍夫定律的复频域形式

KCL 和 KVL 的时域形式分别为：

$$\Sigma u(t)=0,\Sigma i(t)=0$$

设 *RLC* 系统（电路）中支路电流 $i(t)$ 和支路电压 $u(t)$ 的单边拉普拉斯变换分别为 $I(s)$ 和 $U(s)$，因此得到：

$$\Sigma U(s)=0,\Sigma I(s)=0$$

7.3.2　动态电路元件的 *s* 域模型

7.3.2.1　电阻元件

设线性时不变电阻 R 上电压 $u(t)$ 和电流 $i(t)$ 的参考方向关联，则 R 上电流和电压关系的时域形式为：

$$u(t)=Ri(t) \tag{7-17}$$

电阻 R 的时域和 s 域模型如图 7-3 所示。设 $u(t)$ 和 $i(t)$ 的象函数分别为 $U(s)$ 和 $I(s)$，对式(7-17)取单边拉普拉斯变换，得：

$$U(s)=RI(s) \tag{7-18}$$

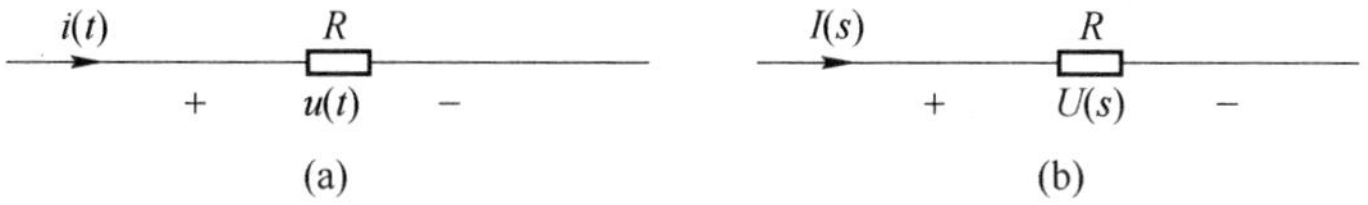

图 7-3　电阻 R 的时域和 s 域模型

（a）时域模型；（b）s 域模型

7.3.2.2　电感元件

设线性时不变电感 L 上电压 $u(t)$ 和电流 $i(t)$ 的参考方向关联，则电感元件 VAR 的时域形式为：

$$\begin{cases} u(t)=L\dfrac{\mathrm{d}i(t)}{\mathrm{d}t} \\ i(t)=i(0_-)+\dfrac{1}{L}\displaystyle\int_{0^-}^{t}u(\tau)\mathrm{d}\tau,\ t\geqslant 0 \end{cases}$$

电感 L 的时域和零状态 s 域模型如图 7-4 所示。设 $i(t)$ 的初始值 $i(0_-)=0$（零状态），$u(t)$ 和 $i(t)$ 的单边拉普拉斯变换分别为 $U(s)$ 和 $I(s)$，对上式取单边拉普拉斯变换，根据时域微分、积分性质，得：

$$U(s)=sLI(s) \tag{7-19}$$

图 7-4　电感 L 的时域和零状态 s 域模型

（a）时序模型；（b）频域模型

若电感 L 的电流 $i(t)$ 的初始值 $i(0_-)$ 不等于零（见图 7-5 电感元件的非零状态 s 域模型），则对电感元件 VAR 的时域式取单边拉普拉斯变换，可得：

$$U(s) = sLI(s) - Li(0_-) \tag{7-20}$$

$$I(s) = \frac{1}{sL}U(s) + \frac{i(0_-)}{s} \tag{7-21}$$

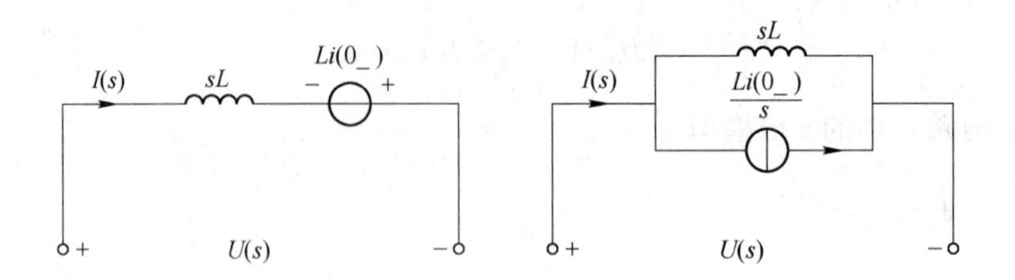

图 7-5　电感元件的非零状态 s 域模型

7.3.2.3　电容元件

设线性时不变电容元件 C 上电压 $u(t)$ 和电流 $i(t)$ 的参考方向关联，则电容元件 VAR 的时域形式为：

$$\begin{cases} u(t) = u(0_-) + \dfrac{1}{C}\displaystyle\int_{0^-}^{t} i(\tau)\mathrm{d}\tau, \ t \geqslant 0 \\ i(t) = C\dfrac{\mathrm{d}u(t)}{\mathrm{d}t} \end{cases} \tag{7-22}$$

电容元件的时域和零状态 s 域模型如图 7-6 所示。若 $u(t)$ 的初始值 $u(0_-)=0$［零状态或表示为 $u(0_-)=0$］，$u(t)$ 和 $i(t)$ 的单边拉普拉斯变换分别为 $U(s)$ 和 $I(s)$，对电容元件 VAR 的时域式取单边拉普拉斯变换，则得：

$$U(s) = \frac{1}{sC}I(s)$$

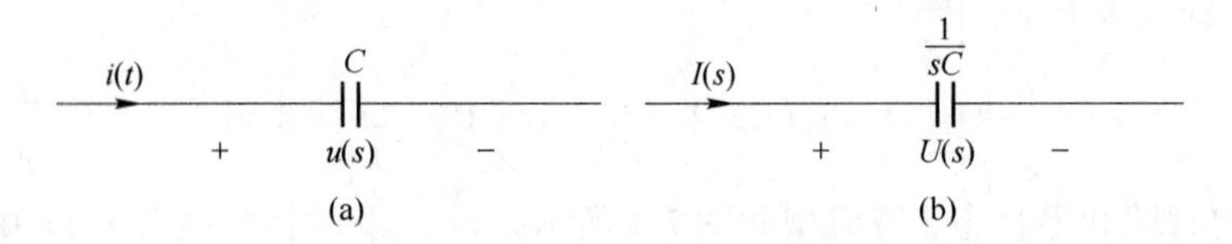

图 7-6　电容元件的时域和零状态 s 域模型

（a）时域模型；（b）s 域模型

若电容元件 C 上电压 $u(t)$ 的初始值 $u(0_-)$ 不等于零，电容元件的非零状态 s 域模型如图 7-7 所示，对电容元件 VAR 的时域式取单边拉普拉斯变换，则得：

$$\begin{cases} U(s) = \dfrac{1}{sC}I(s) + \dfrac{u(0_-)}{s} \\ I(s) = sCU(s) - Cu(0_-) \end{cases} \tag{7-23}$$

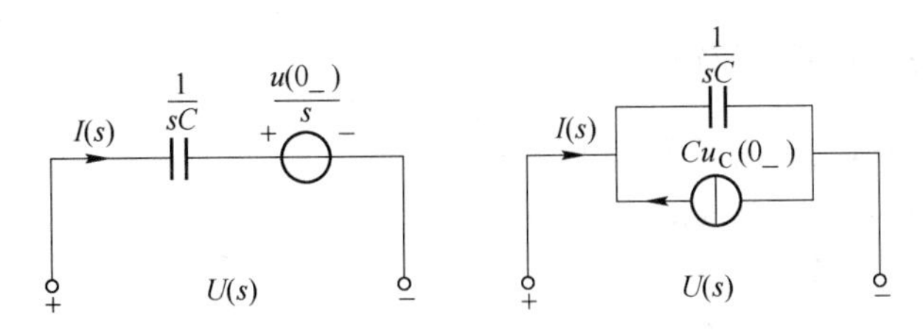

图 7-7　电容元件的非零状态 s 域模型

任务 7.4　线性电路的复频域法求解

7.4.1　线性电路的复频域等效模型

在网络中，对激励、响应以及所有元件分别用 s 域等效模型表示后，将得到网络 s 域等效模型。利用网络的 s 域等效模型，可以用类似求解直流电路的方法在 s 域求解响应，再经反变换得到所需的时域结果。

画 s 域模型过程中要特别注意以下 3 点：

(1) 对于具体的电路，只有当给出的初始状态是电感电流和电容电压时，才可方便地画出 s 域等效电路模型，否则就不易直接画出，这时不如先列写微分方程再取拉氏变换较为方便。

(2) 不同形式的等效 s 域模型其电源的方向是不同的，千万不要弄错。

(3) 在作 s 域模型时，应画出其所有内部电源的象电源，并需特别注意其参考方向。

【例 7-5】 电路图如图 7-8(a)所示，激励为 $e(t)$，响应为 $i(t)$。求 s 域等效模型及响应的 s 域方程。

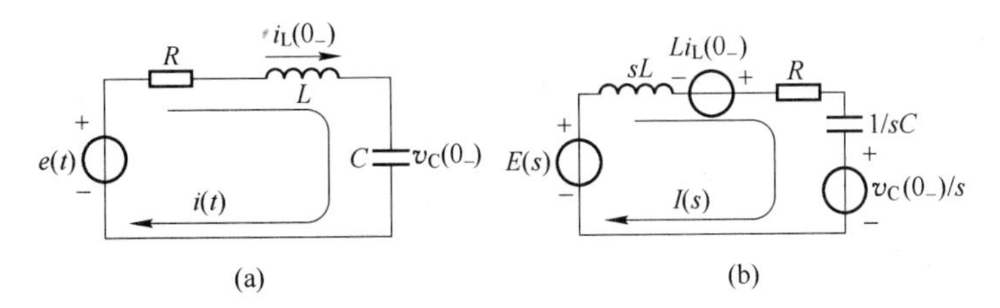

图 7-8　例 7-5 电路图

(a) 实际电路；(b) s 域等效电路

【解】 s 域等效模型如图 7-8(b)所示，列 KVL 方程如下：

$$\left(Ls + R + \frac{1}{Cs}\right) I(s) = E(s) + Li_{\mathrm{L}}(0_-) - \frac{u_{\mathrm{C}}(0_-)}{s}$$

解出：

$$I(s) = \frac{E(s) + Li_{\mathrm{L}}(0_-) - \dfrac{u_{\mathrm{C}}(0_-)}{s}}{Ls + R + 1/Cs} = \frac{E(s) + Li_{\mathrm{L}}(0_-) - \dfrac{u_{\mathrm{C}}(0_-)}{s}}{Z(s)}$$

式中，$Z(s)$ 为 s 域等效阻抗。

7.4.2　线性电路的复频域法求解

线性电路的复频域法求解步骤如下：

（1）由换路前电路计算 $u_C(0_-)$，$i_L(0_-)$。

（2）画 s 域等效模型电路图。

（3）应用电路分析方法求象函数。

（4）反变换求原函数。

【例 7-6】 试求如图 7-9(a)所示电路的 $u_2(t)$。已知初始条件 $u_1(0_-)=10\text{V}$；$u_2(0_-)=25\text{V}$，电压 $u_S(t)=50\cos 2t u(t)\text{V}$。

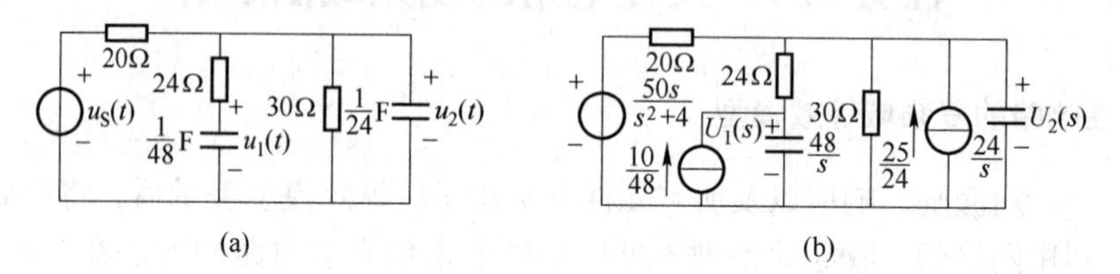

图 7-9　例 7-6 电路图

（a）实际电路；（b）s 域等效电路

【解】 做 s 域模型，如图 7-9(b)所示。初始条件以内部象电流源形式表出，以便于使用节点分析法。列写象函数节点方程：

$$\begin{cases}\left(\dfrac{1}{24}+\dfrac{s}{48}\right)U_1(s)-\dfrac{1}{24}U_2(s)=\dfrac{10}{48}\\[2ex]-\dfrac{1}{24}U_1(s)+\left(\dfrac{s}{24}+\dfrac{1}{30}+\dfrac{1}{24}+\dfrac{1}{20}\right)U_2(s)=\dfrac{5s}{2(s^2+4)}+\dfrac{25}{24}\end{cases}$$

整理得：

$$\begin{cases}U_1(s)=\dfrac{10+2U_s(s)}{s+2}\\[2ex]U_2(s)=\dfrac{25s^3+120s^2+220s+240}{(s+1)(s^2+4)(s+4)}\end{cases}$$

$U_2(s)$ 表达式为：

$$U_2(s)=\frac{\frac{23}{3}}{s+1}+\frac{\frac{16}{3}}{s+4}+\frac{12s+24}{s^2+4}$$

习　题

（1）已知斜坡信号 $tu(t)$ 的拉氏变换为 $\frac{1}{s^2}$。试分别求：$f_1(t)=t-t_0$，$f_2(t)=(t-t_0)u(t)$，$f_3(t)=tu(t-t_0)$，$f_4(t)=(t-t_0)u(t-t_0)$ 的拉氏变换。

（2）以 $f_1(t)=\sin\omega t u(t)$ 为例，分别画出：$f_1(t)$，$f_2(t)=\sin\omega(t-t_0)u(t)$，$f_3(t)=\sin\omega t u(t-t_0)$，$f_4(t)=\sin\omega(t-t_0)u(t-t_0)$ 的波形，并分别求其拉氏变换。

（3）求下列时间函数的拉氏变换：

1）$3(1+e^{-2t})\cdot\varepsilon(t)$；

2）$(5+10e^{-4t})\cdot\varepsilon(t)$；

3）$\sin(3t+15°)\cdot\varepsilon(t)$。

（4）求下列函数 $F(s)$ 的拉氏反变换 $f(t)$：

1）$F(s)=2+\dfrac{s+2}{(s+2)^2+2^2}$；

2）$F(s)=\dfrac{1}{s^3}(1-e^{-st_0})$；

3）$F(s)=\dfrac{s}{s^2+2s+5}$；

4）$F(s)=\dfrac{2s+3}{s^3+6s^2+11s+6}$。

（5）在如图7-10所示电路中，$t=0$ 时刻开关S被打开，开关动作前电路处于稳态。试用 s 域分析法求 $t\geqslant 0$ 时 $i_L(t)$。

（6）电路如图7-11所示，已知 $e(t)=10V$，$V_C(0_-)=5V$，$i_L(0_-)=4A$。求 $i_1(t)$。

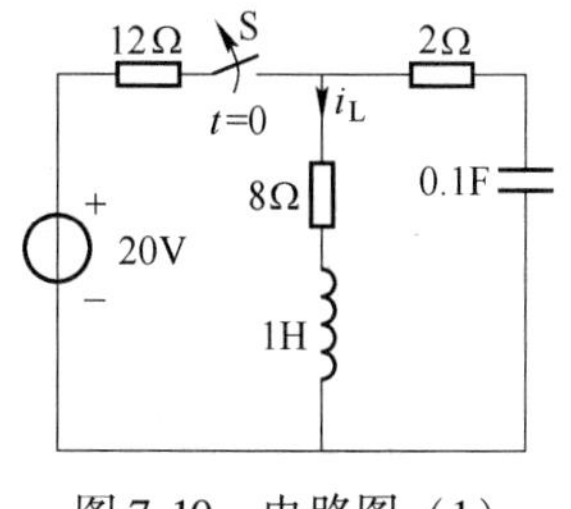

图7-10　电路图（1）

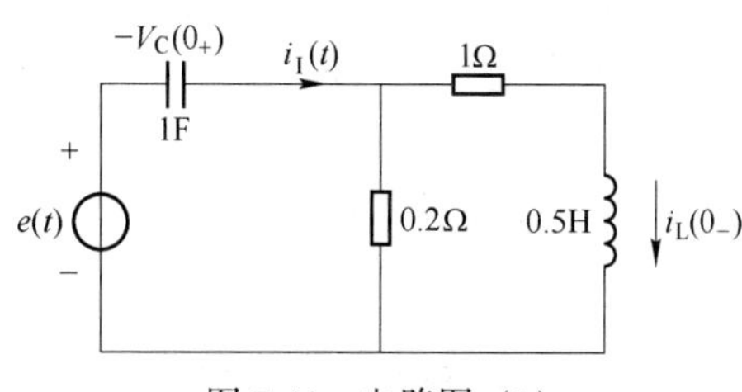

图7-11　电路图（2）

（7）在如图7-12所示电路中，开关S在 $t=0$ 时被闭合，已知 $u_{C_1}(0_-)=3V$，$u_{C_2}(0_-)=0V$。试求开关闭合后的网孔电流 $i_1(t)$。

（8）在如图7-13所示激励为指数函数的RLC电路中，$u_s(t)=e^{-4t}u(t)V$，$u_C(0_-)=-2V$，$i_L(0_-)=0$。试用 s 域分析法求电阻元件两端电压 $u(t)$。

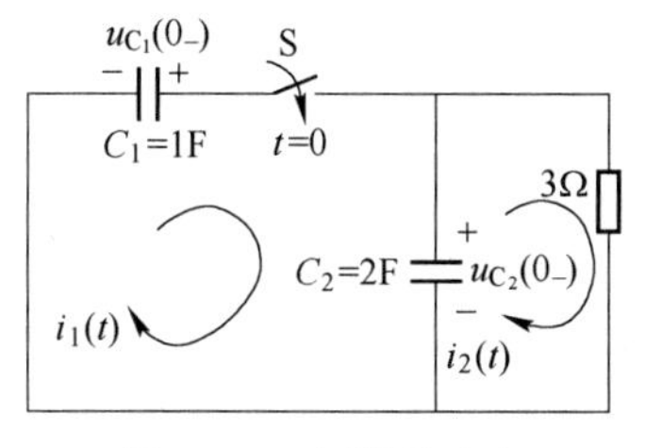

图7-12　电路图（3）

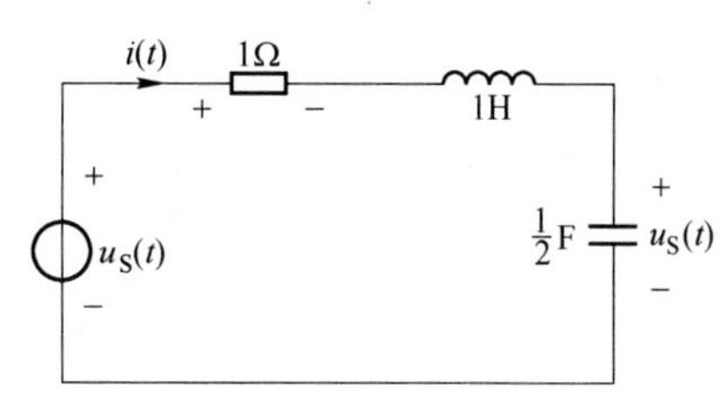

图7-13　电路图（4）

项目 8　非正弦周期电流电路的稳态分析

项目要点

（1）了解非正弦周期量与正弦周期量之间的关系；
（2）理解非正弦周期函数的傅里叶级数展开式的求解过程；
（3）掌握非正弦周期电流的有效值、平均值和平均功率的计算；
（4）掌握简单线性非正弦周期电流电路的分析与计算。

任务 8.1　非正弦周期函数的傅里叶级数展开式

前面讨论的交流电路中，电压、电流都是按正弦规律变化的，因此称为正弦交流电路。工程上还有许多不按正弦规律变化的电压和电流，例如手机与基站间的通信信号、电视信号、计算机运行中的信号等都不是按正弦规律变化的信号，即使在电力工程中应用的正弦电压，严格意义上也只是近似的正弦信号。通常把含有非正弦周期电压和电流的电路称为非正弦周期电流电路。

8.1.1　非正弦周期电流电路的基本概念

8.1.1.1　非正弦周期电流、电压的概念

在工程实际中大量存在非正弦周期电压和电流以及如图 8-1 所示的几种常见的呈周期性变化的非正弦波。非正弦周期电压和电流都是随时间作周期性变化的非正弦函数，与正弦函数类似，都有变化的周期 T 和频率 f，不同的仅是波形而已。

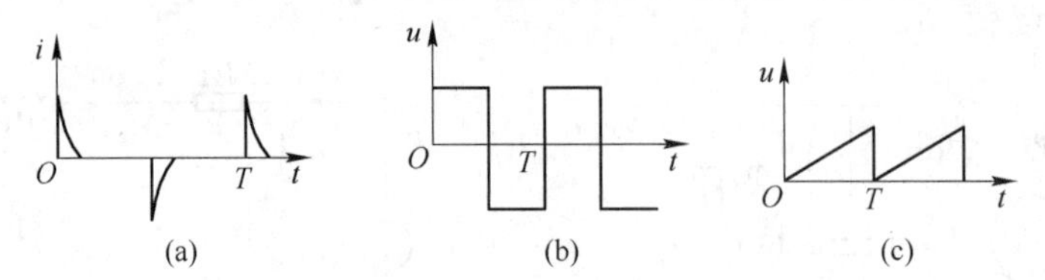

图 8-1　几种常见的呈周期性变化的非正弦波

（a）尖形波；（b）矩形波；（c）三角波

实际电路中，如果电路中存在非线性元件，如二极管（单向导通），或电路中同时有几个不同频率的正弦激励共同作用，或者只有一个非正弦激励，电路中的响应一般也不会是正弦波。非正弦周期交流信号不是正弦波，但按周期规律变化，应满足：

$$f(t)=f(t+kT)\quad (k=0,1,2,\cdots)$$

式中　T——周期。

8.1.1.2　谐波分析法

分析非正弦周期电流电路时，首先，应用数学中的傅里叶级数展开法，将非正弦周期电压和电流激励分解为一系列不同频率的正弦量之和；其次，根据线性电路叠加定理，分别计算各个正弦量单独作用时在线性电路中产生的同频正弦电流分量和电压分量；最后，把所得的分量按瞬时值叠加，就可以得到电路非正弦周期激励下的稳态电流和电压。上述方法称为非正弦周期电流的谐波分析法。用谐波分析法分析电路的示意图如图 8-2 所示。它的本质就是把非正弦周期电流电路的计算转化为一系列正弦电流电励路的计算，这样就能充分利用正弦电流电路的相量法这个有效工具。

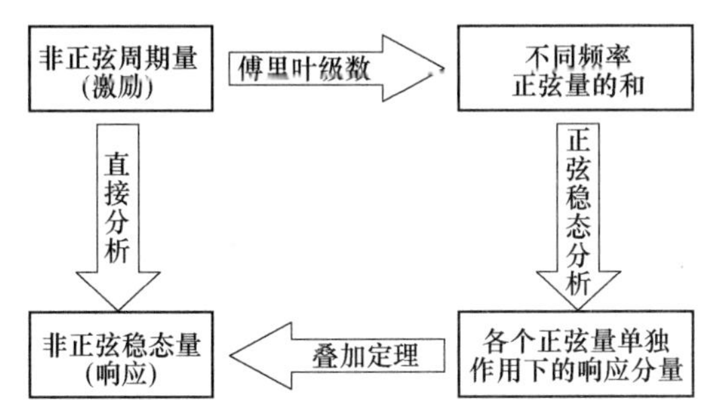

图 8-2　用谐波分析法分析电路的示意图

在介绍非正弦周期信号的谐波分析分解之前，先介绍几个不同频率的正弦波的合成。设有一个正弦电压 $u_1=u_{1m}\sin\omega t$，其波形如图 8-3(a)所示。

显然，这一波形与同频率矩形波相差甚远。如果在这个波形上面加上第二个正弦电压波形，其频率是 u_1 的 3 倍，而振幅为 u_1 的 1/3，那么表示式为：

$$u_2 = U_{1m}\sin\omega t + \frac{1}{3}U_{1m}\sin 3\omega t \tag{8-1}$$

其波形如图 8-3(b)所示。如果再加上第三个正弦电压波形，其频率为 u_1 的 5 倍，振幅为 u_1 的 1/5，那么表示式为：

$$u_3 = U_{1m}\sin\omega t + \frac{1}{3}U_{1m}\sin 3\omega t + \frac{1}{5}U_{1m}\sin 5\omega t \tag{8-2}$$

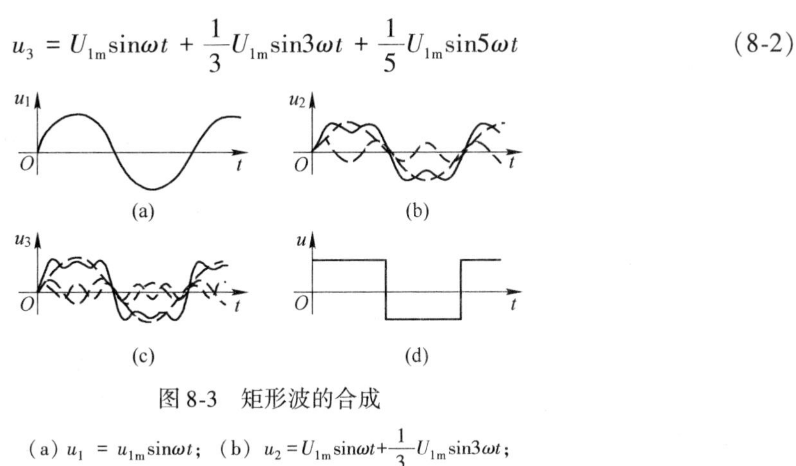

图 8-3　矩形波的合成

(a) $u_1 = u_{1m}\sin\omega t$；(b) $u_2=U_{1m}\sin\omega t+\frac{1}{3}U_{1m}\sin 3\omega t$；

(c) $u_3=U_{1m}\sin\omega t+\frac{1}{3}U_{1m}\sin 3\omega t+\frac{1}{5}U_{1m}\sin 5\omega t$；(d) 无穷多个正弦项

其波形如图 8-3(c)所示。类似地，如果叠加的正弦项是无穷多个，那么它们的合成波形就会与如图 8-3(d)所示的矩形波一样。

由此可以看出，几个频率为整数倍的正弦波，合成是一个非正弦波。反之，一个非正弦周期波 $f(t)$，可以分解为含直流分量（或不含直流分量）和一系列频率为整数倍的正弦波。这些一系列频率为整数倍的正弦波，就称为非正弦周期波的谐波。其中，频率与非正弦周期波相同的正弦波，称为基波或一次谐波；频率是基波频两倍的正弦波，称为二次谐波；频率是基波频率 3 倍的正弦波，称为三次谐波；频率是基波频率 k 倍的正弦波，称为 k 次谐波，k 为正整数。通常将二次及二次以上的谐波，统称为高次谐波。

8.1.2　非正弦周期函数的傅里叶级数展开式详述

8.1.2.1　三角形式的傅里叶级数展开式

由数学知识可知，若周期函数 $f(t)$ 满足狄里赫利条件，即：

$$\int_{t_0}^{t_0+T} | f(t) | \mathrm{d}t < \infty \tag{8-3}$$

则 $f(t)$ 可以展开为三角形式的一个收敛级数，即傅里叶级数。电路中所遇到的周期函数一般都能满足这个条件。设给定的周期函数 $f(t)$ 的周期为 T，角频率 $\omega = 2\pi/T$，则 $f(t)$ 的傅里叶级数展开式为：

$$\begin{aligned} f(t) &= A_0 + A_{1m}\sin(\omega t + \varphi_1) + A_{2m}\sin(2\omega t + \varphi_2) + \cdots + A_{km}\sin(k\omega t + \varphi_k) \\ &= A_0 + \sum_{k=1}^{\infty} A_{km}\sin(k\omega t + b + \varphi_k) \end{aligned} \tag{8-4}$$

利用三角函数公式，还可以把上式写成另一种形式，即：

$$\begin{aligned} f(t) &= a_0 + (a_1\cos\omega t + b_1\sin\omega t) + (a_2\cos k\omega t + b_2\sin 2\omega t) + \cdots + (a_k\cos k\omega t + b_k\sin k\omega t) \\ &= a_0 + \sum_{k=1}^{\infty} (a_k\cos k\omega t + b_k\sin k\omega t) \end{aligned} \tag{8-5}$$

式中，a_0、a_k、b_k 称为傅里叶系数，可由下列积分求得：

$$a_0 = \frac{1}{T}\int_0^T f(t)\mathrm{d}t = \frac{1}{2\pi}\int_0^{2\pi} f(t)\mathrm{d}(\omega t) \tag{8-6}$$

$$a_k = \frac{2}{T}\int_0^T f(t)\cos k\omega t\mathrm{d}t = \frac{1}{\pi}\int_0^{2\pi} f(t)\cos k\omega t\mathrm{d}(\omega t) \tag{8-7}$$

$$b_k = \frac{2}{T}\int_0^T f(t)\sin k\omega t\mathrm{d}t = \frac{1}{\pi}\int_0^{2\pi} f(t)\sin k\omega t\mathrm{d}(\omega t) \tag{8-8}$$

各系数之间存在如下关系：

$$A_0 = a_0,\quad A_{km} = \sqrt{a_k^2 + b_k^2},\quad \varphi_k = \arctan\frac{a_k}{b_k},\quad a_k = A_{km}\sin\varphi_k,\quad b_k = A_{km}\cos\varphi_k$$

A_0 是 $f(t)$ 一周期时间内的平均值，称为直流分量。$k=1$ 的正弦波称为基波；$k=2$ 的正弦波称为二次谐波；$k=n$ 的正弦波，称为 n 次谐波。当 k 为奇数时，称为奇次谐波，当 k 为偶数时，称为偶次谐波。

提示

非正弦周期波的傅里叶级数展开，关键是计算傅里叶系数的问题。

8.1.2.2　指数形式的傅里叶级数展开式

利用欧拉公式，可以将三角形式的傅里叶级数表示为复指数形式的傅里叶级数，即：

$$\begin{aligned} f(t) &= A_0 + \sum_{k=1}^{\infty} A_{km}\sin(k\omega t + \varphi_k) \\ &= A_0 + \sum_{k=1}^{\infty} \frac{A_{km}}{2}\left[e^{j(k\omega_0 t+\varphi_n)} + e^{-j(k\omega_0 t+\varphi_n)} \right] \\ &= \sum_{k=-\infty}^{\infty} F_k e^{jk\omega_0 t} \end{aligned}$$

式中，F_k 为复数。

【例 8-1】 已知矩形周期电压的波形如图 8-4 所示。求 $u(t)$ 的傅里叶级数。

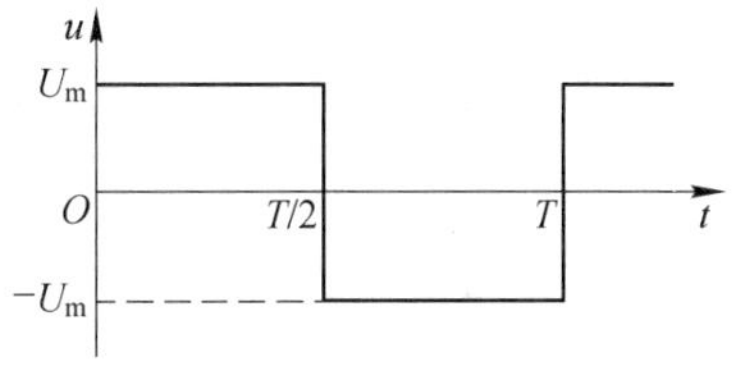

图 8-4　矩形周期电压的波形

【解】 图示矩形周期电压在一个周期内的表示式为：

$$u_t(t) = \begin{cases} U_m, & 0 \leqslant t \leqslant \dfrac{T}{2} \\ -U_m, & \dfrac{T}{2} < t < T \end{cases}$$

由式(8-5)可知：

$$a_0 = \frac{1}{2\pi}\int_0^{2\pi} u(t)\mathrm{d}(\omega t) = \frac{1}{2\pi}\left[\int_0^{\pi} U_m \mathrm{d}(\omega t) + \int_0^{2\pi} - U_m \mathrm{d}(\omega t)\right] = 0$$

$$\begin{aligned} a_k &= \frac{1}{\pi}\int_0^{2\pi} u(t)\cos k\omega t\mathrm{d}(\omega t) = \frac{1}{\pi}\int_0^{\pi} U_m \cos k\omega t\mathrm{d}(\omega t) + \frac{1}{\pi}\int_0^{2\pi} - U_m\cos k\omega t\mathrm{d}(\omega t) \\ &= \frac{U_m}{k\pi}[\sin k\omega t]_0^{\pi} - \frac{U_m}{k\pi}[\sin k\omega t]_{\pi}^{2\pi} = 0 \end{aligned}$$

$$\begin{aligned} b_k &= \frac{1}{\pi}\int_0^{2\pi} u(t)\sin k\omega t\mathrm{d}(\omega t) = \frac{1}{\pi}\left[\int_0^{\pi} U_m \sin k\omega t\mathrm{d}(\omega t) + \int_0^{2\pi} - U_m\sin k\omega t\mathrm{d}(\omega t)\right] \\ &= \frac{2U_m}{\pi}\int_0^{\pi}\sin k\omega t\mathrm{d}(\omega t) = \frac{2U_m}{k\pi}[-\cos k\omega t]_0^{\pi} = \frac{2U_m}{k\pi}(1 - \cos kA\pi) \end{aligned}$$

当 k 为奇数时，$\cos k\pi = -1$，$b_k = \dfrac{4U_m}{k\pi}$；当 k 为偶数时，$\cos k\pi = 1$，$b_k = 0$。

由此可得：

$$u(t) = \frac{4U_m}{\pi}\left(\sin\omega t + \frac{1}{3}\sin 3\omega t + \frac{1}{5}\sin 5\omega t + \cdots + \frac{1}{k}\sin k\omega t\right) \quad (k \text{ 为奇数})$$

8.1.3　非正弦周期函数的傅里叶级数展开式的简化

在电路中，遇到的非正弦周期函数大多都具有某种对称性。在对称波形的傅里叶级数中，有些谐波分量不存在。因此，利用波形对称性与谐波分量的关系，可以简化傅里叶系数的计算，即：

（1）周期函数的波形在横轴上、下部分包围的面积相等，此时函数的平均值等于零，在傅里叶级数展开式中 $a_0=0$。无直流分量。

（2）当周期函数为奇函数时，即满足 $f(t)=-f(-t)$，波形对称于原点，则 $a_0=0$，$a_k=0$。此时有：

$$f(t)=\sum_{k=1}^{\infty} b_k \sin k\omega t \tag{8-9}$$

（3）当周期函数为偶函数时，即满足 $f(t)=f(-t)$ 波形对称于纵轴。如全波整流波形、矩形波都是偶函数。它们的傅里叶级数展开式中 $b_k=0$，即无正弦谐波分量，只含余弦谐波分量，因为余弦函数本身就是偶函数。周期函数表示为：

$$f(t)=a_0+\sum_{k=1}^{\infty}\left[a_k \cos(k\omega t)\right] \tag{8-10}$$

综上所述，根据周期函数的对称性可以预先判断它所包含的谐波分量的类型，定性地判定哪些谐波分量不存在（这在工程上常常是有用的），从而使傅里叶系数的计算得到简化。

【例 8-2】 试把图 8-5 所示的振幅为 50V、周期为 0.02s 的三角波电压分解为傅里叶级数（取至 5 次谐波）。

【解】 电压基波的角频率为：

$$\omega=\frac{2\pi}{T}=\frac{2\pi}{0.02\text{s}}=100\pi\ \text{rad/s}$$

函数为奇函数，则 $a_0=0$，$a_k=0$，此时

$$f(t)=\sum_{k=1}^{\infty} b_k \sin k\omega t$$

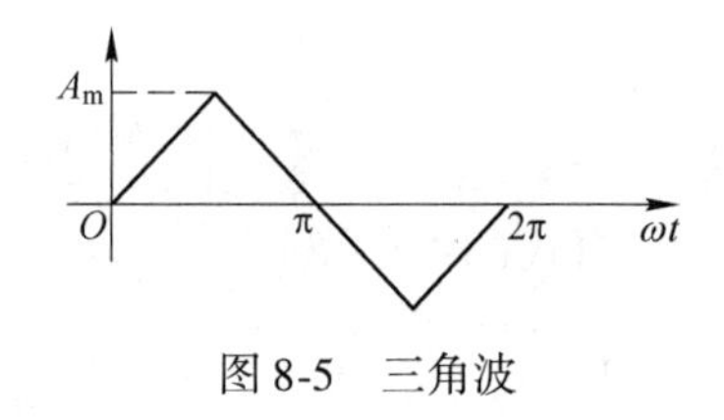

图 8-5　三角波

由此可得：

$$u(t)=\frac{8U_m}{\pi^2}\left(\sin\omega t-\frac{1}{9}\sin 3\omega t+\frac{1}{25}\sin 5\omega t\right)$$

$$=(40.5\sin 100\pi t-4.50\sin 300\pi t+1.62\sin 500\pi t)\text{V}$$

8.1.4　非正弦周期函数的傅里叶级数查表求法

在实际工程中，往往不用系数公式计算系数来获得傅里叶级数展开式，而是用查表的方法来获得展开式。几个典型的非正弦周期函数的傅里叶级数展开式见表 8-1。

表 8-1　几个典型的非正弦周期函数的傅里叶级数展开式

$f(t)$ 波形图	傅里叶级数展开式
A_m　O　π　2π　3π　ωt	$f(t)=\frac{2A_m}{\pi}\left(\frac{1}{2}+\frac{\pi}{4}\cos\omega t+\frac{1}{1\times 3}\cos 2\omega t-\frac{1}{3\times 5}\cos 4\omega t+\frac{1}{5\times 7}\cos 6\omega t-\cdots+\cdots-\frac{\cos\frac{k\pi}{2}}{k^2-1}\cos k\omega t+\cdots\right)$ $(k=2, 4, 6, \cdots)$

续表 8-1

$f(t)$ 波形图	傅里叶级数展开式
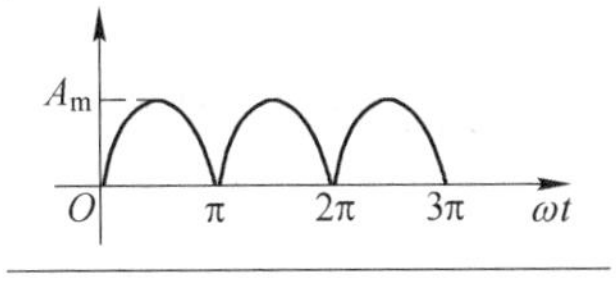	$f(t)=\frac{2A_m}{\pi}\left(\frac{1}{2}+\frac{1}{1\times 3}\cos 2\omega t-\frac{1}{3\times 5}\cos 4\omega t+\cdots-\frac{\cos\frac{k\pi}{2}}{k^2-1}\cos k\omega t+\cdots\right)$ $(k=2,4,6,\cdots)$
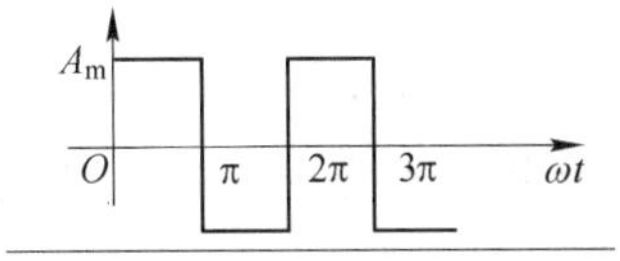	$f(t)=\frac{4}{\pi}A_m\left(\sin\omega t+\frac{1}{3}\sin 3\omega t+\frac{1}{5}\sin 5\omega t+\cdots\right)$
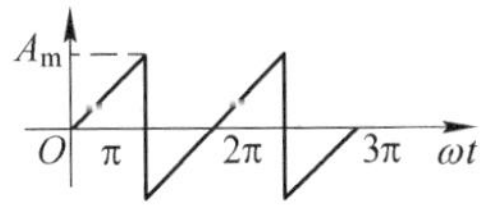	$f(t)=\frac{2}{\pi}A_m\left(\sin\omega t-\frac{1}{2}\sin 2\omega t+\frac{1}{3}\sin 3\omega t-\cdots\right)$
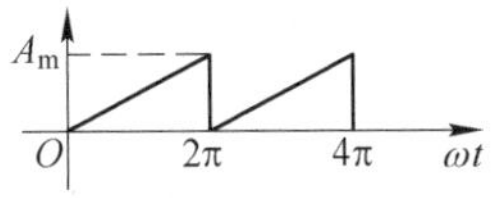	$f(t)=\frac{A_m}{2}-\frac{A_m}{\pi}\left(\sin\omega t+\frac{1}{2}\sin 2\omega t+\frac{1}{3}\sin 3\omega t+\cdots\right)$
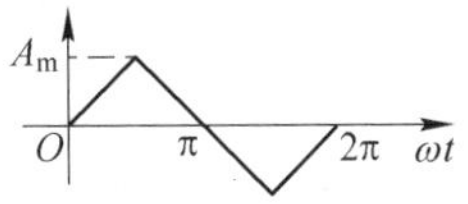	$f(t)=\frac{8A_m}{\pi^2}\left(\sin\omega t-\frac{1}{9}\sin 3\omega t+\frac{1}{25}\sin 5\omega t+\cdots\right)$
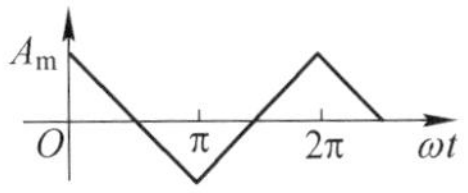	$f(t)=\frac{8A_m}{\pi^2}\left(\cos\omega t-\frac{1}{9}\cos 3\omega t+\frac{1}{25}\cos 5\omega t+\cdots\right)$
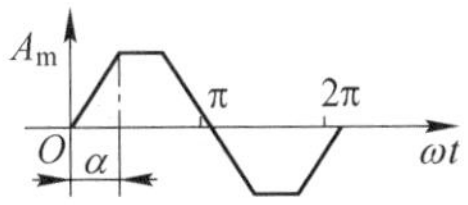	$f(t)=\frac{4A_m}{\alpha\pi}\left(\sin\alpha\sin\omega t+\frac{1}{9}\sin 3\alpha\sin 3\omega t+\frac{1}{25}\sin 5\alpha\sin 5\omega t+\cdots+\frac{1}{k^2}\sin k\alpha\sin k\omega t+\cdots\right)$

任务 8.2　非正弦周期量的基本知识

8.2.1　有效值

非正弦周期电流的有效值是针对功率而言，数值等于同功率的直流电的数值。因此，非正弦周期电流电路有效值的定义和正弦量有效值的定义相同，即：

$$I=\sqrt{\frac{1}{T}\int_0^T i^2\mathrm{d}t} \tag{8-11}$$

下面讨论非正弦周期信号的有效值与各次谐波有效值的关系。若将电流 i 分解成傅里叶级数，设

$$\begin{aligned} i &= I_0+I_{1m}\cos(\omega t+\varphi_1)+I_{2m}\cos(2\omega t+\varphi_2)+\cdots+I_{km}\cos(k\omega t+\varphi_k) \\ &= I_0+\sum_{k=1}^{\infty}I_{km}\cos(k\omega t+\varphi_k) \end{aligned}$$

则有效值为：

$$I = \sqrt{\frac{1}{T}\int_0^T \left[I_0 + \sum_{k=1}^{\infty} I_{km}\cos(k\omega t + \varphi_k)\right]^2 dt} \tag{8-12}$$

将式(8-12)积分号内直流分量与各次谐波之和的平方展开，电流 i 的有效值可按下式计算：

$$I = \sqrt{I_0^2 + I_1^2 + I_2^2 + \cdots + I_k^2 + \cdots}$$

同理，非正弦周期电压的有效值为 $U = \sqrt{U_0^2 + U_1^2 + U_2^2 + \cdots + U_k^2 + \cdots}$。

即非正弦周期电流和电压的有效值等于各次谐波有效值平方和的平方根。各次谐波有效值与最大值之间的关系为：

$$I_k = \frac{I_{km}}{\sqrt{2}}, \quad U_k = \frac{U_{km}}{\sqrt{2}}$$

【例 8-3】 已知电流 $i(t) = 5 + 5\sqrt{2}\cos t + 5\sqrt{2}\cos 2t\text{A}$，求其有效值 I。

【解】

$$I = \sqrt{I_0^2 + I_1^2 + I_2^2} = \sqrt{5^2 + 5^2 + 5^2}\,\text{A} = 5\sqrt{3}\,\text{A}$$

【例 8-4】 已知 $i_1(t) = 2\sqrt{2}\cos\omega t\text{A}$，求下列情况下的 $i(t) = i_1(t) + i_2(t)$ 及其有效值 I：

(1) $i_2(t) = 1\text{A}$；

(2) $i_2(t) = 2\sqrt{2}\cos(\omega t + 60°)\,\text{A}$；

(3) $i_2(t) = 2\sqrt{2}\cos(3\omega t + 60°)\,\text{A}$。

【解】 (1)

$$i(t) = i_1(t) + i_2(t) = 1 + 2\sqrt{2}\cos\omega t\text{A}$$

$$I = \sqrt{1^2 + 2^2}\,\text{A} = \sqrt{5}\,\text{A}$$

(2)

$$i(t) = i_1(t) + i_2(t) = 2\sqrt{2}\cos\omega t + 2\sqrt{2}\cos(\omega t + 60°)\,\text{A}$$

由于 $i_1(t)$ 和 $i_2(t)$ 同频率，同频率的信号相加时，利用相量法求解，即：

$$\dot{I} = \dot{I}_1 + \dot{I}_2 = (2\angle 0° + 2\angle 60°)\,\text{A} = 2\sqrt{3}\angle 30°\,\text{A}$$

所以

$$i(t) = 2\sqrt{3}\cdot\sqrt{2}\cos(\omega t + 30°)\,\text{A} = 2\sqrt{6}\cos(\omega t + 30°)\,\text{A}$$

则 $I = 2\sqrt{3}\,\text{A}$，而不等于 $I = \sqrt{2^2 + 2^2}\,\text{A} = 2\sqrt{2}\,\text{A}$。

(3)

$$i(t) = i_1(t) + i_2(t) = 2\sqrt{2}\cos\omega t + 2\sqrt{2}\cos(3\omega t + 60°)\,\text{A}$$

$$I = \sqrt{2^2 + 2^2}\,\text{A} = 2\sqrt{2}\,\text{A}$$

8.2.2　平均值

实践中还会用到平均值的概念。以电流为例，其定义为：

$$I_{av} = \frac{1}{T}\int_0^T |i|\,dt \tag{8-13}$$

即非正弦周期电流的平均值等于此电流绝对值的平均值。同理，电压平均值的表示式为：

$$U_{av} = \frac{1}{T}\int_0^T |u|\,dt \tag{8-14}$$

对于正弦量而言，平均值是按照正弦量的半个周期计算的，它相当于正弦电流经全波整流后的平均值。例如，当 $i=I_m\cos\omega t$ 时，其平均值为：

$$\begin{aligned}I_{av} &= \frac{1}{T}\int_0^T |i|\mathrm{d}t = \frac{1}{T}\int_0^T |I_m\cos\omega t|\mathrm{d}t \\ &= \frac{2}{T}\int_0^{\frac{T}{2}} |I_m\cos\omega t|\mathrm{d}t = \frac{2I_m}{\pi} \\ &= 0.637I_m = 0.898I\end{aligned}$$

注意

非正弦交流电路中的直流分量、有效值和平均值是三个不同的概念，应加以区分。

非正弦周期波 $f(t)$ 的直流分量，就是在一个周期 T 时间内 $f(t)$ 的平均值，即：

$$A_0 = \frac{1}{T}\int_0^T f(t)\mathrm{d}t \tag{8-15}$$

比如对称于原点的非正弦周期波，没有直流分量，即 $f(t)$ 在一个周期中，正、负半周所包含的面积相等，上式积分为零（$A_0=0$）。偶函数波、半波重叠偶谐波和偶函数且半波重叠波等，上式积分均不为零（$A_0\neq0$），均有直流分量。A_0 可以通过在一个周期中正、负半周所包含面积之差来计算。

8.2.3　平均功率

非正弦周期电流通过负载时，负载上也要消耗功率。非正弦周期电流电路的功率与非正弦周期电流的各次谐波有关。

设有一个二端网络，在非正弦周期电压 u 的作用下产生非正弦周期电流 i，若选择电压和电流的方向一致，则此二端网络吸收的瞬时功率和平均功率为：

$$p = ui = \frac{1}{T}\int_0^T p\mathrm{d}t = \frac{1}{T}\int_0^T ui\mathrm{d}t \tag{8-16}$$

若一个二端网络，端口的非正弦周期电压和电流展开成傅里叶级数分别为：

$$u = U_0 + \sum_{k=1}^{\infty} U_{km}\sin(k\omega t + \varphi_{ku}) \tag{8-17}$$

$$i = I_0 + \sum_{k=1}^{\infty} I_{km}\sin(k\omega t + \varphi_{ki}) \tag{8-18}$$

则二端网络吸收的平均功率为：

$$P = \frac{1}{T}\int_0^T [U_0 + \sum_{k=1}^{\infty} U_{km}\sin(k\omega t + \varphi_{ku})][I_0 + \sum_{k=1}^{\infty} I_{km}\sin(k\omega t + \varphi_{ku})]\mathrm{d}t \tag{8-19}$$

将式(8-19)积分号内两个积数的乘积展开，可分别计算各乘积项在一个周期内的平均值。端网络吸收的平均功率可按下式计算：

$$\begin{aligned}P &= U_0I_0 + \sum_{k=1}^{\infty} U_kI_k\cos\varphi_k \\ &= P_0 + \sum_{k=1}^{\infty} P_k \\ &= P_0 + P_1 + P_2 + \cdots + P_k\end{aligned}$$

式中，P_0 表示该电路中电压、电流的零次谐波形成的有功功率；第二项开始的 P_k 表示同频率电压、电流的第 k 次谐波形成的有功功率，如下式所示，其中 φ_k 为 k 次谐波电压、电流的相位差。

$$P_k = U_k I_k \cos(\varphi_{ku} - \varphi_k) = U_k I_k \cos\varphi_k$$

以上分析表明：

（1）非正弦交流电路的平均功率，等于直流分量功率和各次谐波平均功率之和。在非正弦交流电路中，不同频率的各次谐波平均功率满足叠加性，而在直流电路和单一频率多电源正弦交流电路中的有功功率不满足叠加性。

（2）在非正弦交流电路中，同次谐波电压和电流形成平均功率，而不同次谐波电压和电流不形成平均功率。这是由于三角函数的正交性所决定的。

【例 8-5】 流过 10Ω 电阻的电流为 $i = (10 + 28.28\cos t + 14.14\cos 2t)$ A，求平均功率。

【解】

$$P = P_0 + P_1 + P_2 = I_0^2 R + I_1^2 R + I_2^2 R = R(I_0^2 + I_1^2 + I_2^2)$$
$$= 10\left[10^2 + \left(\frac{28.28}{\sqrt{2}}\right)^2 + \left(\frac{14.14}{\sqrt{2}}\right)^2\right]\text{W} = 6000\text{W}$$

【例 8-6】 某二端网络的电压和电流分别为 $u = [100\cos(\omega t + 30°) + 50\cos(3\omega t + 60°) + 25\cos 5\omega t]$V，$i = [10\cos(\omega t - 30°) + 5\cos(3\omega t + 30°) + 2\cos(5\omega t - 30°)]$A。求二端网络吸收的功率。

【解】

$$P_1 = U_1 I_1 \cos\varphi_1 = \left(\frac{100}{\sqrt{2}} \times \frac{10}{\sqrt{2}} \times \cos 60°\right)\text{W} = 250\text{W}$$

$$P_3 = U_3 I_3 \cos\varphi_3 = \left(\frac{50}{\sqrt{2}} \times \frac{5}{\sqrt{2}} \times \cos 30°\right)\text{W} = 108.2\text{W}$$

$$P_5 = U_5 I_5 \cos\varphi_5 = \left(\frac{25}{\sqrt{2}} \times \frac{2}{\sqrt{2}} \times \cos 30°\right)\text{W} = 21.6\text{W}$$

$$P = P_1 + P_3 + P_5 = (250 + 108.2 + 21.6)\text{W} = 379.8\text{W}$$

任务 8.3　非正弦周期电流电路的稳态分析

根据以上讨论，非正弦周期电流电路的计算，利用傅里叶级数，将叠加原理和相量分析法应用于非正弦的周期电路中，就可以对其电路进行分析和计算。具体步骤如下：

（1）将给定电源的非正弦周期电流或电压作傅里叶级数分解，将非正弦周期量展开成若干频率的谐波信号。

（2）利用直流和正弦交流电路的计算方法，对直流和各次谐波激励分别计算其响应。

（3）将以上计算结果转换为瞬时值后用叠加原理叠加。

注意

交流各次谐波电路计算可应用相量法，不同的频率，感抗与容抗是不同的。对直流 C 相当于开路、L 相于短路。对 k 次谐波有：

$$X_{kL} = k\omega L,\quad X_{kC} = \frac{1}{k\omega C}$$

【例 8-7】 如图 8-6(a)所示的矩形脉冲作用于如图 8-6(b) 所示的 RLC 串联电路，其中矩形脉冲的幅度为 100V，周期为 1ms，电阻 $R=10\Omega$，电感 $L=10\text{mH}$，电容 $C=5\text{F}$。求电路中的电流 i 及平均功率。

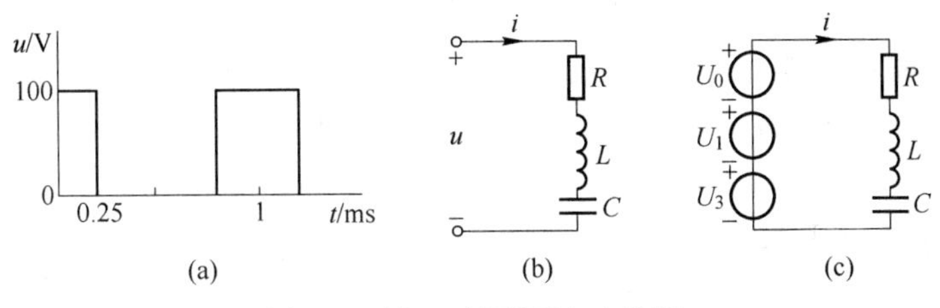

图 8-6　例 8-7 波形图和电路图

（a）波形图；（b）电路图；（c）等效电路图

【解】 查表 8-1 可得矩形脉冲电压的傅里叶级数表达式为：

$$u = 50 + \frac{200}{\pi}\left(\cos\omega t - \frac{1}{3}\cos 3\omega t + \cdots\right)\text{V}$$

其中，基波频率 $\omega=2\pi/T=2\pi\times10^3\text{rad/s}$，若取前 3 项，则有如图 8-6(c)所示的等效电路。

（1）求直流分量。当 $U_0=50\text{V}$ 的直流电压作用于电路时，电感相当于短路，电容相当于开路，故 $I_0=0$。

（2）求基波分量：

$$u_1 = \frac{200}{\pi}\cos\omega t = 63.7\sin(\omega t + 90°)\text{V}$$

$$\dot{U}_{1\text{m}} = 63.7\angle 90°\ \text{V}$$

$$Z_1 = R + \text{j}\left(\omega L - \frac{1}{\omega C}\right) = 10 + \text{j}31 = 32.6\angle 72.1°\ \Omega$$

$$\dot{I}_{1\text{m}} = \frac{\dot{U}_{3\text{m}}}{Z_3} = \frac{63.7\angle -90°}{32.6\angle 72.1°}\text{A} = 1.95\angle 17.9°\ \text{A}$$

$$i_1 = 1.95\sin\ (\omega t + 17.9°) = 1.95\cos(\omega t - 72.1°)\text{A}$$

（3）求三次谐波分量：

$$u_3 = -\frac{200}{3\pi}\cos 3\omega t = 21.2\sin(3\omega t - 90°)\text{V}$$

$$\dot{U}_{3\text{m}} = 21.2\angle 90°\ \text{V}$$

$$Z_3 = R + \text{j}\left(3\omega L - \frac{1}{3\omega C}\right) = 10 + \text{j}177.8 = 178.1\angle 86.8°\ \Omega$$

$$I_{3\text{m}} = \frac{\dot{U}_{3\text{m}}}{Z_3} = \frac{21.2\angle -90°}{178.1\angle 86.8°} = 0.12\cos(3\omega t + 93.2°)\text{A}$$

（4）将各次谐波分量的瞬时值叠加得：

$$i = I_0 + I_1 + I_3 = 1.95\cos(\omega t - 72.1°) + 0.12\cos(3\omega t - 93.2°)\text{A}$$

电路中的平均功率为：

$$P = U_1 I_1 \cos\varphi_1 + U_3 I_3 \cos\varphi_3$$
$$= \left(\frac{63.7}{\sqrt{2}} \times \frac{1.95}{\sqrt{2}} \times \cos 72.1° + \frac{21.2}{\sqrt{2}} \times \frac{0.12}{\sqrt{2}} \times \cos 86.8°\right) \text{W}$$
$$= 19.2\text{W}$$

【例 8-8】 如图 8-7 所示，已知 $u(t) = 50\cos\omega t + 25\cos(3\omega t + 60°)\text{V}$，电路对基波的阻抗 $Z_1 = R + \text{j}(\omega L - 1/\omega C) = [8 + \text{j}(2 - 8)]\Omega$。求稳态电流 $i(t)$。

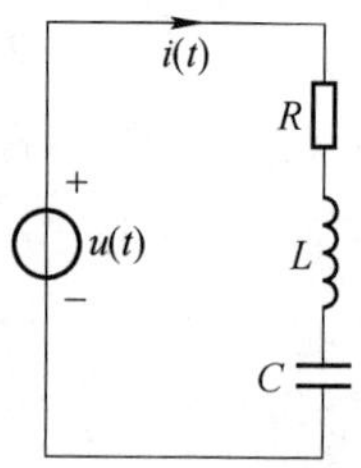

图 8-7　例 8-8 电路图

【解】 （1）对于基波：

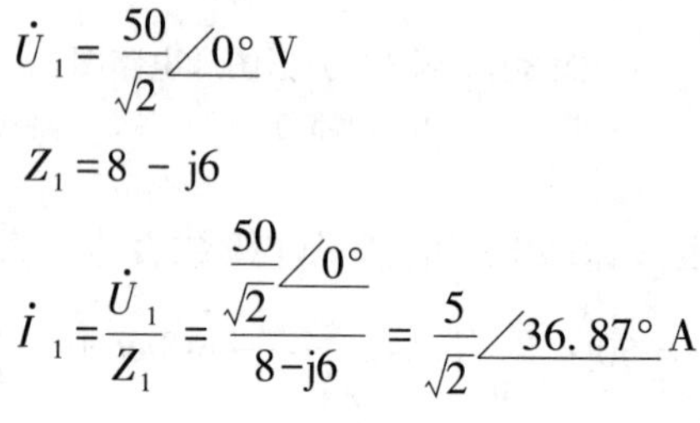

$$\dot{U}_1 = \frac{50}{\sqrt{2}}\angle 0° \text{ V}$$

$$Z_1 = 8 - \text{j}6$$

$$\dot{I}_1 = \frac{\dot{U}_1}{Z_1} = \frac{\frac{50}{\sqrt{2}}\angle 0°}{8-\text{j}6} = \frac{5}{\sqrt{2}}\angle 36.87° \text{ A}$$

$$i_1(t) = 5\cos(\omega t + 36.87°)\text{A}$$

（2）对于三次谐波：

$$\dot{U}_3 = \frac{25}{\sqrt{2}}\angle 60° \text{ V}$$

$$Z_3 = 8 - \text{j}\left(2 \times 3 - \frac{8}{3}\right) = 8.67\angle 22.62° \ \Omega$$

$$\dot{I}_3 = \frac{\dot{U}_3}{Z_3} = \frac{\frac{25}{\sqrt{2}}\angle 60°}{8.67\angle 22.62°} = \frac{2.89}{\sqrt{2}}\angle 37.4° \text{ A}$$

$$i_3(t) = 2.89\cos(3\omega t + 37.4°)\text{A}$$

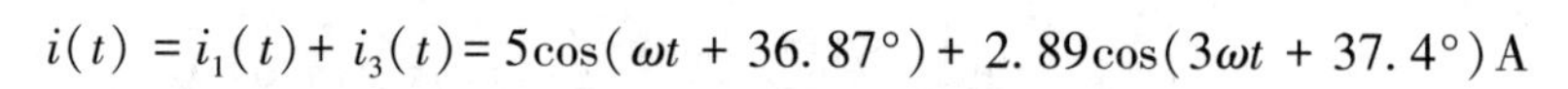

$$i(t) = i_1(t) + i_3(t) = 5\cos(\omega t + 36.87°) + 2.89\cos(3\omega t + 37.4°)\text{A}$$

习　题

一、填空题

（1）与非正弦周期波频率相同的正弦波称为非正弦周期波的________，是构成非正弦周期波的________成分；频率为非正弦波频率偶次倍的谐波称为它的________次谐波。

（2）谐波分析就是对一个非正弦周期波可分解为无限多项________成分，这个分解的过程称为________分析，其数学基础是________。

（3）方波的谐波成分中只有含有________成分的各________次谐波。

（4）非正弦周期信号的有效值与正弦量的有效值定义相同，但计算式有很大差别，非正弦量的有效值等于它的各次________有效值的________的开方。

（5）数值上，非正弦波的平均功率等于它的________单独作用时产生的平均功率之和。

二、判断题

(1) 正确找出非正弦周期信号各次谐波的过程称为谐波分析法。　(　　)

(2) 非正弦周期信号的有效值等于它各次谐波有效值之和。　(　　)

(3) 非正弦周期信号的平均值是半个周期计算的。　(　　)

(4) 叠加定理适用于非正弦周期信号作用电路时的功率。　(　　)

(5) 不同频率的电压、电流谐波能产生平均功率。　(　　)

三、选择题

(1) 某方波信号的周期 f=100Hz，则此方波的三次谐波频率为（　　）。

A. 100Hz　　B. 3×100Hz　　C. 6×100Hz

(2) 非正弦周期量的有效值等于它各次谐波（　　）平方和的开方。

A. 平均值　　B. 有效值　　C. 最大值

(3) 非正弦周期信号作用下的线性电路分析，电路响应等于它的各次谐波单独作用时产生的响应的（　　）的叠加。

A. 有效值　　B. 瞬时值　　C. 相量

(4) 已知非正弦电流表达式为 $i(t)=(5+5\sqrt{2}\cos 2\omega t)$A，它的有效值为（　　）。

A. $10\sqrt{2}$A　　B. $5\sqrt{2}$A　　C. 10A

(5) 已知某非正弦电流的基波频率为 120Hz，则该非正弦波的三次谐波频率为（　　）。

A. 360Hz　　B. 300Hz　　C. 240Hz

四、计算题

(1) 求如图 8-8 所示周期信号的傅里叶级数展开式。

(2) 试将如图 8-9 所示的方波信号 $f(t)$ 展开为傅里叶级数。

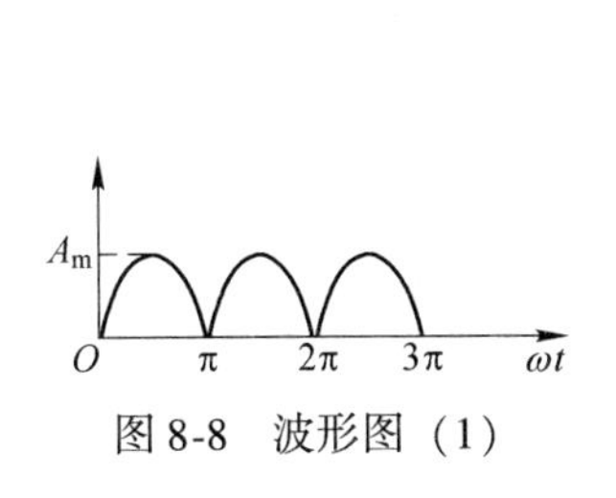

图 8-8　波形图（1）

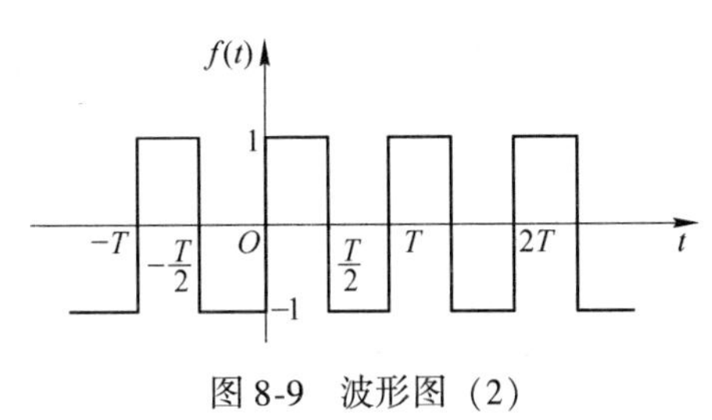

图 8-9　波形图（2）

(3) 已知 $i_1=3\cos(3\omega t+60°)$A，$i_2=5+4\sqrt{2}\cos(\omega t+30°)$A，$i_3=3\cos(3\omega t+45°)$A，3 个电流同时流入一电磁系电流表。求电磁系电流表的读数。

提示

电磁系仪表测量的是有效值，刻度满足 $\alpha \propto \frac{1}{T}\int_0^T i^2 \mathrm{d}t$ 的关系。

（4）铁心线圈是一种非线性元件，将其接在正弦电压上，它所取的电流是非正弦周期电流。设加在铁心线圈上电流为 $i=[0.8\sin(314t-85°)+0.25\sin(942t-105°)]\mathrm{A}$，不是正弦量，正弦电压为 $u=311\sin314t\mathrm{V}$。试求等效正弦电流。

（5）图 8-10(a) 中的 LC 构成了滤波电路，其中 $L=5\mathrm{H}$，$C=10\mu\mathrm{F}$，设其输入为如图 8-10(b) 所示的正弦全波整流电压，电压振幅 $U_m=150\mathrm{V}$，整流前的工频正弦电压角频率为 $100\pi\mathrm{rad/s}$，负载电阻为 $R=2\mathrm{k}\Omega$。求电感电流 i 和负载湍电压 u_{cd}。

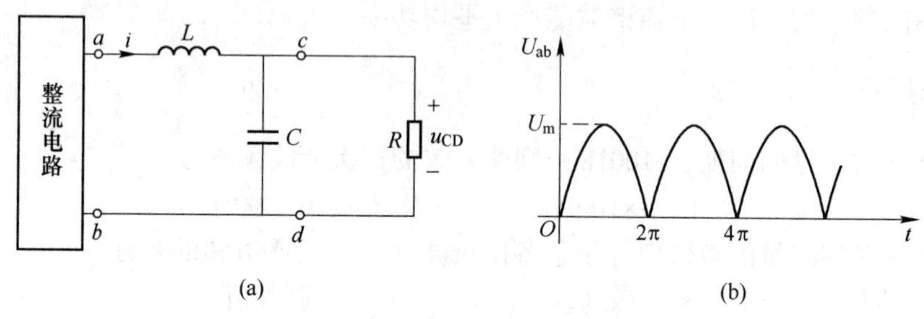

图 8-10　电路图和波形图

（a）实际电路；（b）波形图

参 考 文 献

［1］牛金生．电路分析基础［M］．西安：西安电子科技大学出版社，2012.
［2］张明金，等．电工与电子技术［M］．北京：机械工业出版社，2018.
［3］王贺珍．电路与模拟电子技术基础［M］．西安：西安电子科技大学出版社，2018.
［4］张永瑞，周永金，张双琦．电路分析———基础理论与实用技术［M］.2版．西安：西安电子科技大学出版社，2011.
［5］吴孔培，瞿惠琴．电路基础［M］．北京：高等教育出版社，2019.
［6］白乃平．电工基础［M］.3版．西安：西安电子科技大学出版社，2016.
［7］刘科，祁春清．电路基础与实践［M］.3版．北京：机械工业出版社，2020.
［8］刘庆玲．电路基础实验教程［M］．北京：电子工业出版社，2016.
［9］潘孟春．电工与电路基础［M］．北京：电子工业出版社，2016.
［10］程勇．实例讲解 Multisim 10 电路仿真［M］．北京：人民邮电出版社，2010.
［11］秦曾煌．电工学（上册）［M］.2版．北京：高等教育出版社，2011.
［12］胡晓萍．电路基础学习指导与考研辅导［M］．北京：电子工业出版社，2016.